工程设计与分析系列

详解 Altium Designer 20 电路设计
（第 6 版）

胡仁喜　孟　培　编著

电子工业出版社

Publishing House of Electronics Industry

北京·BEIJING

内 容 简 介

本书以 Altium Designer 20 为平台，详细介绍了使用 Altium Designer 20 进行电路设计的各种基本操作方法与技巧。全书共 12 章，包括 Altium Designer 20 概述、电路原理图环境设置、绘制电路原理图、电路原理图的高级编辑、层次电路原理图的设计、PCB 的环境设置、PCB 的设计、PCB 高级编辑、电路仿真、信号完整性分析、绘制元器件、汉字显示屏电路设计实例。

本书的配套资源包括全书实例的源文件、素材、与全部实例动画同步的视频讲解 AVI 文件，以及为方便教师备课而精心制作的多媒体电子教案。

本书可作为大、中专院校电子相关专业的教材，也可作为各培训机构的培训教材，还可作为电子设计爱好者的参考用书。

图书在版编目（CIP）数据

详解 Altium Designer 20 电路设计 / 胡仁喜，孟培编著. —6 版. —北京：电子工业出版社，2020.9
（工程设计与分析系列）

ISBN 978-7-121-39533-8

Ⅰ．①详⋯　Ⅱ．①胡⋯　②孟⋯　Ⅲ．①印刷电路－计算机辅助设计－应用软件　Ⅳ．①TN410.2

中国版本图书馆 CIP 数据核字（2020）第 168550 号

责任编辑：许存权　　　　特约编辑：田学清
印　　刷：涿州市般润文化传播有限公司
装　　订：涿州市般润文化传播有限公司
出版发行：电子工业出版社
　　　　　北京市海淀区万寿路 173 信箱　　　邮编：100036
开　　本：787×1092　1/16　　印张：24.5　　字数：642.9 千字
版　　次：2009 年 4 月第 1 版
　　　　　2020 年 9 月第 6 版
印　　次：2024 年 1 月第 6 次印刷
定　　价：79.00 元

前　言

自 20 世纪 80 年代中期以来，计算机应用已进入各个领域，并在这些领域发挥着越来越重要的作用。在这种背景下，美国 ACCEL Technologies Inc 推出了第一款用于电路设计的软件包——TANGO，该软件包开创了电路设计自动化（Electronic Design Automatic，EDA）的先河。现在看来，TANGO 可能比较简陋，但其在诞生初期为电路设计带来了革命性的设计方法和设计方式，人们可以使用计算机轻松设计电路，直到今天，国内许多科研单位还在使用 TANGO。随着电子工业的飞速发展，TANGO 的缺点日益凸显。为了适应科学技术的发展，Protel Technology 公司依靠其强大的研发能力推出了 Protel，从此，Protel 这个名字在业内日益响亮。目前，Protel 已经升级并更名为 Altium Designer。

Altium 系列软件是最早引入我国的电子设计自动化软件，因其易学、易用的特点深受广大电子设计者喜爱。Altium Designer 20 作为新一代的板级设计软件，以 Windows XP 界面风格为主，同时，其独一无二的 DXP 技术集成平台也为设计系统提供了所有工具和编辑器的相容环境。Altium Designer 20 以友好的界面环境及智能化的性能为电路设计者提供了优质服务。

Altium Designer 20 构建于一整套板级设计及实现特性上，包括混合信号电路仿真、布局前/后信号完整性分析、规则驱动 PCB 布局与编辑、改进型拓扑自动布线及全部计算机辅助制造（CAM）输出等。与旧版本的 Protel 相比，Altium Designer 20 的特色功能就是 PCB 上的集成。

本书特色

市面上关于 Altium Designer 的书籍种类繁多，但读者要挑选一本适合自己的参考书却并非易事。本书之所以能够在这些书中脱颖而出，是因为本书具有以下五大特色。

1. 作者权威

作者根据学生学习工程应用的需要编写此书。本书的作者是 Altium Designer 工程设计专家和各高校多年从事计算机图形学教学研究的一线人员，具有丰富的教学实践经验与教材编写经验，能够准确地把握学生的学习心理与实际需求。

2. 实例专业

书中有很多实例，这些实例本身就是工程设计项目案例，经过作者精心提炼和改编，不仅能使读者学好知识点，更能帮助读者掌握实际操作技能。

3．提升技能

本书将工程设计中的专业知识融入其中，可以使读者了解利用 Altium Designer 进行工程设计的完整过程和使用技巧，真正做到以不变应万变，为读者提供可用于实际工作的技术储备，使读者能够快速掌握操作技能。

4．内容翔实

全书以实例为核心，对多种具有代表性且经过多次课堂和工程检验的实例进行了详细介绍；实例介绍由浅入深，每一个实例所包含的重点和难点都非常明确，读者在学习时会非常轻松。

5．知行合一

本书结合大量实例详细介绍了 Altium Designer 的知识要点，使读者在学习案例的过程中可以潜移默化地掌握 Altium Designer 的操作技巧，同时培养工程设计实践能力。

本书组织结构和主要内容

本书以 Altium Designer 20 为演示平台，系统地介绍了 Altium Designer 从基础到实例的全部知识，能够帮助读者更好地学习 Altium Designer。

第 1 章为 Altium Designer 20 概述。

第 2 章为电路原理图环境设置。

第 3 章为绘制电路原理图。

第 4 章为电路原理图的高级编辑。

第 5 章为层次电路原理图的设计。

第 6 章为 PCB 的环境设置。

第 7 章为 PCB 的设计。

第 8 章为 PCB 高级编辑。

第 9 章为电路仿真。

第 10 章为信号完整性分析。

第 11 章为绘制元器件。

第 12 章为汉字显示屏电路设计实例。

本书内容由浅入深，从易到难，各章既相对独立又前后关联。在本书的编写过程中，作者根据自己多年的教学实践经验及学习心得，及时给出总结和相关提示，可以帮助读者快速掌握所学知识。全书内容翔实，图文并茂，语言简洁，思路清晰，既可以作为初学者的入门教材，也可以作为工程技术人员的参考工具书。

本书配套资源

本书提供了极为丰富的配套学习资源，读者可以登录百度网盘下载资源。网盘地址为 https://pan.baidu.com/s/1-IxaUowZk-GZ7w8T_bwyGg，提取密码为 u420；或者通过扫描下面的二维码来获取。

1．配套教学视频

本书提供了全部实例的配套教学视频，读者可以先通过视频学习相关知识，然后对照本书实例加以实践和练习。

2．5 套不同类型电路原理图的设计实例及其配套视频文件

为了帮助读者开阔视野，本书的配套资源提供了 5 套不同类型电路原理图的设计实例及其配套视频文件，总时长约为 348 分钟。

3．全书实例的源文件

本书的配套资源还提供了实例的源文件及相关素材，读者可以通过 Altium Designer 20 使用它们。

致谢

本书主要由河北交通职业技术学院的胡仁喜老师和石家庄三维书屋文化传播有限公司的孟培老师编写，刘昌丽、康士廷、杨雪静、闫聪聪等也参与了部分编写工作，对他们的付出表示真诚的感谢。

读者可以加入本书学习交流群（QQ：660309547），作者将在线提供本书的学习指导，以及诸如软件下载、软件安装、授课 PPT 等一系列的后续服务，以使读者无障碍地快速学习本书。读者也可以将问题发送至邮箱 714491436@qq.com，作者将及时予以回复。

作　者

目　　录

第 1 章　Altium Designer 20 概述............1
1.1　Altium 的发展史............1
1.2　新版 Altium 特点............3
　1.2.1　Altium Designer 20 的特点............3
　1.2.2　Altium Designer 20 的特性............5
1.3　Altium Designer 20 的安装
　　　和卸载............5
　1.3.1　Altium Designer 20 的安装............5
　1.3.2　Altium Designer 20 的卸载............9
1.4　Altium 电路板总体设计流程............10

第 2 章　电路原理图环境设置............11
2.1　电路原理图的设计流程............11
2.2　电路原理图的编辑环境............12
　2.2.1　创建、保存和打开电路原理图
　　　　　文件............12
　2.2.2　创建新的项目文件............16
　2.2.3　原理图编辑器介绍............18
2.3　图纸的设置............20
　2.3.1　图纸大小的设置............20
　2.3.2　图纸字体的设置............23
　2.3.3　图纸的方向、标题栏和颜色的
　　　　　设置............23
　2.3.4　栅格和光标的设置............24
　2.3.5　填写图纸参数信息............27
2.4　电路原理图工作环境设置............28
　2.4.1　General 选项卡的设置............29
　2.4.2　Graphical Editing 选项卡的
　　　　　设置............31
　2.4.3　Complier 选项卡的设置............34
　2.4.4　AutoFocus 选项卡的设置............35
　2.4.5　Library AutoZoom 选项卡的
　　　　　设置............36

　2.4.6　Grids 选项卡的设置............36
　2.4.7　Break Wire 选项卡的设置............37
　2.4.8　Default 选项卡的设置............38

第 3 章　绘制电路原理图............41
3.1　电路原理图的组成............41
3.2　Altium Designer 20 元器件库............42
　3.2.1　元器件库的分类............42
　3.2.2　打开 Components 面板............43
　3.2.3　元器件的查找............43
　3.2.4　元器件库的加载与卸载............44
3.3　元器件的放置和属性编辑............46
　3.3.1　在电路原理图中放置元器件............46
　3.3.2　编辑元器件属性............47
　3.3.3　元器件的删除............51
3.4　元器件位置的调整............52
　3.4.1　元器件的选取和取消选取............52
　3.4.2　元器件的移动............53
　3.4.3　元器件的旋转............54
　3.4.4　元器件的复制与粘贴............55
　3.4.5　元器件的排列与对齐............56
3.5　绘制电路原理图............58
　3.5.1　绘制电路原理图的工具............58
　3.5.2　绘制导线和总线............58
　3.5.3　设置网络标签............64
　3.5.4　放置电源和接地符号............66
　3.5.5　放置输入/输出端口............68
　3.5.6　放置忽略 ERC 测试点............70
　3.5.7　设置 PCB 布线标志............70
　3.5.8　放置文本字和文本框............72
　3.5.9　添加图形............75
　3.5.10　放置离图连接器............77
　3.5.11　线束连接器............77

3.5.12 预定义的线束连接器............79
3.5.13 线束入口.........................80
3.5.14 信号线束.........................81
3.6 综合实例............................82
3.6.1 单片机最小应用系统电路
原理图............................82
3.6.2 绘制串行显示驱动器 PS7219
及单片机的 SPI 电路.........87

第4章 电路原理图的高级编辑.........90
4.1 窗口操作............................90
4.2 项目编译............................93
4.2.1 项目编译参数设置.............93
4.2.2 执行项目编译...................98
4.3 报表.................................100
4.3.1 网络报表.......................100
4.3.2 元器件报表...................104
4.3.3 简单元器件清单报表.........108
4.3.4 测量对象距离.................109
4.3.5 端口引用参考表.............109
4.4 输出任务配置文件...............109
4.4.1 文件打印输出.................110
4.4.2 创建输出任务配置文件.......110
4.5 综合实例——音量控制电路......112

第5章 层次电路原理图的设计.........124
5.1 层次电路原理图概述..............124
5.1.1 层次电路原理图的基本概念...124
5.1.2 层次电路原理图的基本结构...125
5.2 层次电路原理图的设计方法......125
5.2.1 自上而下的层次电路原理图的
设计............................125
5.2.2 自下而上的层次电路原理图的
设计............................131
5.3 层次电路原理图之间的切换......134
5.3.1 由顶层原理图中的页面符切换
到相应的子原理图............134
5.3.2 由子原理图切换到顶层
原理图.........................135
5.4 层次设计表.........................136

5.5 综合实例............................136
5.5.1 声控变频器层次电路原理图的
设计............................136
5.5.2 存储器接口层次电路原理图的
设计............................140

第6章 PCB 的环境设置................145
6.1 PCB 的设计基础...................145
6.1.1 PCB 的概念...................145
6.1.2 PCB 的设计流程.............147
6.1.3 PCB 设计的基本原则.........148
6.2 PCB 编辑环境......................149
6.2.1 启动 PCB 编辑环境..........149
6.2.2 PCB 编辑环境界面介绍.......150
6.2.3 PCB 面板.....................151
6.3 使用菜单命令创建 PCB 文件...152
6.3.1 PCB 的板层设置.............153
6.3.2 工作层面颜色的设置.........154
6.3.3 环境参数的设置.............156
6.3.4 PCB 边界设定...............159
6.4 PCB 视图操作管理................161
6.4.1 视图移动.......................161
6.4.2 视图缩放.......................162
6.4.3 整体显示.......................163

第7章 PCB 的设计....................165
7.1 PCB 编辑器的编辑功能...........165
7.1.1 选取和取消选取对象.........165
7.1.2 移动和删除对象...............167
7.1.3 对象的复制、剪切和粘贴.....169
7.1.4 对象的翻转...................171
7.1.5 对象的对齐...................172
7.1.6 PCB 图纸上的快速跳转.......173
7.2 PCB 图的绘制......................174
7.2.1 绘制铜膜导线.................174
7.2.2 绘制直线.......................175
7.2.3 放置元器件封装...............176
7.2.4 放置焊盘和过孔...............179
7.2.5 放置文字标注.................182
7.2.6 放置坐标原点.................182

7.2.7　放置尺寸标注 183
7.2.8　绘制圆弧 184
7.2.9　绘制圆 186
7.2.10　放置填充区域 186
7.3　在 PCB 编辑器中导入网络
　　报表 188
7.3.1　准备工作 188
7.3.2　导入网络报表 188
7.4　元器件的布局 190
7.4.1　自动布局 191
7.4.2　手动布局 194
7.5　3D 效果图 196
7.5.1　3D 效果图显示 196
7.5.2　View Configuration（视图
　　　　设置）面板 198
7.5.3　3D 动画制作 200
7.5.4　3D 动画输出 202
7.5.5　3D PDF 输出 206
7.6　PCB 的布线 207
7.6.1　自动布线 208
7.6.2　手动布线 210
7.7　综合实例 211
7.7.1　停电报警器电路设计 211
7.7.2　LED 显示电路的布局设计 218

第 8 章　PCB 高级编辑 229
8.1　PCB 设计规则 229
8.1.1　设计规则概述 229
8.1.2　电气设计规则 231
8.1.3　布线设计规则 234
8.1.4　阻焊层设计规则 241
8.1.5　内电层设计规则 242
8.1.6　测试点设计规则 244
8.1.7　生产制造规则 246
8.1.8　高速电路设计规则 248
8.1.9　元器件布局规则 250
8.1.10　信号完整性规则 251
8.2　建立覆铜、补泪滴 252
8.2.1　建立覆铜 252
8.2.2　补泪滴 255

8.3　测量距离 256
8.3.1　测量两元素间的距离 256
8.3.2　测量两点间距 257
8.3.3　测量导线长度 257
8.4　PCB 的输出 258
8.4.1　设计规则检查 258
8.4.2　生成 PCB 信息报表 260
8.4.3　元器件清单报表 261
8.4.4　网络状态报表 262
8.4.5　PCB 图及报表的打印输出 262
8.5　综合实例 263
8.5.1　电路板信息报表及网络状态
　　　　报表 264
8.5.2　电路板元器件清单报表 266
8.5.3　PCB 图纸打印输出 268
8.5.4　输出生产加工文件 270

第 9 章　电路仿真 276
9.1　电路仿真的基本概念 276
9.2　电路仿真的基本步骤 276
9.3　常用电路仿真元器件 277
9.4　电源和仿真激励源 285
9.4.1　直流电压源和直流电流源 285
9.4.2　正弦信号激励源 286
9.4.3　周期性脉冲信号源 286
9.4.4　随机信号激励源 287
9.4.5　调频波激励源 288
9.4.6　指数函数信号激励源 289
9.5　设置仿真模式 290
9.5.1　设置通用参数 291
9.5.2　静态工作点分析 292
9.5.3　瞬态分析和傅里叶分析 292
9.5.4　直流扫描分析 294
9.5.5　交流小信号分析 295
9.6　综合实例——使用仿真数学
　　函数 296

第 10 章　信号完整性分析 302
10.1　信号完整性分析概述 302
10.1.1　信号完整性分析概念 302

10.1.2　信号完整性分析工具...........303

10.2　设置信号完整性分析规则.......304

10.3　设定元器件的信号完整性
　　　模型................................312

　　10.3.1　在信号完整性分析之前设定
　　　　　　元器件的 SI 模型.................313

　　10.3.2　在信号完整性分析过程中设
　　　　　　定元器件的 SI 模型.............315

10.4　设置信号完整性分析器...........316

10.5　综合实例................................320

第 11 章　绘制元器件............325

11.1　绘图工具介绍.........................325

　　11.1.1　绘图工具.........................325

　　11.1.2　绘制直线.........................326

　　11.1.3　绘制圆弧.........................327

　　11.1.4　绘制圆.............................329

　　11.1.5　绘制矩形.........................329

　　11.1.6　绘制椭圆.........................330

11.2　原理图库文件编辑器.............331

　　11.2.1　启动原理图库文件编辑器....332

　　11.2.2　原理图库文件编辑环境.......332

　　11.2.3　实用工具栏介绍.................333

　　11.2.4　"工具"菜单的库元器件管理
　　　　　　命令................................335

　　11.2.5　原理图库文件面板介绍.........337

　　11.2.6　新建一个原理图库文件.......337

　　11.2.7　绘制库元器件.....................338

11.3　库元器件管理.........................342

11.4　综合实例................................344

　　11.4.1　制作 LCD 元器件.............344

　　11.4.2　制作串行接口元器件..........350

第 12 章　汉字显示屏电路设计实例......354

12.1　实例设计说明.........................355

12.2　创建项目文件.........................355

12.3　电路原理图的输入.................356

　　12.3.1　绘制层次电路原理图的顶层
　　　　　　原理图............................356

　　12.3.2　绘制层次电路原理图的子原
　　　　　　理图............................359

　　12.3.3　自下而上设计层次电路
　　　　　　原理图............................365

12.4　层次电路原理图间的切换......366

　　12.4.1　从顶层原理图切换到子原理
　　　　　　图符号对应的子原理图........366

　　12.4.2　从子原理图切换到顶层
　　　　　　原理图............................367

12.5　元器件清单............................367

　　12.5.1　元器件清单报表................367

　　12.5.2　元器件分类清单报表.........369

　　12.5.3　元器件网络报表................369

　　12.5.4　简单元器件清单报表..........371

12.6　设计 PCB................................371

　　12.6.1　PCB 设计初步操作.............371

　　12.6.2　3D 效果图........................373

　　12.6.3　布线..................................378

第 1 章

Altium Designer 20 概述

随着电子技术的发展，大规模、超大规模集成电路的使用，PCB 的设计也越来越精密、复杂。Altium 系列软件是电路设计自动化软件的突出代表，操作简单、易学易用、功能强大。

本章主要介绍了 Altium 系列软件的发展史及特点、安装和卸载、电路板总体设计流程。

1.1　Altium 的发展史

自 20 世纪 80 年代中期以来，计算机应用已进入各个领域。在这种背景下，美国 ACCEL Technologies Inc 推出了第一款应用于进行电路设计的软件包——TANGO，这个软件包开创了电路设计自动化的先河。现在看来，TANGO 可能比较简陋，但其在诞生初期，为电路设计带来了革命性的设计方法和设计方式，人们可以使用计算机轻松设计电路，直到今天，国内许多科研单位还在使用 TANGO。

随着电子工业的飞速发展，TANGO 的缺点日益凸显。为了适应科学技术的发展，Protel Technology 公司依靠其强大的研发能力推出了 Protel，作为 TANGO 的升级版本，Protel 在业内得到了广泛应用。

20 世纪 80 年代末，Windows 操作系统开始流行，许多应用软件纷纷开始支持 Windows 操作系统，Protel 也不例外，其所属公司相继推出了基于 Windows 1.0、Windows 1.5 等版本的 Protel。这些版本的 Protel 的可视化功能为用户设计电路提供了很大方便，设计者不需要记一些烦琐的命令，让用户体会到了资源共享的乐趣。

20 世纪 90 年代中期，Windows 95 开始出现，Protel 也紧跟潮流，其所属公司推出了基于 Windows 95 的 3.X 版本。3.X 版本的 Protel 加入了新颖的主从式结构，但在自动布线方面却没有什么出众的表现。另外，由于 3.X 版本的 Protel 是 16 位和 32 位的混合型软件，所以不太稳定。

1998 年，Protel Techology 公司推出了 Protel 98，该产品以其出众的自动布线能力获得了业内人士的一致好评。

1999 年，Protel Techology 公司推出了 Protel 99。Protel 99 既具有电路原理图逻辑功能验证的混合信号仿真功能，又具有 PCB 信号完整性分析的板级仿真功能，从而实现了从电路设计到真实板分析的完整体系。

2000 年，Protel Techology 公司推出了 Protel 99 se，其性能得到了进一步提高，可以对设计过程实现更强的控制。

2001 年 8 月，Protel Techology 公司更名为 Altium 公司。

2002 年，Altium 公司推出了 Protel DXP。Protel DXP 集成了更多工具，使用更方便，功能更强大。

2003 年，Altium 公司对 Protel DXP 进行了完善，推出了 Protel 2004。

2006 年年初，Altium 公司推出了 Protel 系列的高端版本，即 Altium Designer 6 系列产品，自 6.9 版本以后开始以年份命名。

2008 年 5 月，Altium 公司推出的 Altium Designer Summer 8.0 将 ECAD 和 MCAD 两种文件格式结合在一起，还增加了对 OrCAD 和 PowerPCB 的支持功能。

2008 年，Altium 公司推出 Altium Designer Winter 09，该产品引入了新的设计技术和设计理念，以帮助电子产品实现设计创新，使设计人员可以更快地完成设计。该产品提供了全 3D PCB 设计环境，可以避免出现错误和不准确的模型设计。

2009 年 7 月，Altium 公司推出了 Altium Designer Summer 09，即 v9.1（强大的电子开发系统）。为适应日新月异的电子设计技术，该产品延续了连续不断的新特性和新技术的应用过程。

2010 年，Altium 公司宣布推出具有里程碑意义的 Altium Designer 10，同时推出了 Altium Vaults 和 AltiumLive，以推动整个行业向前发展，从而满足期望在"互联的未来"大显身手的设计人员的需求。

2012 年 3 月 5 日，Altium 公司宣布推出 Altium Designer 12。Altium Designer 12 在德国纽伦堡举行的嵌入式系统暨应用技术论坛上发布，与 AltiumLive 和 Altium Designer 10 的初次发布相隔一年。

2013 年 2 月是 Altium 公司发展史上的一个重要的转折点，因为当月推出的 Altium Designer 13 不仅添加和升级了软件功能，还面向主要合作伙伴开放了 Altium 的设计平台。该产品为使用者、Altium 公司合作伙伴及系统集成商带来了一系列的机遇，代表着电子行业迎来了一次质的飞跃。

2013 年 10 月，Altium 公司推出了 Altium Designer 14，该产品支持使用软硬电路进行电路设计，打开了更多创新的大门。该产品还提供对电子产品的更小封装，可以节省材料并降低生产成本，同时增强了产品的耐用性。

2015 年 5 月，Altium 公司推出了 Altium Designer 15，该产品引入了若干新特性，显著提升了设计效率，改善了文档输出及高速设计自动化功能。

2015 年 11 月，Altium 公司推出了 Altium Designer 16，该产品引入的新特性包括备用元器件选择系统、可视化间距边界、全新的元器件布局系统等，提高了设计效率。

2016 年 11 月，Altium 公司推出了 Altium Designer 17，该产品是一款专业的电路设计软件，可以实现板级设计和 FPGA 系统设计、基于 FPGA 和分立处理器的嵌入式软件开发，以及 PCB 版图设计、编辑和制造。

2018 年 1 月，Altium 公司推出了 Altium Designer 18，该产品是一款 PCB 设计软件，采用暗夜风格的 UI 界面，增强了 BOM 清单功能和 ActiveBOM 功能。相比 Altium Designer 17，Altium Designer 18 进行了一系列改进且增加了一些新特性，并且一直被人诟病的卡顿问题也得到了极大改善。

2019 年初，Altium 公司推出了 Altium Designer 19，该产品拥有更完善的替代元器件选择系统、直观的间距提示及智能的元器件布局系统等，并对附加功能进行了更新。

2019 年下半年，Altium 公司推出了简单易用、与时俱进、功能强大的新版 PCB 设计软件：Altium Designer 20。Altium Designer 20 具有运行速度更快的原理图编辑器、高速设计和增强型交互式布线器，可以实现更快的 PCB 设计。

1.2　新版 Altium 特点

电路设计自动化指的是用计算机协助来完成电路设计的各种工作，如电路原理图（Schematic）的绘制、PCB 的设计制作、电路仿真（Simulation）等。

1.2.1　Altium Designer 20 的特点

Altium Designer 20 是全新版本的完全一体化的电子产品开发系统，显著改善了用户体验，提高了设计效率，具有时尚的用户界面，设计流程流线化，同时实现了前所未有的性能优化。Altium Designer 20 将 64 位体系结构与多线程相结合，实现了更高的稳定性、更快的速度和更强大的功能。

Altium Designer 20 拥有强大的电子产品设计环境，并致力于优化产品服务，以提高设计人员的设计效率和生产力。

相比 Altium 系列软件的其他版本，Altium Designer 20 具有如下新功能。

1. 强大的设计环境

将设计过程中各个方面（包括电路原理图、PCB、文档处理和模拟仿真）的数据互联，显著地提升了生产效率。

（1）变量支持。可以管理任意数量的设计变量，无须另外创建单独的项目或设计版本。

（2）一体化设计环境。Altium Designer 20 拥有功能强大的一体化电子开发环境，包含项目设计所需的所有高级设计工具。

（3）全局编辑。Altium Designer 20 提供了灵活而强大的全局编辑工具，可一次更改所有或特定元器件。多种选择工具使用户可以快速查找、过滤和更改所需的元器件。

2. 可制造性设计

学习并应用可制造性设计（DFM）方法，确保 PCB 设计每次都具有功能性、可靠性和可制造性。

（1）可制造性设计入门。了解可制造性设计的基本技巧，可以为成功制造 PCB 做好准备。

（2）PCB 拼版。利用 Altium Designer 20 进行 PCB 拼版，在制造过程中可以保护 PCB 并显著降低其生产成本。

（3）设计规则驱动的设计。在 Altium Designer 20 中的应用设计规则覆盖 PCB 的各个方面，可以轻松定义设计需求。

（4）Draftsman 模板。通过在 Altium Designer 20 中直接使用 Draftsman 模板，可轻松满足设计文档标准。

3．轻松转换设计信息

Altium Designer 20 拥有业内最强大的翻译工具，可轻松转换设计信息。

4．软硬结合设计

在 3D 环境中设计软硬结合板，并保证该结合板的 3D 元器件、装配外壳和 PCB 间距满足所有机械方面的要求。

（1）定义新的层堆栈。为了支持先进的 PCB 分层结构，Altium Designer 20 引入了一种新的层堆栈管理器，它可以在设计单个 PCB 时创建多个层堆栈。这既有利于嵌入式元器件的创建，又有利于软硬结合电路的创建。

（2）弯折线。Altium Designer 20 拥有软硬结合设计工具集。利用弯折线不仅可以创建动态柔性区域，还可以在 3D 空间中完成 PCB 的折叠和展开，使用户准确地看到成品外观。

（3）层堆栈区域。Altium Designer 20 拥有独特的查看—电路板规划模式，当设计中具有多个 PCB 层堆栈时，设计人员利用该模式可以查看任意堆栈对应的 PCB 的物理区域。

5．PCB 设计

通过控制元器件布局，并在电路原理图与 PCB 之间对该布局进行完全同步，可以轻松操控 PCB 布局中的对象。

（1）智能元器件摆放。使用 Altium Designer 20 的直观对齐系统可快速将对象捕捉到与附近对象的交界或与焊盘相对齐的位置，在遵守设计规则的同时，将元器件推入狭窄的空间。

（2）交互式布线。使用 Altium Designer 20 的高级布线引擎，可以在很短的时间内设计出高质量的 PCB 布线。该引擎拥有强大的布线选项，如环绕、推挤、环抱并推挤、忽略障碍、差分对布线。

（3）原生 3D PCB 设计。使用 Altium Designer 20 的高级 3D 引擎，能够以原生 3D 实现清晰可视化并与进行中的设计实时交互。

6．电路原理图的设计

利用层次电路原理图和设计复用，可以在内聚的、易于导航的用户界面中更快、更高效地设计顶级电子产品。

（1）层次化设计及多通道设计。使用 Altium Designer 20 的分层设计工具可以将任何复杂或多通道设计简化为可管理的逻辑块设计。

（2）电气规则检查。使用 Altium Designer 20 电气规则检查（ERC）可以在电路原理图捕获阶段及早发现设计中的任何错误。

（3）元器件搜索。用户可以从通用符号和封装中创建真实、可购买的元器件，或者从数十万个元器件库中搜索，以找到并放置需要的确切元器件。

7．制造输出

利用 Altium Designer 20 可实现从容有序的数据管理，并利用其无缝、简化的文档处理功

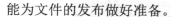

能为文件的发布做好准备。

（1）自动化的项目发布。Altium Designer 20 提供了受控且自动化的设计发布流程，可确保用户的文档易于生成、内容完整，并且可以进行良好的沟通。

（2）PCB 拼版支持。用户可以在 PCB 编辑器中轻松定义相同或不同 PCB 设计的面板，以降低生产成本。

（3）无缝 PCB 绘图过程。在 Altium Designer 20 的统一设计环境中创建制造图和装配图，可以使所有文档与设计保持同步。

1.2.2　Altium Designer 20 的特性

Altium Designer 20 整合了在其发布前 12 个月中发布的一系列更新，包括新的 PCB 特性、核心 PCB 和更新的原理图工具。Altium Designer 20 具有以下特性。

（1）互连的多板装配。

多板之间的连接关系管理和增强的 3D 引擎可以实时呈现设计模型和多板装配情况，显示更快速、更直观、更逼真。

（2）时尚的用户界面体验。

Altium Designer 20 拥有紧凑的用户界面，提供了全新而直观的设计环境，并对该环境进行了优化，可以实现极佳的设计工作流程可视化。

（3）强大的 PCB 设计。

64 位体系结构和多线程任务优化，能够更快地设计和发布大型复杂的电路板。

（4）快速、高质量的布线。

视觉约束和用户指导的互动结合使用户能够跨板层进行复杂的拓扑结构布线，以计算机的速度布线，以人的智慧保证质量。

（5）实时的 BOM 管理。

链接到 BOM 的最新供应商元器件信息，能够根据其自身的时间表做出有根据的设计决策。

（6）简化的 PCB 文档处理流程。

可以在一个单一、紧密的设计环境中记录所有装配图和制造图，并通过链接的源数据进行一键更新。

1.3　Altium Designer 20 的安装和卸载

Altium Designer 20 是标准的基于 Windows 操作系统的应用程序，其安装十分简单。

1.3.1　Altium Designer 20 的安装

Altium Designer 20 虽然对运行系统的要求较高，但其安装很简单。

Altium Designer 20 的安装步骤如下。

第 1 步：从网上将 Altium Designer 20 的安装包下载至本地计算机，在本地计算机中将其解压，找到并双击"Altium Designer 20 Setup.exe"，弹出 Altium Designer 20 的安装界面，如图 1-1 所示。

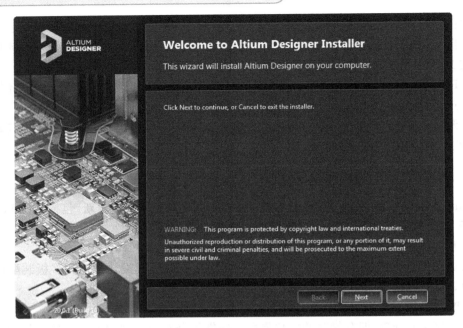

图 1-1　Altium Designer 20 的安装界面

第 2 步：单击"Next"按钮，弹出 Altium Designer 20 的安装协议对话框，这里不需要选择语言，勾选 I accept the agreement 选项即可，如图 1-2 所示。

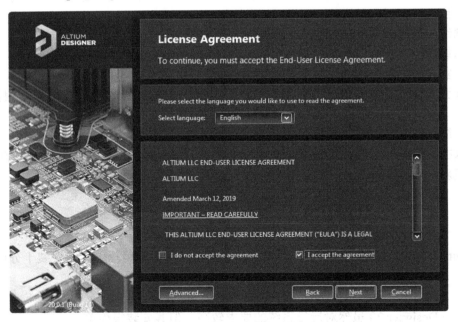

图 1-2　Altium Designer 20 的安装协议对话框

第 3 步：单击"Next"按钮进入下一个界面，出现安装类型对话框，这里有 5 种类型，如果只做 PCB 设计，勾选第一个选项即可；系统默认全选，如图 1-3 所示。

图 1-3　安装类型对话框

第 4 步：选择好安装类型后，单击"Next"按钮，进入安装路径对话框，如图 1-4 所示。在安装路径对话框中，用户需要选择 Altium Designer 20 的安装路径。系统默认的安装路径为 C:\Program Files\ Altium Designer 20\，用户可以通过单击"Browse"按钮来自定义安装路径。

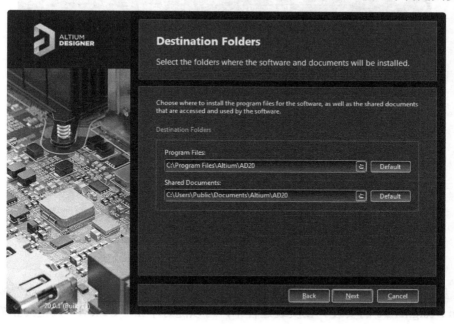

图 1-4　安装路径对话框

第 5 步：确定好安装路径后，单击"Next"按钮弹出确定安装对话框，如图 1-5 所示。单击"Next"按钮，弹出安装进度对话框，如图 1-6 所示。由于系统需要复制大量文件，所以需要等待几分钟。

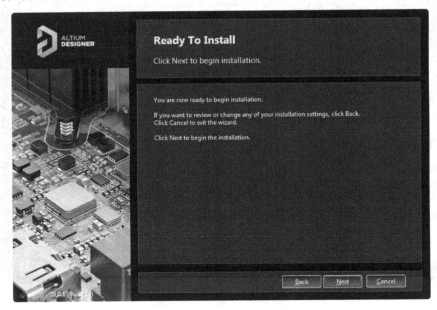

图 1-5　确定安装对话框

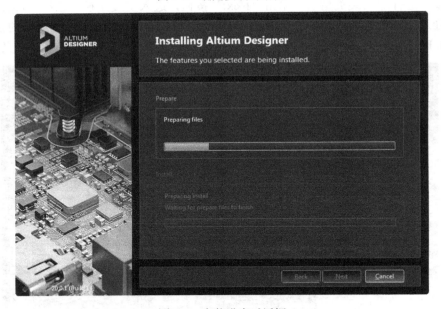

图 1-6　安装进度对话框

第 6 步：安装结束后，弹出安装完成对话框，如图 1-7 所示。单击 "Finish" 按钮即可完成 Altium Designer 20 的安装。在安装过程中，可以随时单击 "Cancel" 按钮终止安装过程。

安装完成后，在 Windows 操作系统的 "开始" → "所有程序" 子菜单中创建 Altium 级联子菜单和快捷键。创建完成后的界面可能是英文界面，如果需要调出中文界面，则可以执行菜单命令 "DXP" → "Preferences" → "System" → "General" → "Localization" 选中 "Use localized resources"，保存设置后重新启动程序。

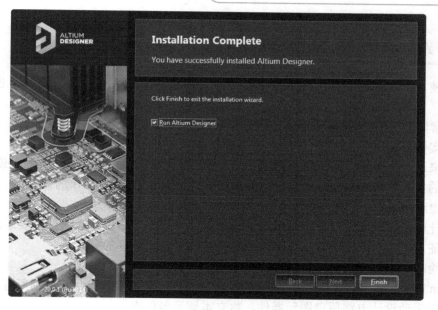

图 1-7　安装完成对话框

1.3.2　Altium Designer 20 的卸载

（1）依次选择"开始"→"控制面板"命令，打开"控制面板"窗口。

（2）右击"Altium Designer 20"选项，弹出快捷菜单，选择"卸载"命令，开始卸载 Altium Designer 20，直至卸载完成。卸载对话框如图 1-8 所示。

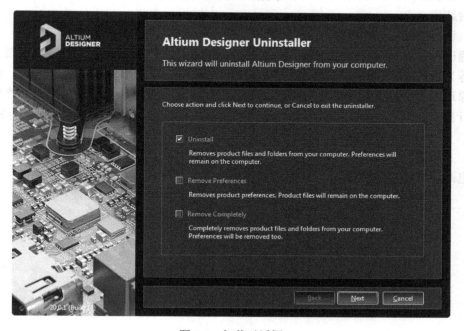

图 1-8　卸载对话框

1.4   Altium 电路板总体设计流程

为了使用户对电路设计过程有一个整体的认识和理解，下面介绍 PCB 设计的总体设计流程。

在通常情况下，从接到设计要求书到最终制作出 PCB，主要需要如下步骤。

（1）案例分析。

严格来说，案例分析并不属于 PCB 设计的内容，但对后面的 PCB 设计又是必不可少的。案例分析的主要任务是决定如何设计电路原理图，同时也会影响 PCB 的规划。

（2）电路仿真。

在设计电路原理图之前，有时并不十分确定某一部分电路设计，这就需要通过电路仿真来进行验证。电路仿真还可以用于确定电路中某些重要元器件的参数。

（3）绘制电路原理图元器件。

Altium Designer 20 虽然提供了丰富的电路原理图元器件库，但并未包括所有元器件，在必要时需要手动设计电路原理图元器件，建立本地元器件库。

（4）绘制电路原理图。

在找到所有需要的原理图元器件后，就可以绘制电路原理图了。根据电路复杂程度决定是否需要使用层次电路原理图。在绘制完电路原理图后，用电气规则检查工具查错，找到出错原因并修改电路原理图，重新查错直至没有原则性错误。

（5）绘制元器件封装。

Altium Designer 20 并未提供所有元器件的封装。在必要时用户需要自行设计并建立新的元器件封装库。

（6）设计 PCB。

在确认电路原理图没有错误后，绘制 PCB。首先绘制 PCB 的轮廓，确定工艺要求（使用几层板等）。然后将电路原理图传输到 PCB 中，在网络报表（简单介绍来历功能）、设计规则和电路原理图的引导下布局、布线。最后利用 DRC（设计规则检查）工具查错。该步骤是电路板设计的关键环节，决定了该产品的实用性能，需要考虑的因素很多，不同电路有不同要求。

（7）文档整理。

对电路原理图、PCB 图及元器件清单等文件予以保存，以便以后维护、修改。

第 2 章

电路原理图环境设置

2

本章详细介绍了电路原理图设计的一些基础知识，具体包括电路原理图的设计流程、电路原理图的编辑环境、图纸的设置、电路原理图工作环境设置、综合实例等。

2.1 电路原理图的设计流程

电路原理图的设计流程大致可以分为新建电路原理图文件、设置工作环境、放置元器件、电路原理图的布线、建立网络报表、电路原理图的电气规则检查、编译和调整、存盘和报表输出等，如图 2-1 所示。

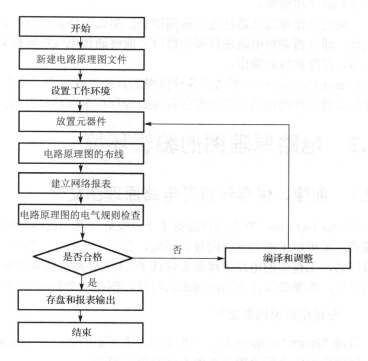

图 2-1 电路原理图设计流程图

电路原理图的具体设计步骤如下。

（1）新建电路原理图文件。

在进入电路原理图设计系统之前，首先要创建新的 Sch 工程，在该工程中创建电路原理图文件和 PCB 文件。

（2）设置工作环境。

根据实际电路的复杂程度设置图纸的大小。在电路设计的整个过程中，图纸的大小都可以不断地调整。设置合适的图纸大小是完成电路原理图设计的第一步。

（3）放置元器件。

从元器件库中选取元器件，将其放置到图纸的合适位置，并对元器件的名称、封装进行定义和设定，根据元器件之间的连线等对元器件在工作平面上的位置进行调整和修改，使电路原理图美观且易懂。

（4）电路原理图的布线。

根据实际电路的需要，利用原理图编辑器提供的各种工具、指令进行布线，将工作平面上的元器件用具有电气意义的导线、符号连接起来，构成一幅完整的电路原理图。

（5）建立网络报表。

在完成上面的步骤以后，就可以得到一张完整的电路原理图了，但是要完成 PCB 的设计，还需要生成一个网络报表文件。网络报表是 PCB 和电路原理图之间的桥梁。

（6）电路原理图的电气规则检查。

当完成电路原理图的布线后，需要设置项目编译选项以编译当前项目，并利用 Altium Designer 20 提供的错误检查报告修改电路原理图。

（7）编译和调整。

如果电路原理图已通过电气规则检查，那么电路原理图的设计就完成了。但是对于较大的项目，通常需要对电路进行多次修改才能够通过电气规则检查。

（8）存盘和报表输出。

Altium Designer 20 提供了各种报表工具来生成报表（如网络报表、元器件报表等），同时可以对设计好的电路原理图和各种报表进行存盘和输出打印，为 PCB 的设计做好准备。

2.2 电路原理图的编辑环境

2.2.1 创建、保存和打开电路原理图文件

Altium Designer 20 为用户提供了十分友好且易用的编辑环境，它打破了传统的 EDA 设计模式，采用以工程为中心的设计环境，在一个工程中，各个文件之间互有关联，当工程被编辑以后，工程中的电路原理图文件或 PCB 文件都会同步更新。因此，要进行一个 PCB 的整体设计，就要在设计电路原理图的时候，创建一个新的 PCB 工程。

1. 新建电路原理图文件

启动 Altium Designer 20，弹出如图 2-2 所示的 Altium Designer 20 集成开发环境窗口。创建新的电路原理图文件的方法有以下两种。

（1）菜单命令。

在 Altium Designer 20 集成开发环境窗口中，依次选择菜单栏中的"文件"→"新的"命令，如图 2-3 所示。在弹出的下一级菜单中可以新建电路原理图文件、PCB 文件、电路原理图库、PCB 库、PCB 专案等。

图 2-2　Altium Designer 20 集成开发环境窗口

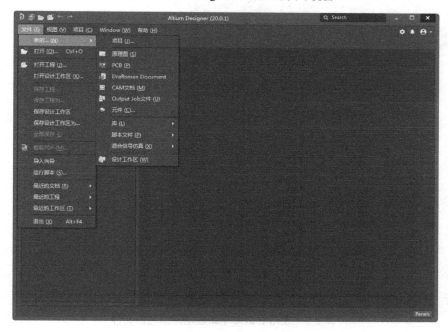

图 2-3　依次选择菜单栏中的"文件"→"新的"命令

选择"原理图"命令，在当前工程 PCB-Project1.PrjPcb 下建立电路原理图文件，系统默认文件名为 Sheetl.SchDoc，同时在右边的设计窗口中将打开 Sheetl.SchDoc 的电路原理图编辑窗口。新建的电路原理图文件如图 2-4 所示。

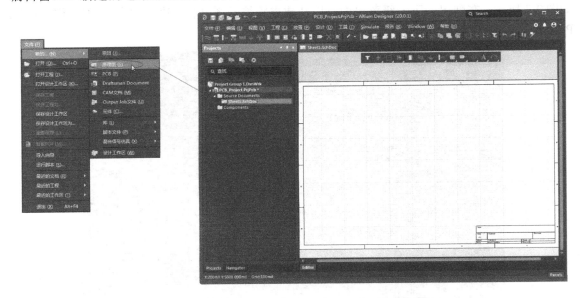

图 2-4　使用菜单命令新建的电路原理图文件

（2）右键命令。

在新建的工程文件处右击，弹出快捷菜单，依次选择"添加新的...到工程"→"Schematic"命令，即可创建电路原理图文件，如图 2-5 所示。

图 2-5　使用右键命令新建电路原理图文件

2．文件的保存

文件的保存方法有以下 3 种。

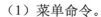

（1）菜单命令。

依次选择菜单栏中的"文件"→"另存为"命令，打开如图 2-6 所示的保存电路原理图文件对话框。

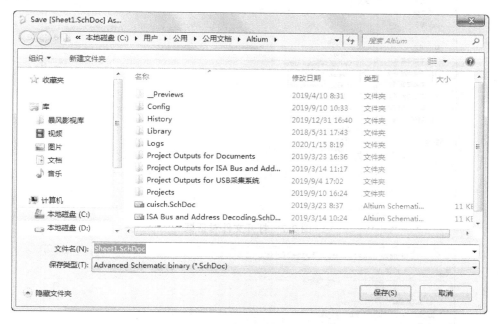

图 2-6 保存电路原理图文件对话框

在保存电路原理图文件的对话框中，用户可以更改设计项目的名称、所保存的文件路径等，文件默认类型为 Advanced Schematic binary (*.SchDoc)，后缀名为 ".SchDoc"。

（2）右键命令。

在当前电路原理图上右击，弹出快捷菜单，选择"另存为"命令，打开保存电路原理图文件对话框，保存电路原理图文件。

（3）工具按钮。

单击工作区的左上角快速访问栏中的 （保存当前活动的文档）按钮，保存当前打开的电路原理图文件。

单击工作区的左上角快速访问栏中的 （保存全部文档）按钮，保存当前 Project（工程）面板中的所有文件。

3. 电路原理图文件的打开

打开电路原理图文件的方法有以下两种。

（1）菜单命令。

依次选择菜单栏中的"文件"→"打开"命令，打开如图 2-7 所示的对话框，在该对话框中选择将要打开的电路原理图文件或其他类型的文件，并将其打开。

（2）右键命令。

在工程文件处右击，弹出快捷菜单，选择"添加已有文档到工程"命令，即可打开电路原理图文件，如图 2-8 所示。

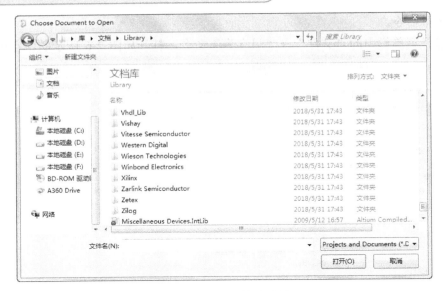

图 2-7　打开文件对话框

图 2-8　使用右键命令打开电路原理图文件

2.2.2　创建新的项目文件

在进行工程设计时，通常需要先创建一个项目文件，这样有利于对文件进行管理。

1．项目文件的创建

（1）依次选择菜单栏中的"文件"→"新的"→"项目"命令，在弹出的"Create Project"（新建工程）对话框中列出了可以创建的各种工程类型，选择需要的工程类型即可，如图 2-9 所示。

在"Create Project"对话框中，包括以下几个选项。

● 在"Project Name"（工程名称）文本框中输入项目文件的名称，默认名称为 PCB_Project，

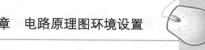

后面新建的项目名称依次添加数字后缀, 如 PCB_Project_1、PCB_Project_2 等。

- 在"Folder"（路径）文本框中显示要创建的项目文件的路径, 单击 ■■■ 按钮, 弹出"Browse for Project Location"（搜索项目位置）对话框, 选择路径文件夹。

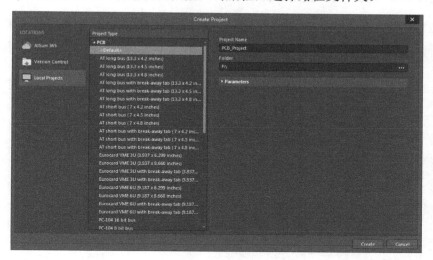

图 2-9 "Create Project"（新建工程）对话框

（2）单击 Create 按钮, 在 Project（工程）面板中出现了新建的工程文件, 系统默认的新建工程文件名称为 PCB_Project.PrjPcb, 如图 2-10 所示。

图 2-10 Project（工程）面板

2. 文件的保存

依次选择菜单栏中的"文件"→"保存工程为"命令, 打开如图 2-11 所示的保存项目文件对话框。

　　在保存项目文件对话框中，用户可以更改设计项目的名称、所保存的文件路径等，文件默认类型为"PCB Projects"，后缀名为".PrjPcb"。

　　工程文件的保存同样可以使用右键命令和工具按钮来完成，这里不再赘述。

图 2-11　保存项目文件对话框

3．文件的打开

　　依次选择菜单栏中的"文件"→"打开工程"命令，打开如图 2-12 所示的对话框，在该对话框中选择将要打开的文件，将其打开。

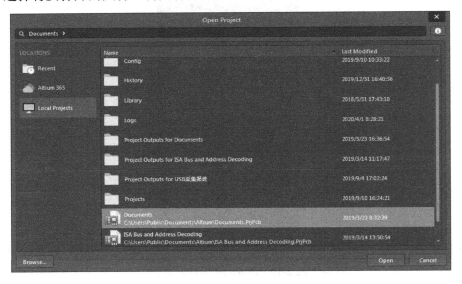

图 2-12　打开文件对话框

2.2.3　原理图编辑器介绍

　　在打开一个电路原理图文件或创建一个新的电路原理图文件的同时，Altium Designer 20

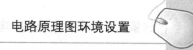

的原理图编辑器将被启动，如图 2-13 所示。下面介绍原理图编辑器的主要组成部分。

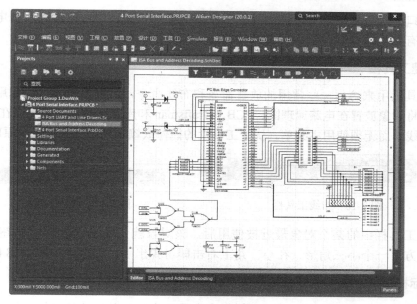

图 2-13　原理图编辑器

1．菜单栏

Altium Designer 20 设计系统在对不同类型的文件进行操作时，主菜单的内容会发生相应的改变。原理图编辑器的主菜单如图 2-14 所示。在设计过程中，对电路原理图的各种编辑都可以通过主菜单中的相应命令来实现。

图 2-14　原理图编辑器的主菜单

2．原理图标准工具栏

随着原理图编辑器的改变，编辑窗口会出现不同的主工具栏。原理图标准工具栏为用户提供了一些常用文件操作的快捷方式，如图 2-15 所示。

图 2-15 原理图标准工具栏

依次选择菜单栏中的"视图"→"工具栏"→"原理图标准"命令，可以打开或关闭原理图标准工具栏。

3．布线工具栏

布线工具栏主要用于在绘制电路原理图时，放置元器件、电源、地、端口、图纸标号及未用管脚标志等，同时可以完成连线操作，如图 2-16 所示。

依次选择菜单栏中的"视图"→"工具栏"→"布线"命令，可以打开或关闭布线工具栏。

4．编辑窗口

编辑窗口就是进行电路原理图设计的工作区。在编辑窗口中可以绘制新的电路原理图，也可以对原有的电路原理图进行编辑和修改。

5．快捷工具栏

快捷工具栏用来访问一些常用的放置命令和布线命令，如图 2-17 所示。利用快捷工具栏可以轻松地将对象放置在电路原理图、PCB、Draftsman 和库文档中，并且可以在 PCB 文档中一键执行布线，而无须使用主菜单。快捷工具栏的控件依赖于当前正在工作的原理图编辑器。

图 2-16　布线工具栏　　　　　　　　　　　　图 2-17　快捷工具栏

当快捷工具栏中的某个对象最近被使用后，该对象就变成了活动/可见按钮。活动/可见按钮的右下方有一个小三角形，在小三角上右击即可弹出下拉菜单，如图 2-18 所示。

6．坐标栏

坐标栏位于编辑窗口的左下方，坐标栏中会显示光标当前位置的坐标，如图 2-19 所示。

7．面板控制中心

面板控制中心用来开启或关闭各种工作面板，如图 2-20 所示。

图 2-18　下拉菜单　　　　　　　图 2-19　坐标栏　　　　　　　图 2-20　面板控制中心

2.3　图纸的设置

在绘制电路原理图之前，首先要对图纸的相关参数进行设置，主要包括图纸大小的设置，图纸字体的设置，图纸方向、标题栏和颜色的设置，以及栅格和光标设置等。

2.3.1　图纸大小的设置

1．打开图纸设置对话框

在新建的电路原理图文件界面右下角单击 Panels 按钮，弹出快捷菜单，选择"Properties"

（属性）命令，打开 Properties（属性）面板，该面板自动固定在右侧边界上，如图 2-21 所示。

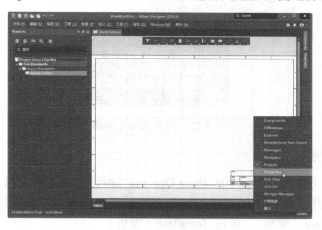

图 2-21　快捷菜单

Properties（属性）面板包含与当前工作区中所选择条目相关的信息和控件。如果当前工作区中没有选择任何对象，在从 PCB 文档访问时，Properties（属性）面板显示电路板选项；在从电路原理图访问时，Properties（属性）面板显示文档选项；在从库文档访问时，Properties（属性）面板显示库选项；在从多板文档访问时，Properties（属性）面板显示多板选项。Properties（属性）面板还显示当前活动的 BOM 文档（*.BomDoc），也可以即时更改通用的文档选项。在工作区中放置对象（弧形、文本字符串、线等）时，Properties（属性）面板也会出现。在放置对象之前，也可以使用 Properties（属性）面板配置对象。通过 Selection Filter（选择过滤器），可以控制在工作区中能选择的内容和不能选择的内容，如图 2-22 所示。

图 2-22　Properties（属性）面板

Properties（属性）面板包含如下两种功能。

（1）search（搜索）功能。

允许在 Properties（属性）面板中搜索所需的条目，有 General（通用）和 Parameters（参数）两个选项卡。

（2）设置过滤对象功能。

单击 Properties（属性）面板中的 Document Options（文档选项）选项组▼⁺的下拉按钮，弹出如图 2-23 所示的对象选择过滤器。

单击"All objects"按钮，表示在电路原理图中选择对象时，选中所有类别的对象，包括 Components、Wires、Buses、Sheet Symbols、Sheet Entries、Net Labels、Parameters、Ports、Power Ports、Texts、Drawing objects、Other，可单独选择其中的某个选项，也可全部选中。

在 Selection Filter（选择过滤器）选项组中显示同样的选项。

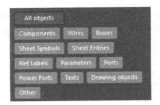

图 2-23　对象选择过滤器

2．设置图纸大小

打开 Properties（属性）面板中的 Page Options（图页选项）选项组，Formating and Size（格式与尺寸）选项用于设置图纸尺寸。Altium Designer 20 提供了 3 种设置图纸尺寸的方式。

第一种：Template（模板）。单击 Template（模板）下拉按钮，在弹出的下拉列表中可以选择已定义好的图纸标准尺寸，包括模型图纸尺寸（A0_portrait～A4_portrait）、公制图纸尺寸（A0～A4）、英制图纸尺寸（A～E）、CAD 标准尺寸（A～E）、OrCAD 标准尺寸（Orcad_a～Orcad_e）及其他格式（Letter、Legal、Tabloid 等）的尺寸，如图 2-24 所示。

当一个模板被设置为默认模板后，每次在创建新文件时，系统会自动套用该模板，适用于固定使用某个模板的情况。若没有设置默认模板文件，则 Template 文本框中显示空白。

在 Properties（属性）面板 Template（模板）的下拉列表中选择 A、A0 等模板，单击 按钮，弹出如图 2-25 所示的"更新模板"对话框。

图 2-24　Template 下拉列表

图 2-25　"更新模板"对话框

第二种：Standard（标准风格）。单击 Sheet Size（图纸尺寸）右侧的 按钮，在下拉列表中可以选择已定义好的图纸标准尺寸，包括公制图纸尺寸（A0～A4）、英制图纸尺寸（A～E）、CAD 标准尺寸（A～E）、OrCAD 标准尺寸（OrCAD A～OrCAD E）及其他格式（Letter、Legal、Tabloid 等）的尺寸，如图 2-26 所示。

第三种：Custom（自定义风格），包括 Width（定制宽度）、Height（定制高度）。

在设计过程中，除了需要对图纸的尺寸进行设置，往往还需要对图纸的其他选项进行设置，如图纸的方向、标题栏样式和图纸的颜色等。这些设置可以在 Page Options（图页选项）选项组中完成。

3. 自定义图纸设置

在 Properties（属性）面板中的 Margin and Zones（边界和区域）选项组中，设置边界与区域，如图 2-27 所示。在 Vertical（垂直）、Horizontal（水平）两个文本框中输入边框与边界的间距值。在 Origin（原点）下拉列表中选择原点位置，如 Upper Left（左上）、Bottom Right（右下）。在 Margin Width（边界宽度）文本框中输入边界的宽度值。

在 Properties（属性）面板中的 Units（单位）选项区，通过勾选或不勾选 Sheet Border（显示边界）复选框可以设置是否显示边框。勾选 Sheet Border（显示边界）复选框表示显示边框，否则不显示边框。

图 2-26 Standard 下拉列表

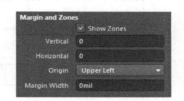

图 2-27 设置边界与区域

2.3.2 图纸字体的设置

在设计电路原理图文件时，经常需要插入一些字符，Altium Designer 20 可以为这些插入的字符设置字体。

在 Properties（属性）面板中的 Units（单位）选项组中，单击 Document Font（文档字体）右边的 Times New Roman, 10 按钮，系统将弹出如图 2-28 所示的字体设置对话框。在该对话框中对字体进行设置，可以改变整个电路原理图中的所有文字字体，包括电路原理图中的元器件管脚文字字体和电路原理图的注释文字字体等。

Altium Designer 20 系统通常采用默认的字体设置，如果不对字体进行设置，添加到电路原理图上的字符的字体就是默认设置的字体，用户可以根据自己的需求对字体进行设置。

图 2-28 字体设置对话框

2.3.3 图纸的方向、标题栏和颜色的设置

1. 设置图纸方向

可通过 Properties（属性）面板中的 Orientation（定位）下拉列表来设置图纸方向，可以

将图纸方向设置为水平方向（Landscape），即横向；也可以设置为垂直方向（Portrait），即纵向。一般在绘制和显示时设为横向，在打印输出时可根据需要设为横向或纵向。

2．设置图纸标题栏

选中 Properties（属性）面板中的 Title Block 复选框就可以对图纸的标题栏进行设置。有两种标题栏可供选择：Standard（标准型）标题栏（见图 2-29）和 ANSI（美国国家标准协会模式）标题栏（见图 2-30）。

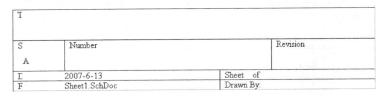

图 2-29　Standard 标题栏

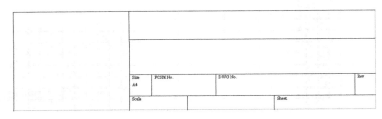

图 2-30　ANSI 标题栏

3．设置图纸颜色

在 Properties（属性）面板的 Units（单位）选项组中，单击 Sheet Color（图纸的颜色）右边的颜色显示框，在弹出的对话框中设置图纸的颜色。

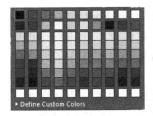

图 2-31　选择边框的颜色

4．设置图纸参考说明区域

在 Properties（属性）面板的 Margin and Zones（边界和区域）选项组中，可以通过 Show Zones（显示区域）复选框对参考说明区域进行设置，勾选该复选框表示显示参考说明区域，否则不显示参考说明区域。一般应该选择显示参考说明区域。

在 Units（单位）选项组中，单击 Sheet Border（图纸的边界）右边的颜色显示框，然后在弹出的对话框中选择边框的颜色，如图 2-31 所示。

2.3.4　栅格和光标的设置

1．设置栅格

在原理图编辑器中，编辑窗口的背景是栅格型的，这种栅格属于可视栅格，是可以改变的。栅格极大地方便了元器件的放置和线路的连接，使用户可以轻松地排列元器件、整齐地走线。Altium Designer 20 提供了 Snap Grid（捕获）和 Visible Grid（可见的）两种栅格。栅格设置界面如图 2-32 所示。

- Snap Grid（捕获）文本框。在该文本框中输入捕获栅格大小，也就是光标每次移动的距离值。光标在移动时，以右侧文本框的设置值为基本单位，系统默认值为 10 个像素点。用户可根据设计的要求输入新的数值来改变光标每次移动的最小间隔距离。

图 2-32　栅格设置界面

- Visible Grid（可见的）文本框。在该文本框中输入可视栅格大小，激活 ◉（可见）按钮，该按钮用于控制是否启用捕获栅格，即在图纸上是否可以看到栅格。对图纸上栅格间的距离进行设置，系统默认值为 100 个像素点。若不激活可见按钮，则表示在图纸上不显示栅格。
- Snap to Electrical Object（捕获电栅格）复选框。如果勾选了该复选框，在绘制连线时，系统会以光标所在位置为中心，以 Snap Distance（栅格范围）文本框中的设置值为半径，向四周搜索电气节点。如果在搜索半径内有电气节点（Manual Junction），则光标将自动移动到该节点并在该节点上显示一个圆形亮点，搜索半径的数值可以自行设定。如果不勾选该复选框，则系统无法自动寻找电气节点。

依次选择菜单栏中的"视图"→"栅格"命令，在弹出的子菜单中有用于切换 3 种栅格启用状态的命令，如图 2-33 所示。选择"设置捕捉栅格"命令，系统将弹出如图 2-34 所示的"Choose a snap grid size"（选择捕获栅格尺寸）对话框，在该对话框中可以输入捕获栅格的参数值。

图 2-33　栅格命令子菜单

图 2-34　"Choose a snap grid size"（选择捕获栅格尺寸）对话框

Altium Designer 20 提供了两种栅格形状，即 Lines Grid（线状栅格）和 Dots Grid（点状栅格），如图 2-35 所示。

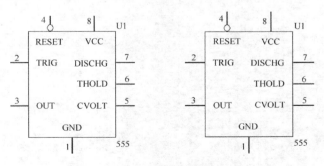

图 2-35　Lines Grid 和 Dots Grid

设置 Lines Grid 和 Dots Grid 的具体步骤如下。

（1）依次选择菜单栏中的"工具"→"原理图优先项"命令，或者在电路原理图图纸上右击，弹出快捷菜单，选择"原理图优先项"命令，打开"优选项"对话框。在"优选项"

对话框中选择 Grids（栅格）选项，或者直接依次选择"选项"→"栅格"命令，打开栅格设置界面，如图 2-36 所示。

图 2-36　栅格设置界面

（2）在"栅格"选项的下拉列表中有两个选项，分别为 Line Grid 和 Dot Grid。若选择 Line Grid 选项，则在电路原理图图纸上显示线状栅格；若选择 Dot Grid 选项，则在电路原理图图纸上显示点状栅格。

（3）在"栅格颜色"选项中，单击右侧颜色显示框可以对栅格颜色进行设置。

2．设置光标

依次选择菜单栏中的"工具"→"原理图优先项"命令，或者在电路原理图图纸上右击，弹出快捷菜单，选择"原理图优先项"命令，打开"优选项"对话框。在"优选项"对话框中选择 Graphical Editing（图形编辑）选项，打开图形编辑界面，如图 2-37 所示。

图 2-37　图形编辑界面

在图形编辑界面中，可以对光标进行设置，包括光标在绘图时、放置元器件时、放置导线时的形状。

单击"光标类型"后面的下拉按钮，在弹出的下拉列表中有 4 种光标类型，即 Large Cursor 90、Small Cursor 90、Small Cursor 45、Tiny Cursor 45，如图 2-38 所示。

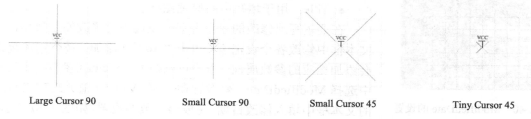

| Large Cursor 90 | Small Cursor 90 | Small Cursor 45 | Tiny Cursor 45 |

图 2-38　4 种光标类型

2.3.5　填写图纸参数信息

图纸参数信息记录了电路原理图的参数信息和更新记录。填写图纸参数信息可以使用户更系统、更有效地对设计的图纸进行管理。

建议用户对图纸参数信息进行设置。当设计项目中包含很多图纸时，图纸参数信息就显得非常有用了。

打开 Properties（属性）面板中的 Parameter（参数）选项卡即可对图纸参数信息进行设置，如图 2-39 所示。

在 Parameter（参数）选项卡中可以填写的电路原理图信息有很多，简单介绍如下。

图 2-39　Parameter（参数）选项卡

- Address1、Address2、Address3、Address4：用于填写设计公司或单位的地址。
- ApprovedBy：用于填写项目设计负责人姓名。
- Author：用于填写设计者姓名。
- CheckedBy：用于填写审核者姓名。
- CompanyName：用于填写设计公司或单位的名称。
- CurrentDate：用于填写当前日期。
- CurrentTime：用于填写当前时间。
- Date：用于填写日期。
- DocumentFullPathAndName：用于填写设计文件名及其完整的保存路径。
- DocumentName：用于填写文件名。
- DocumentNumber：用于填写文件数量。
- DrawnBy：用于填写图纸绘制者姓名。
- Engineer：用于填写工程师姓名。
- ImagePath：用于填写影像路径。
- ModifiedDate：用于填写修改的日期。
- Organization：用于填写设计机构名称。
- Revision：用于填写图纸版本号。

- Rule：用于填写设计规则信息。

图 2-40　ModifiedDate 的设置

- SheetNumber：用于填写电路原理图的编号。
- SheetTotal：用于填写电路原理图的总数。
- Time：用于填写时间。
- Title：用于填写电路原理图标题。

在要填写或修改的参数上双击或选中要修改的参数后，在文本框中修改各个设定值，单击"Add"（添加）按钮，系统就会添加相应的参数属性。用户可以在 Parameter（参数）选项卡中选择 ModifiedDate（修改日期），在 Value（值）选项组对应的文本框中填入修改日期，完成该参数的设置，如图 2-40 所示。

2.4　电路原理图工作环境设置

在电路原理图的绘制过程中，其绘制效率和正确性往往与电路原理图工作环境的设置有着十分密切的联系。下面详细介绍电路原理图工作环境的设置，以使用户熟悉这些设置，为后面电路原理图的绘制打下良好的基础。

依次选择菜单栏中的"工具"→"原理图优先项"命令，或者在电路原理图图纸上右击，弹出快捷菜单，选择"原理图优先项"命令，打开"优选项"对话框，如图 2-41 所示。

图 2-41　"优选项"对话框

"优选项"对话框中有 8 个选项卡：General（常规设置）、Graphical Editing（图形编辑）、

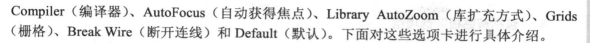

Compiler（编译器）、AutoFocus（自动获得焦点）、Library AutoZoom（库扩充方式）、Grids（栅格）、Break Wire（断开连线）和 Default（默认）。下面对这些选项卡进行具体介绍。

2.4.1　General 选项卡的设置

在"优选项"对话框中，单击"General"（常规设置）选项，弹出 General（常规设置）选项卡。General（常规设置）选项卡主要用来设置电路原理图的常规环境参数。

1."单位"选项组

图纸单位可通过"单位"选项组进行设置，既可以设置为 mm（公制），也可以设置为 mil（英制）。一般在绘制和显示时设置为英制。

2."选项"选项组

- "在结点处断线"复选框：若勾选该复选框，在两条交叉线处自动添加节点后，节点两侧的导线将被分割成两段。
- "优化走线和总线"复选框：若勾选该复选框，在进行导线和总线的连接时，系统将自动选择最优路径，并且可以避免各种电气连线和非电气连线的相互重叠，此时，"元器件割线"复选框也呈现可选状态。若不勾选该复选框，则用户可以自行定义连线路径。
- "元器件割线"复选框：在勾选该复选框后，会启动元器件分割导线的功能。也就是说，在放置一个元器件时，若元器件的两个管脚同时落在一根导线上，则该导线将被分割成两段，两个端点分别自动与元器件的两个管脚相连。
- "使能 In-Place 编辑"复选框：若勾选该复选框，在选中电路原理图中的文本对象（如元器件的序号、标注等）时，可以直接双击进行编辑、修改，而不必打开相应的对话框。
- "转换十字结点"复选框：若勾选该复选框，用户在绘制导线时，相交的导线会在相交位置自动连接并产生节点，同时终止本次操作。若没有勾选该复选框，则用户可以任意覆盖已经存在的连线，并且可以继续进行绘制导线的操作。
- "显示 Cross-Overs"（显示交叉点）复选框：在勾选该复选框后，非电气连线的交叉点会以半圆弧显示，表示交叉跨越状态。
- "Pin 方向"（管脚说明）复选框：若勾选该复选框，在单击元器件某一管脚时，会自动显示该管脚的编号及输入/输出特性等。
- "图纸入口方向"复选框：若勾选该复选框，在顶层原理图的图纸符号中会根据子原理图中设置的端口属性显示输出端口、输入端口或其他性质的端口。图纸符号中相互连接的端口部分不随此项设置的改变而改变。
- "端口方向"复选框：在勾选该复选框后，端口的样式会根据用户设置的端口属性显示输出端口、输入端口或其他性质的端口。
- "使用 GDI+渲染文本+"复选框：在勾选该复选框后，可使用 GDI 字体渲染功能，包括设置字体的粗细、大小等功能。
- "垂直拖曳"复选框：若勾选该复选框，在电路原理图上拖动元器件时，与元器件相连的导线只能保持直角。若不勾选该复选框，则与元器件相连的导线可以呈现任意角度。

3．"包括剪贴板"选项组

- "No-ERC 标记"复选框：若勾选该复选框，在将内容复制、剪切到剪贴板或打印时，均包含图纸的忽略 ERC 测试点。
- "参数集"复选框：若勾选该复选框，在使用剪贴板进行复制操作或打印时，包含元器件的参数信息。
- "注释"复选框：若勾选该复选框，在使用剪贴板进行复制操作或打印时，包含注释说明信息。

4．"Alpha 数字后缀"选项组

"Alpha 数字后缀"选项组用于设置某些元器件中包含的多个相同子部件的标识后缀，每个子部件都具有独立的物理功能。在放置这种复合元器件时，其内部的多个子部件通常采用"元器件标识：后缀"的形式来加以区别。

- Alpha（字母）选项：若选择该选项，子部件的后缀以字母表示，如 U:A、U:B 等。
- Numeric，separated by a dot " . "（数字间用点间隔）选项：若选择该选项，子部件的后缀以数字表示，如 U.1、U.2 等。
- Numeric，separated by a colon " : "（数字间用冒号分割）选项：若选择该选项，子部件的后缀以数字表示，如 U:1、U:2 等。

5．"管脚余量"选项组

- "名称"文本框：用于设置元器件的管脚名称与元器件符号边缘之间的距离，系统默认值为 50mil。
- "数量"文本框：用于设置元器件的管脚编号与元器件符号边缘之间的距离，系统默认值为 80mil。

6．"放置时自动增加"选项组

"放置时自动增加"选项组用于设置元器件标识序号及管脚号的自动增量数。

- "首要的"文本框：用于设定在电路原理图上连续放置同一种元器件时，元器件标识序号的自动增量数，系统默认值为 1。
- "次要的"文本框：用于设定在创建电路原理图符号时，管脚号的自动增量数，系统默认值为 1。
- "移除前导零"复选框：勾选该复选框，元器件标识序号及管脚号去掉前导零。

7．"端口交叉参考"选项组

- "图纸类型"文本框：用于设置图纸中的端口类型，包括 Name（名称）、Number（数字）。
- "位置类型"文本框：用于设置图纸中的端口放置位置的依据，包括 Zone（区域）、Location X,Y（坐标）。

8．"默认空白纸张模板及尺寸"选项组

"默认空白纸张模板及尺寸"选项组用于设置默认的模板文件。单击"模板"下拉列表中的模板文件，模板文件名称将出现在"模板"列表框中，每次在创建新文件时，系统将自动

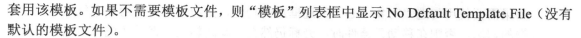

套用该模板。如果不需要模板文件，则"模板"列表框中显示 No Default Template File（没有默认的模板文件）。

单击"图纸尺寸"下拉列表中的样板文件，模板文件名称将出现在"图纸尺寸"列表框中，在"绘制区域"右侧中显示具体的尺寸大小。

2.4.2 Graphical Editing 选项卡的设置

在"优选项"对话框中，单击"Graphical Editing"（图形编辑）选项，弹出 Graphical Editing 选项卡，如图 2-42 所示。Graphical Editing 选项卡主要用来设置与绘图有关的一些参数。

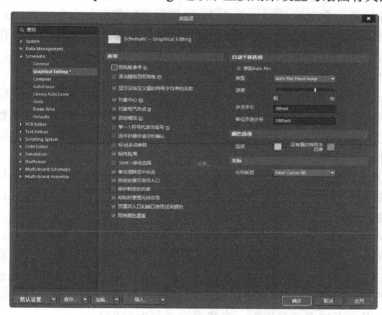

图 2-42 Graphical Editing 选项卡

1."选项"选项组

- "剪贴板参数"复选框：勾选该复选框后，在复制或剪切选中的对象时，系统将提示确定一个参考点。建议用户勾选该复选框。
- "添加模板到剪贴板"复选框：勾选该复选框后，用户在执行复制或剪切操作时，系统会将当前文档所使用的模板一起添加到剪贴板中，所复制的电路原理图包含整个图纸。建议用户不勾选该复选框。
- "显示没有定义值的特殊字符串的名称"复选框：用于将特殊字符串转换成相应的内容。若勾选此复选项，当在电路原理图中使用特殊字符串时，显示状态下会转换成实际字符，否则将保持原样。
- "对象中心"复选框：勾选该复选框后，在移动元器件时，光标将自动跳到元器件的参考点（元器件具有参考点时）或对象的中心（对象不具有参考点时）。若不勾选该复选框，在移动对象时，光标将自动滑到元器件的电气节点。
- "对象电气热点"复选框：勾选该复选框后，当用户移动或拖动某一对象时，光标自动跳转至距离对象最近的电气节点（如元器件的管脚末端）。建议用户勾选该复选框。

如果需要使用勾选"对象中心"复选框后的功能，则应取消对"对象电气热点"复选框的勾选，否则在移动元器件时，光标仍然会自动跳转至元器件的电气节点。

- "自动缩放"复选框：勾选该复选框后，在插入元器件时，电路原理图可以自动实现缩放，实现最佳的视图比例。建议用户勾选该复选框。

- "单一'\'符号代表负信号"复选框：一般在电路设计中，我们习惯在管脚的说明文字顶部加一条横线表示该管脚低电平有效，在网络标签上也采用此种标识方法。Altium Designer 20 允许用户使用"\"在文字顶部加一条横线。例如，RESET 低有效，可以采用"\R\E\S\E\T"的方式在该字符串顶部加一条横线。勾选该复选框后，只要在网络标签名称的第一个字符前加一个"\"，则该网络标签名就会全部被加上横线。

- "选中存储块清空时确认"复选框：勾选该复选框后，在清除选定的存储器时，将出现确认对话框。勾选该复选框可以防止由于疏忽而清除选定的存储器。建议用户勾选该复选框。

- "标记手动参数"复选框：用于设置是否显示参数自动定位被取消的标记点。勾选该复选框后，如果对象的某个参数已取消了自动定位属性，那么在该参数的旁边会出现点状标记，提示用户该参数不能自动定位，需要手动定位，即应该与该参数所属的对象一起移动或旋转。

- "始终拖曳"复选框：勾选该复选框后，在移动某一选中的对象时，与其相连的导线也随之被拖动，以保持连接关系。若不勾选该复选框，在移动对象时，与其相连的导线不会被拖动。

- "'Shift'+单击选择"复选框：勾选该复选框后，只有在按下 Shift 键时，单击才能选中对象。此时，右侧的"Primitives"（原始的）按钮被激活。单击"元素"按钮，弹出如图 2-43 所示的"必须按住 Shift 选择"对话框，在该对话框中可以设置哪些对象只有在按下 Shift 键时，单击才能选中。勾选该复选框后，对电路原理图的编辑会很不方便，建议用户不勾选该复选框，直接单击选择对象即可。

图 2-43 "必须按住 Shift 选择"对话框

- "单击清除选中状态"复选框：勾选该复选框后，单击电路原理图编辑窗口中的任意位置就可以解除对某一对象的选中状态，不需要使用菜单命令或"原理图标准"工具栏中的 （取消对当前所有文件的选中）按钮。建议用户勾选该复选框。

- "自动放置页面符入口"复选框：勾选该复选框后，系统会自动放置图纸入口。
- "保护锁定的对象"复选框：勾选该复选框后，系统会对锁定的对象进行保护。若不勾选该复选框，则锁定对象不会被保护。
- "粘贴时重置元器件位号"复选框：勾选该复选框后，复制粘贴后的元器件标号会被重置。
- "页面符入口和端口使用线束颜色"复选框：勾选该复选框后，将原理图中的图纸入口与电路按端口颜色设置为线束颜色。
- "网络颜色覆盖"复选框：选中该复选框后，电路原理图中的栅格显示对应的颜色。

2."自动平移选项"选项组

该选项组主要用于设置系统的自动摇镜功能，即当光标在栅格原理图上移动时，系统会自动移动电路原理图，以保证光标指向的位置进入可视区域。

（1）"类型"下拉菜单：单击该选项的下拉按钮，弹出如图 2-44 所示的下拉列表，其各项功能如下。

- Auto Pan Fixed Jump：以 Step Size 和 Shift Step Size 所设置的值自动移动。
- Auto Pan ReCenter：重新定位编辑区的中心位置，即以光标所指的边为新的编辑区中心。系统默认设置为 Auto Pan Fixed Jump。

（2）"速度"：通过调节滑块可设定自动移动速度，滑块越靠右，移动速度越快。

（3）"步进步长"文本框：用于设置滑块每一步移动的距离值，系统默认值为 30mil。

（4）"移位步进步长"文本框：用于设置在按住 Shift 键的情况下，电路原理图自动移动的步长。该文本框的值一般要大于"步进步长"文本框中的值，这样在按住 Shift 键时可以加快图纸的移动速度，系统默认值为 100mil。

3."颜色选项"选项组

"颜色选项"选项组用于设置选中对象的颜色。单击"选择"右边的颜色显示框，系统将弹出如图 2-45 所示的"选择颜色"对话框，在该对话框中可以设置选中对象的颜色。

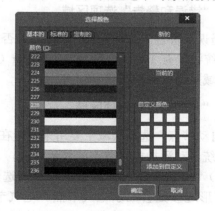

图 2-44 下拉列表　　　　　　　　图 2-45 "选择颜色"对话框

4."光标"选项组

"光标"选项组用于设置光标的类型。在"光标类型"下拉列表中，包含 Large Cursor 90（长十字形光标）、Small Cursor 90（短十字形光标）、Small Cursor 45（短 45°交叉光标）、Tiny

Cursor 45（小 45° 交叉光标）4 种类型的光标。系统默认光标类型为 Small Cursor 90（短十字形光标）。

2.4.3 Complier 选项卡的设置

在"优选项"对话框中，单击"Complier"（编译）选项，弹出 Complier 选项卡，如图 2-46 所示。Complier 选项卡主要用于在对电路原理图进行电气检查时，根据检查出的错误生成各种报表和统计信息。

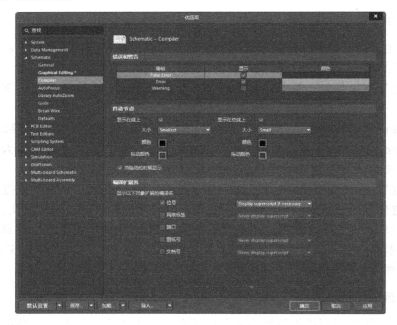

图 2-46　Complier 选项卡

1．"错误和警告"选项区域

"错误和警告"选项区域用来设置是否显示编译过程中出现的错误，是否选择颜色加以标记。系统错误有 3 种，分别是 Fatal Error（致命错误）、Error（错误）和 Warning（警告）。该选项区域采用系统默认设置即可。

2．"自动节点"选项区域

"自动节点"选项区域主要用来设置在进行电路原理图连线时，在导线的"T"字形连接处，系统自动添加电气节点的显示方式。

（1）"显示在线上"复选框：若勾选此复选框，导线上的"T"字形连接处会显示电气节点。电气节点大小有 4 种类型，如图 2-47 所示。单击该复选框下面的颜色显示框，在弹出的对话框中可以设置电气节点的颜色。

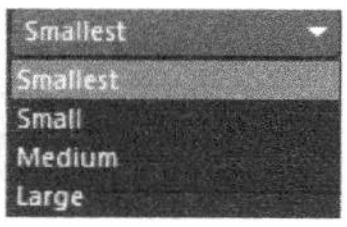

图 2-47　电气节点大小类型

（2）"显示在总线上"复选框：若勾选此复选框，总线上的"T"字形连接处会显示电气节点。电气节点的大小和颜色的设置方法与导线上的"T"字形连接处电气节点的大小和颜色的设置方法相同。

3．"编译扩展名"选项区域

"编译扩展名"选项区域主要用来设置显示对象的扩展名。若选中"位号"复选框后，在电路原理图上会显示位号的扩展名，其他对象的设置操作与此相同。

2.4.4　AutoFocus 选项卡的设置

在"优选项"对话框中，单击"AutoFocus"（自动聚焦）选项，弹出 AutoFocus 选项卡，如图 2-48 所示。

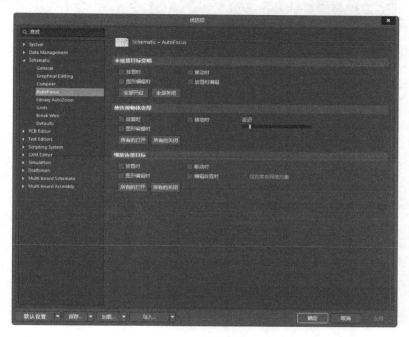

图 2-48　AutoFocus 选项卡

AutoFocus 选项卡主要用来设置系统的自动聚焦功能，此功能可以根据电路原理图中的元器件或对象所处的状态进行相应的显示。

1．"未链接目标变暗"选项组

"未链接目标变暗"选项组用来设置对未连接对象的淡化显示。有 4 个复选框可供选择，分别是"放置时"、"移动时"、"图形编辑时"和"放置时编辑"。单击 全部开启 按钮可以将这 4 个复选框全部选中，单击 全部关闭 按钮可以全部取消对这 4 个复选框的选择。淡化显示的程度可以用对应的滑块调节。

2．"使连接物体变厚"选项组

"使连接物体变厚"选项组用来设置对连接对象的加强显示。有 3 个复选框可供选择，分别是"放置时"、"移动时"和"图形编辑时"，其他设置同上。

3．"缩放连接目标"选项组

"缩放连接目标"选项组用来设置对连接对象的缩放。有 5 个复选框可供选择，分别是只有"放置时"、"移动时"、"图形编辑时"、"编辑放置时"和"仅约束非网络对象"。"仅约束非网络对象"复选框只有在选中"编辑放置时"复选框后，才能进行选择，其他设置同上。

2.4.5 Library AutoZoom 选项卡的设置

Library AutoZoom 选项卡如图 2-49 所示。Library AutoZoom 选项卡用来设置元器件的自动缩放形式。

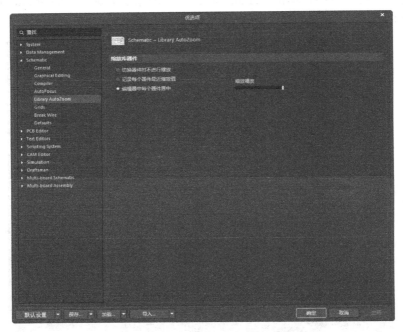

图 2-49 Library AutoZoom 选项卡

Library AutoZoom 选项卡中有 3 个单选按钮，分别是"切换器件时不进行缩放"、"记录每个器件最近缩放值"和"编辑器中每个器件居中"。用户根据自己的实际需要选择即可，系统默认选中"编辑器中每个器件居中"单选按钮。

2.4.6 Grids 选项卡的设置

在"优选项"对话框中，单击"Grids"（栅格）选项，弹出 Grids 选项卡，如图 2-50 所示。Grids 选项卡用来设置电路原理图图纸上的栅格。

1."英制栅格预设"选项区域

"英制栅格预设"选项区域用来将栅格形式设置为英制栅格形式。单击 Altium预设 按钮，弹出如图 2-51 所示的推荐设置菜单。

当选择了某一种形式后，会在旁边显示系统对"捕捉栅格"、"捕捉距离"和"可见栅格"的默认值，用户也可以手动设置。

2."公制栅格预设"选项区域

"公制栅格预设"选项区域用来将栅格形式设置为公制栅格形式，设置方法同上。

图 2-50　Grids 选项卡　　　　　　　　　图 2-51　推荐设置菜单

2.4.7　Break Wire 选项卡的设置

在"优选项"对话框中，单击"Break Wire"（切割导线）选项，弹出 Break Wire 选项卡，如图 2-52 所示。Break Wire 选项卡用来设置与"打破线"命令有关的一些参数。

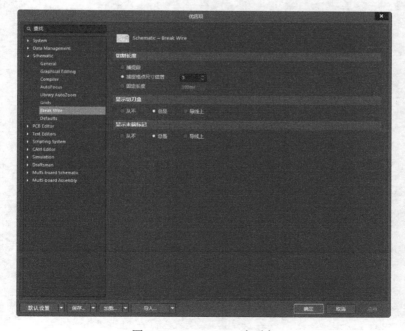

图 2-52　Break Wire 选项卡

1.“切割长度”选项区域

“切割长度”选项区域用来设置在执行“Break Wire”命令时，切割导线的长度。

（1）“捕捉段”单选按钮：对准片段，选择该项后，在执行“Break Wire”命令时，光标所在的导线被整段切除。

（2）“捕捉格点尺寸倍增”单选按钮：捕获栅格的倍数，选择该项后，在执行“Break Wire”命令时，每次切割导线的长度都是栅格的整数倍。用户可以在右边的数字栏中设置倍数，倍数的大小在 2 到 10 之间。

（3）“固定长度”单选按钮：选中该单选按钮后，在执行“Break Wire”命令时，每次切割导线的长度都是固定的。用户可以在右边的数字栏中设置每次切割导线的固定长度值。

2.“显示切刀盒”选项区域

“显示切刀盒”选项区域用来设置在执行“Break Wire”命令时，是否显示切割框。有 3 个选项，分别是“从不”、“总是”和“导线上”。

3.“显示末端标记”选项区域

“显示末端标记”选项区域用来设置在执行“Break Wire”命令时，是否显示导线的末端标记。有 3 个选项，分别是“从不”、“总是”和“导线上”。

2.4.8 Default 选项卡的设置

在“优选项”对话框中，单击“Default”（默认值）选项，弹出 Default 选项卡，如图 2-53 所示。Default 选项卡用来设置使用英制单位系统或公制单位系统绘制电路原理图。

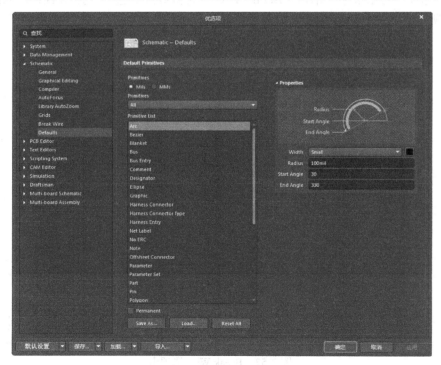

图 2-53 Default 选项卡

1. Primitives（原始）选项组

在绘制电路原理图时，使用的单位系统可以是英制单位系统（Mils），也可以是公制单位系统（MMs）。

2. Primitives 下拉列表框

单击 Primitives 下拉列表框中的下拉按钮，弹出下拉列表。选择下拉列表中的某一选项，该选项所包括的对象将在 Primitive List 列表框中显示。

- All：全部对象。选择该选项后，在 Primitive List 列表框中将列出所有对象。
- Drawing Tools：绘制非电路原理图工具栏所放置的全部对象。
- Other：上述类别所没有包括的对象。
- Wiring Objects：绘制电路原理图工具栏所放置的全部对象。
- Harness Objects：绘制电路原理图工具栏所放置的线束对象。
- Library Parts：与元器件库有关的对象。
- Sheet Symbol Objects：在绘制层次电路原理图时与子原理图有关的对象。

3. Primitive List 列表框

可以选择 Primitive List 列表框中显示的对象，并对所选对象进行属性设置或将其恢复为初始状态。在 Primitive List 列表框中选定某个对象，如选中 Pin（管脚），在右侧显示的基本信息中，修改相应的参数。

如果在 Pin 对应的基本信息中修改相关参数，那么在电路原理图上绘制管脚时，默认的管脚属性就是修改过的管脚属性。Pin 信息如图 2-54 所示。

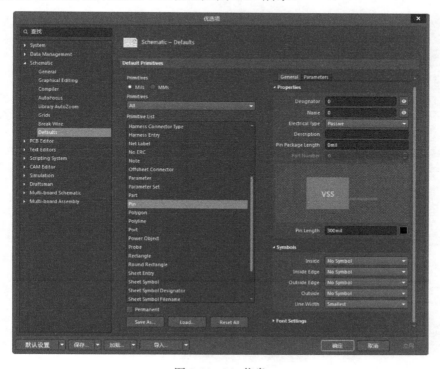

图 2-54　Pin 信息

在 Primitives 下拉列表中选中某一对象，单击 [Reset All] 按钮，则该对象的属性恢复为初始状态。

4．功能按钮

- "Save As"（保存为）：保存默认的原始设置，当所有需要设置的对象全部设置完毕时，单击 [Save As...] 按钮，弹出文件保存对话框，保存默认的原始设置。默认的文件扩展名为*.dft，之后可以重新进行加载。
- "Load"（加载）：加载默认的原始设置。单击 [Load...] 按钮，弹出打开文件对话框，选择默认的原始设置就可以加载默认的原始设置。
- "Reset All"（复位所有）：恢复默认的原始设置。单击 [Reset All] 按钮，所有对象的属性都会恢复为初始状态。

第 3 章

绘制电路原理图

3

本章主要讲解绘制电路原理图的方法和技巧。在 Altium Designer 20 中，只有设计出符合要求和规则的电路原理图，才能顺利进行仿真分析，也才能获得可用于生产的 PCB 文件。

3.1　电路原理图的组成

电路原理图是电路板工作原理的逻辑表示，主要由一系列具有电气特性的符号构成。图 3-1 是用 Altium Designer 20 绘制的电路原理图，在电路原理图上用符号表示 PCB 的所有组成部分。

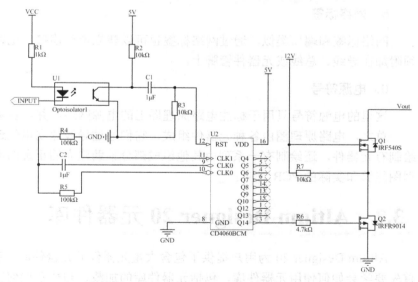

图 3-1　用 Altium Designer 20 绘制的电路原理图

PCB 各个组成部分与电路原理图上电气符号的对应关系如下。

1. 元器件

在设计电路原理图时，元器件以元器件符号的形式出现。元器件符号主要由元器件管脚和边框组成，元器件管脚需要和实际元器件一一对应。

图3-2 电路原理图采用的
某种元器件符号

图 3-2 为电路原理图采用的某种元器件符号，该符号在 PCB 上对应的是运算放大器。

2．铜箔

在电路原理图中，铜箔有以下几种表示。

（1）导线：电路原理图中的导线也有专属符号，它以线段的形式出现。Altium Designer 20 还提供了总线，用于表示一组信号，它在 PCB 上对应的是一组由铜箔组成的有时序关系的导线。

（2）焊盘：元器件的管脚对应 PCB 上的焊盘。

（3）过孔：由于电路原理图上不涉及 PCB 的布线，因此没有过孔。

（4）覆铜：由于电路原理图上不涉及 PCB 的覆铜，因此没有覆铜的对应符号。

3．丝印层

丝印层是 PCB 上元器件的说明文字，对应电路原理图上元器件的说明文字。

4．端口

在原理图编辑器中引入的端口不是硬件端口，而是为了建立跨电路原理图电气连接而引入的具有电气特性的符号。如果某电路原理图中采用了一个端口，那么该端口就可以和其他电路原理图中同名的端口建立跨电路原理图的电气连接。

5．网络标签

网络标签和端口类似，通过网络标签也可以建立电气连接。电路原理图中的网络标签必须附加在导线、总线或元器件管脚上。

6．电源符号

这里的电源符号只用于标注电路原理图上的电源网络，并非实际的供电元器件。

总之，电路原理图由各种元器件组成，它们通过导线建立电气连接。电路原理图上除了绘制有元器件，还绘制有一系列由其他组成部分辅助建立的正确的电气连接，使整个电路原理图能够和实际的 PCB 对应。

3.2　Altium Designer 20 元器件库

Altium Designer 20 为用户提供了包含大量元器件的元器件库。在绘制电路原理图之前，首先要学会如何使用元器件库，包括元器件库的加载、卸载及如何查找需要的元器件。

3.2.1　元器件库的分类

Altium Designer 20 的元器件库中的元器件数量庞大，分类明确。Altium Designer 20 元器件库采用如下两种分类方法。

（1）一级分类：以元器件制造厂家的名称分类。

（2）二级分类：在厂家分类下面又以元器件种类（如模拟电路、逻辑电路、微控制器、

A/D 转换芯片等）进行分类。

对于特定的工程，用户可以只调用几个需要的元器件厂商中的二级元器件库，这样可以减轻计算机系统运行的负担，提高其运行效率。用户若要在 Altium Designer 20 的元器件库中调用某个元器件，首先应该知道该元器件的制造厂家和该元器件的分类，以便在调用该元器件之前将含有该元器件的元器件库载入系统。

3.2.2　打开 Components 面板

打开 Components（元器件）面板的具体操作如下。

（1）将光标放置在工作区右侧的"Components"选项上，此时会自动弹出 Components 面板。

（2）如果在工作区右侧没有"Components"选项，只需要单击底部面板控制栏中的"Panets/Components"（面板/元器件库），在工作区右侧就会出现 Components 标签，并自动弹出 Components 面板。在 Components 面板中，Altium Designer 20 系统已经加载了两个默认的元器件库，即通用元器件库（Miscellaneous Devices.IntLib）和通用接插件库（Miscellaneous Connectors. IntLib）。

利用 Components 面板可以实现元器件的查找，以及元器件库的加载、卸载等功能。

3.2.3　元器件的查找

查找元器件的过程如下。

（1）单击 Components 面板右上角的 ■ 按钮，弹出快捷菜单，选择"File-based Libraries Search"（库文件搜索）命令，则系统将弹出如图 3-3 所示的"File-based Libraries Search"对话框。

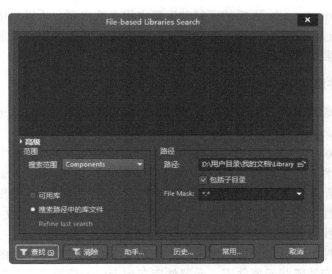

图 3-3　"File-based Libraries Search"对话框

下面对"File-based Libraries Search"对话框进行简单介绍。

① "搜索范围"下拉列表用于设置查找类型，有 4 种选择，分别是 Components、Footprints（封装）、3D Models（3D 模型）和 Database Components（库元器件）。

图 3-4　查找结果

② 若单击"可用库"单选按钮，系统会在已经加载的元器件库中查找；若单击"搜索路径中的库文件"单选按钮，系统会按照设置的路径进行查找；若单击"Refine last search"（精确搜索）按钮，系统会在上次查询结果中进行查找。

③ "路径"选项组：用于设置查找元器件的路径。只有在选中"搜索路径中的库文件"单选按钮时才有效。单击"路径"文本框右侧的 ⊟ 按钮，系统将弹出"浏览文件夹"对话框，供用户设置搜索路径。若勾选"包括子目录"复选框，则包含在指定目录中的子目录也会被搜索。"File Mask"（文件面具）文本框用于设定查找元器件的文件匹配符，"*"表示匹配任意字符串。

④ 文本框：用于输入要查找的元器件的名称。若文本框中有内容，单击"清除"按钮，可以将其中的内容清空。

（2）将"File-based Libraries Search"对话框设置好后，单击 ▼查找(S) 按钮即可开始查找。

例如，要查找 P80C51FA-4N，在文本框里输入 P80C51FA-4N（或简化输入 80C51）；在"搜索范围"下拉列表中选择 Components（元器件）；选中"搜索路径中的库文件"单选按钮；路径为系统提供的默认路径 D:\Documents and Settings\Altium\AD 20\Library\；单击 ▼查找(S) 按钮即可开始查找，查找结果如图 3-4 所示。

3.2.4　元器件库的加载与卸载

由于加载到 Components 面板的元器件库要占用系统内存，所以当用户加载的元器件库过多时，就会占用过多的系统内存，这会影响程序的运行。建议用户只加载当前需要的元器件库，同时将不需要的元器件库卸载。

1．加载元器件库

当用户已经知道元器件所在库时，就可以直接将其添加到 Components 面板中。加载元器件库的步骤如下。

（1）在 Components 面板中单击 ≡ 按钮，弹出快捷菜单，选择"File-based Libraries Preferences"（库文件参数）命令，系统将弹出"Available File-based Libraries"（可用库文件）对话框，如图 3-5 所示。该对话框中有 3 个选项卡："工程"选项卡，列出的是用户为当前设计项目创建的库文件；"已安装"选项卡，列出的是当前安装的系统库文件；"搜索路径"选项卡，列出的是查找路径。

（2）加载元器件库。单击 安装(I)... 按钮，弹出查找文件夹对话框，如图 3-6 所示。根据设计项目的需要决定安装哪些元器件库。元器件库在列表中的位置会影响搜索元器件的速度，通常将常用元器件库放在较高位置，以便优先对其进行搜索。可以利用 上移(U) 和 下移(D) 两个按钮来调节元器件库在列表中的位置。

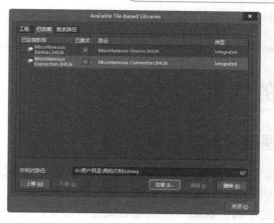

图 3-5 "Available File-based Libraries"（可用库文件）对话框

图 3-6 查找文件夹对话框

由于相比之前版本的软件，Altium Designer 20 的元器件库的数量很少，无法支撑本书中电路原理图的绘制，因此本书配套的电子资源附带大量元器件库，用于电路原理图中元器件的放置与查找。可以利用步骤（2）中提到的 安装 [I]... 按钮，在查找文件夹对话框中选择自带元器件库中所需元器件库的路径，完成加载后使用。

2．加载包含所需元器件的元器件库

选中需要的元器件（不在系统当前可用的库文件中）并右击，弹出快捷菜单，选择"放置元器件"命令，系统弹出如图 3-7 所示的是否加载库文件提示框。若单击"Yes"按钮，则元器件所在的库文件被加载；若单击"No"按钮，则只使用该元器件而不加载其所属元器件库。

图 3-7 是否加载库文件提示框

3．卸载元器件库

选中不需要的元器件库，单击 删除 (R) 按钮就可以将其卸载。

3.3 元器件的放置和属性编辑

3.3.1 在电路原理图中放置元器件

在当前项目中加载了元器件库后，需要在电路原理图中放置元器件。下面以放置 SN74S138AD 为例，说明在电路原理图中放置元器件的具体步骤。

（1）依次选择菜单栏中的"视图"→"适合文件"命令，或者在电路原理图上右击，弹出快捷菜单，依次选择"视图"→"适合文件"命令，使电路原理图显示在整个窗口中。也可以利用 Page Down 键和 Page Up 键来缩小和放大电路原理图视图，或者右击，弹出快捷菜单，依次选择"视图"→"放大"/"缩小"命令来缩小、放大电路原理图视图。

（2）在 Components 面板的元器件库列表下拉菜单中选择"Philips Microcontroller 8-Bit.IntLib"使其成为当前元器件库，同时元器件库中的元器件列表显示在元器件库下方，找到元器件 P80C51FA-4N。

（3）使用 Components 面板中的过滤器快速定位需要的元器件，利用默认通配符*列出当前库中的所有元器件。也可以在过滤器栏输入 P80C51FA-4N 直接找到 P80C51FA-4N 元器件 。

（4）选中 P80C51FA-4N 并右击，弹出快捷菜单，单击 Place P80C51FA-4A 按钮或双击元器件名，光标变成十字形，同时光标上悬浮着一个 P80C51FA-4N 芯片的轮廓。若按下 Tab 键，则会弹出元器件属性编辑面板，在该面板中可以对元器件的属性进行编辑，如图 3-8 所示。

图 3-8 元器件属性编辑面板

（5）将光标移动到电路原理图中的合适位置，单击将 P80C51FA-4N 放置在电路原理图上。按 Page Down 键和 Page Up 键缩小和放大元器件可以观察元器件放置的位置是否合适。

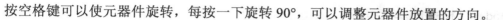

按空格键可以使元器件旋转，每按一下旋转 90°，可以调整元器件放置的方向。

（6）放置完元器件后，右击或按 Esc 键退出元器件放置状态，光标恢复为箭头状态。

3.3.2 编辑元器件属性

在电路原理图上放置的所有元器件都具有特定属性，在放置好所有元器件后，应该对这些元器件的属性进行正确的编辑和设置，以免使网络报表的生成及 PCB 的制作产生错误。

对元器件的属性进行设置，一方面可以确定之后生成的网络报表的部分内容，另一方面也可以设置元器件在电路原理图上的摆放效果。此外，在 Altium Designer 20 中还可以设置部分布线规则，实现编辑元器件的所有管脚。元器件属性设置内容具体包括元器件的基本属性设置、元器件的外观属性设置、元器件的扩展属性设置、元器件的模型设置、元器件管脚的编辑 5 个方面。

1. 手动设置

双击要编辑的元器件，打开元器件属性编辑面板。

下面对 P80C51FA-4N 的属性编辑面板（见图 3-8）的设置进行简单介绍。

（1）Properties 选项区域。

元器件属性设置主要包括元器件标识和命令栏的设置等。

① Designator（标识符）：用于设置元器件序号。在 Designator 文本框中输入元器件标识符，如 U1、R1 等。Designator 文本框右边的 ◉（可见）按钮用来设置元器件标识符在电路原理图上是否可见。若激活 ◉ 按钮，则元器件标识符会出现在电路原理图上，否则，元器件标识符被隐藏。

② Comment（注释）：用于说明元器件的特征。Comment 文本框右边的 ◉ 按钮用来设置 Comment 的内容是否出现在电路原理图上，在一般情况下，采用默认设置即可。

③ Part：对于拥有多个部件的元器件，显示所有部件名，如 Part A、Part B 等。对于没有部件的元器件，该选项显示灰色，无法激活。

④ Description（描述）：用于对元器件功能进行描述。

⑤ Design Item ID（设计项目地址）：元器件在元器件库中的图形符号。单击后面 ⋯ 可以对其进行修改，但这样会引起整个电路原理图上的元器件属性的混乱，建议用户不要随意修改。

⑥ Type（类型）：元器件图形符号的类型，单击后面的下拉按钮可以进行选择。

⑦ Source：元器件所在元器件库名称。

（2）Location（地址）选项区域。

Location（地址）选项区域主要用于设置元器件在电路原理图中的坐标位置。一般不需要设置，通过移动光标找到合适的位置即可。

① [X/Y]（X 轴、Y 轴）文本框：用于设定元器件在电路原理图上的 X 轴和 Y 轴上的坐标。

② Rotation（旋转）：用于设置元器件放置的角度，有"0 Degrees""90 Degrees""180 Degrees""270 Degrees"4 个选项。

（3）Links（连接）选项区域。

Name（名称）：显示添加的连接库名称。

（4）Footprint（封装）选项区域。

显示元器件的 PCB 封装，单击"Add"（添加）按钮可以为当前元器件添加 PCB 封装模型。

（5）Models（模式）选项区域：

显示元器件添加的信号完整性模型、仿真模型、PCB 3D 模型等。单击"Add"（添加）按钮可以为当前元器件添加 PCB 封装模型之外的模型，如信号完整性模型、仿真模型、PCB 3D 模型等。

（6）Graphical（图形的）选项区域。

Graphical（图形的）选项区域主要用于设置元器件在电路原理图中的位置、方向等。

① Mode（模式）：默认设置元器件的模式为 Normal（正常）。

② Mirrored（镜像）：选中 Mirrored，元器件会翻转 180°。

③ Local Colors（局部颜色）复选框：勾选该复选框后，采用元器件本身的颜色设置。

在一般情况下，只需要设置元器件的 Designator（标识符）和 Comment（注释），其他参数采用默认设置即可。

2. 自动设置

对于元器件较多的电路原理图，当设计完成后，往往会出现元器件的编号很混乱或有些元器件没有编号等问题。用户可以逐个手动更改这些编号，但是这样会很烦琐，而且容易出错。Altium Designer 20 提供了元器件编号管理功能。

（1）依次选择菜单栏中的"工具"→"标注"→"原理图标注"命令，系统弹出如图 3-9 所示的"标注"对话框，在该对话框中，可以重新对元器件进行编号。

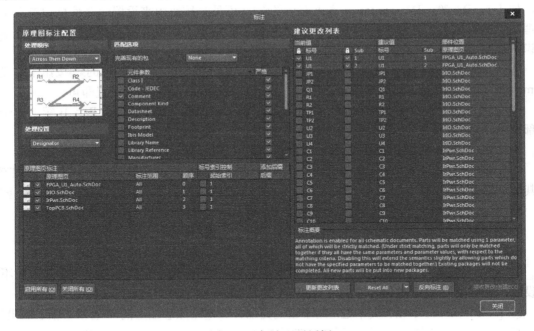

图 3-9 "标注"对话框

"标注"对话框分为两部分："原理图标注配置"和"建议更改列表"。

① 在"原理图页标注"栏中列出了当前工程中的所有电路原理图文件。利用电路原理图文件名前面的复选框可以选择对哪些电路原理图进行重新编号。

在"处理顺序"下拉列表中列出了 4 种编号顺序，即 Up Then Across（先向上后左右）、

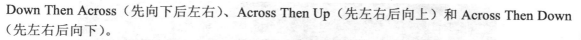

Down Then Across（先向下后左右）、Across Then Up（先左右后向上）和 Across Then Down（先左右后向下）。

在"匹配选项"选项组中列出了元器件的参数名称。通过勾选参数名称前面的复选框，用户可以选择是否根据这些参数进行编号。

② 在"当前值"栏中列出了当前的元器件编号，在"建议值"栏中列出了新的编号。

（2）重新编号的方法。

对电路原理图中的元器件进行重新编号的操作步骤如下。

① 选择要进行编号的电路原理图。

② 选择编号的顺序和参照的参数，在"标注"对话框中单击"Reset All"（全部重新编号）按钮对编号进行重置，系统弹出"Information"对话框，提示用户编号发生了哪些变化。单击"OK"按钮，所有的元器件编号将被删除。

③ 单击"更新更改列表"按钮重新编号，系统弹出如图 3-10 所示的"Information"对话框，提示用户相对前一次状态和相对初始状态发生的改变。

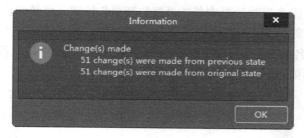

图 3-10 "Information"对话框

④ 在"标注"对话框中可以查看重新编号后的变化。如果对这种编号满意，则单击"接受更改（创建 ECO)"按钮，在弹出的"工程变更指令"对话框中更新修改，如图 3-11 所示。

图 3-11 "工程变更指令"对话框

⑤ 在"工程变更指令"对话框中单击"验证变更"按钮，可以验证修改的可行性，如图 3-12 所示。

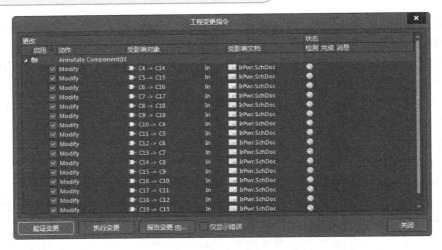

图 3-12　验证修改的可行性

⑥ 在"工程变更指令"对话框中单击"报告变更"按钮，系统弹出如图 3-13 所示的"报告预览"对话框，在该对话框中可以输出修改后的报表。单击"导出"按钮，可以保存修改后的报表，默认文件名为 "PcbIrda.PrjPCB And PcbIrda.xls"；单击"打开报告"按钮可以打开该报表；单击"打印"按钮可以打印输出该报表。

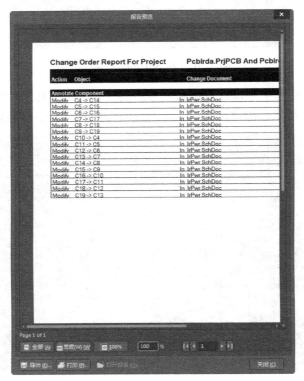

图 3-13　"报告预览"对话框

⑦ 单击"工程变更指令"对话框中的"执行变更"按钮，可以执行修改，如图 3-14 所示，这样对元器件的重新编号便完成了。

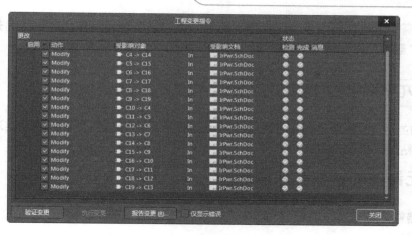

图 3-14　单击"执行变更"按钮后

3.3.3　元器件的删除

当在电路原理图上放置了错误的元器件时，需要将其删除。在电路原理图上，可以一次性删除一个元器件，也可以一次性删除多个元器件，具体步骤如下。

这里以删除前面的 P80C51FA-4N 为例。

（1）依次选择菜单栏中的"编辑"→"删除"命令，光标会变成十字形。将十字形光标移到要删除的 P80C51FA-4N 上，此时 P80C51FA-4N 呈蓝色（因为本书为黑白印制，故此显示不明显），单击 P80C51FA-4N 即可将其从电路原理图上删除，如图 3-15 所示。

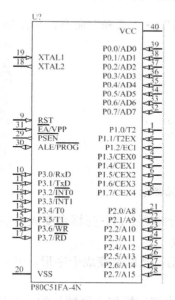

图 3-15　删除 P80C51FA-4N

（2）此时，光标仍处于十字形状态，可以继续删除其他元器件。若不需要删除其他元器件，右击或按 Esc 键即可退出删除元器件状态。

（3）也可以单击选取要删除的元器件，然后按 Delete 键将其删除。

（4）若需要一次性删除多个元器件，选取要删除的多个元器件后，依次选择菜单栏中的"编辑"→"删除"命令或按 Delete 键，就可以将选取的多个元器件删除。

3.4   元器件位置的调整

元器件位置的调整就是利用各种命令将元器件移动到合适的位置，以及实现元器件的旋转、复制与粘贴、排列与对齐等。

3.4.1   元器件的选取和取消选取

1. 元器件的选取

若要实现元器件位置的调整，首先要选取元器件。选取元器件的方法有很多种，下面介绍几种常用的方法。

（1）用光标直接选取单个或多个元器件。

对于单个元器件的情况，将光标移动到要选取的元器件上单击即可。这时单个元器件周围会出现一个绿色框（因为本书为黑白印制，故此显示不明显），表明该元器件已经被选取，如图 3-16 所示。

对于多个元器件的情况，按住鼠标左键不放并拖动光标，拖出一个矩形框，将要选取的多个元器件包含在该矩形框中，释放光标后即可选取多个元器件；或者按住 Shift 键不放，用光标逐一单击要选取的元器件，也可选取多个元器件。

（2）利用菜单命令选取。

依次选择菜单栏中的"编辑"→"选择"命令，弹出如图 3-17 所示的"选择"菜单。

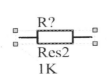

图 3-16   选取单个元器件   图 3-17   "选择"菜单

① 以 Lasso 方式选择：执行此命令后，光标会变成十字形，用光标以套索形式选取一个区域，则区域内的元器件被选取。

② 区域内部：执行此命令后，光标会变成十字形，用光标选取一个区域，则区域内的元器件被选取。

③ 区域外部：操作同区域内部的操作，区域外的元器件被选取。

④ 矩形接触到对象：执行此命令后，光标变成十字形，以单击点为起点，用光标拖动出适当大小的矩形，以矩形区域作为选取的区域，则区域内的元器件被选取。

⑤ 直线接触到对象：执行此命令后，光标变成十字形，用光标拖动出一条直线，与直线相交的对象（包括元器件与导线等）被选取。

⑥ 全部：执行此命令后，电路原理图上的所有元器件都被选取。

⑦ 连接：执行此命令后，若单击某一导线，则此导线及与其相连的所有元器件都被选取。

⑧ 切换选择：执行该命令后，元器件的选取状态将被切换，即若该元器件原来处于未选取状态，则被选取；若处于选取状态，则取消选取。

2．元器件的取消选取

取消选取元器件的方法有很多种，下面介绍几种常用的方法。

（1）直接单击电路原理图的空白区域即可取消选取。

（2）单击主工具栏中的 按钮，可以取消选取电路原理图上所有被选取的元器件。

（3）依次选择菜单栏中的"编辑"→"取消选中"命令，弹出如图 3-18 所示的"取消选中"菜单。

① 取消选中（Lasso 模式）：执行此命令后，光标变成十字形，用光标以套索形式选取一个区域，则取消选取区域内的元器件。

② 内部区域：取消区域内元器件的选取。

③ 外部区域：取消区域外元器件的选取。

④ 矩形接触到的：执行此命令后，光标变成十字形，以单击点为起点，用光标拖动出适当大小的矩形，以矩形区域作为选取的区域，则取消选取区域内的元器件。

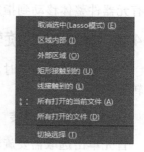

图 3-18 "取消选中"菜单

⑤ 线接触到的：执行此命令后，光标变成十字形，用光标拖动出一条直线，取消选取与直线相交的对象（包括元器件与导线等）。

⑥ 所有打开的当前文件：取消对当前电路原理图中所有处于选取状态的元器件的选取。

⑦ 所有打开的文件：取消对当前所有打开的电路原理图中处于选取状态的元器件的选取。

⑧ 切换选择：与图 3-17 中此命令的作用相同。

（4）按住 Shift 键，逐一单击被选取的元器件，可以取消对其的选取。

3.4.2　元器件的移动

要改变元器件在电路原理图上的位置，就要移动元器件，包括移动单个元器件和同时移动多个元器件。

1．移动单个元器件

移动单个元器件分为移动单个未被选取的元器件和移动单个已被选取的元器件。

（1）移动单个未被选取的元器件的方法。

将光标移动到需要被移动的元器件上（不需要选取），按住鼠标左键不放并拖动光标，元器件将会随光标一起移动，到达指定位置后松开鼠标左键即可完成移动；或者依次选择菜单栏中的"编辑"→"移动"→"移动"命令，光标变成十字形，单击需要移动的元器件，元器件将随光标一起移动，到达指定位置后再次单击即可完成移动。

（2）移动单个被选取的元器件的方法。

将光标移动到需要移动的元器件上（该元器件已被选取），同样按住鼠标左键不放，将元器件拖动至指定位置后松开鼠标左键；或者依次选择菜单栏中的"编辑"→"移动"→"拖动"命令，将元器件移动到指定位置；或者单击"原理图标准"工具栏中的 + 按钮，光标变成十字形，单击需要移动的元器件，元器件将随光标一起移动，到达指定位置后再次单击，完成移动。

2．移动多个元器件

当需要同时移动多个元器件时，首先要将所有需要移动的元器件选中，然后在其中任意一个元器件上按住鼠标左键不放并拖动光标，所有被选中的元器件将随光标整体移动，到达指定位置后松开鼠标左键；或者依次选择菜单栏中的"编辑"→"移动"→"移动选中对象"命令，将所有元器件整体移动到指定位置；或者单击"原理图标准"工具栏中的 + 按钮，将所有元器件整体移动到指定位置，完成移动。

3.4.3　元器件的旋转

在绘制电路原理图时，为了方便布线，往往要对元器件进行旋转。下面介绍几种常用的旋转方法。

1．利用空格键旋转

首先单击选取需要旋转的元器件，然后按空格键可以对元器件进行旋转，或者单击需要旋转的元器件并按住鼠标左键不放，等到光标变成十字形后，按空格键同样可以进行旋转。每按一次空格键，元器件逆时针旋转90°。

2．用 X 键实现元器件左右对调

单击需要对调的元器件并按住鼠标左键不放，等到光标变成十字形后，按 X 键可以对元器件进行左右对调，如图 3-19 所示。

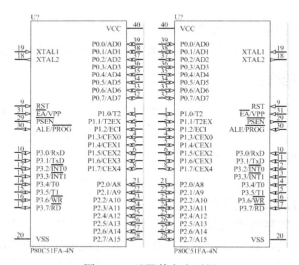

图 3-19　元器件左右对调

3．用 Y 键实现元器件上下对调

单击需要对调的元器件并按住鼠标左键不放，等到光标变成十字形后，按 Y 键可以对元器件进行上下对调，如图 3-20 所示。

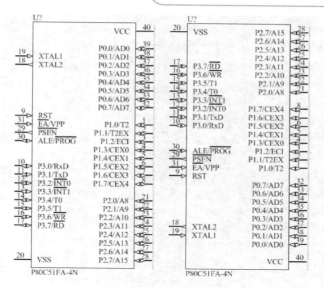

图 3-20 元器件上下对调

3.4.4 元器件的复制与粘贴

1．元器件的复制

元器件的复制是指将元器件复制到剪贴板中，具体操作步骤如下。

（1）在电路原理图上选取需要复制的元器件或元器件组。

（2）依次选择菜单栏中的"编辑"→"复制"命令。

① 单击工具栏中的■按钮。

② 使用快捷键 Ctrl+C 或 E+C。

这样就可以将元器件复制到剪贴板中，完成复制操作。

2．元器件的粘贴

元器件的粘贴就是将剪贴板中的元器件放置到编辑区，有以下 3 种方法。

（1）依次选择菜单栏中的"编辑"→"粘贴"命令。

（2）单击工具栏中的■按钮。

（3）使用快捷键 Ctrl+V 或 E+P。

执行粘贴命令后，光标变成十字形状并带有欲粘贴元器件的虚影，在指定位置上单击即可完成粘贴操作。

3．元器件的阵列式粘贴

元器件的阵列式粘贴是指按照指定间距一次性将同一个元器件重复粘贴到图纸上。

（1）启动阵列式粘贴。

依次选择菜单栏中的"编辑"→"智能粘贴"命令，或者使用快捷键 Shift+Ctrl+V，弹出"智能粘贴"对话框，如图 3-21 所示。

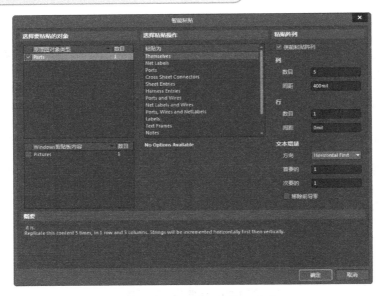

图 3-21 "智能粘贴"对话框

（2）"智能粘贴"对话框的设置。

首先选中"使能粘贴阵列"复选框。

① "行"选项区域：用于设置行参数。"数目"文本框用于设置每一行中所要粘贴的元器件的个数；"间距"文本框用于设置每一行中两个元器件的水平间距。

② "列"选项区域：用于设置列参数。"数目"文本框用于设置每一列中所要粘贴的元器件的个数；"间距"文本框用于设置每一列中两个元器件的垂直间距。

（3）阵列式粘贴具体操作步骤。

首先，在每次使用阵列式粘贴功能前，必须通过复制操作将选取的元器件复制到剪贴板中。然后，执行阵列式粘贴命令，设置"智能粘贴"对话框，这样就可以实现选定元器件的阵列式粘贴。图 3-22 为一组 3×3 的阵列式粘贴电阻。

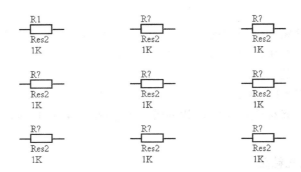

图 3-22 一组 3×3 的阵列式粘贴电阻

3.4.5 元器件的排列与对齐

（1）依次选择菜单栏中的"编辑"→"对齐"命令，弹出元器件排列和对齐命令菜单，如图 3-23 所示。

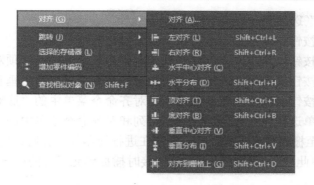

图 3-23 元器件排列和对齐命令菜单

元器件排列和对齐命令菜单各项功能如下。

- 左对齐：将选取的元器件与最左端的元器件对齐。
- 右对齐：将选取的元器件与最右端的元器件对齐。
- 水平中心对齐：将选取的元器件与最左端元器件和最右端元器件的中间位置对齐。
- 水平分布：将选取的元器件在最左端元器件和最右端元器件之间等距离放置。
- 顶对齐：将选取的元器件与最上端的元器件对齐。
- 底对齐：将选取的元器件与最下端的元器件对齐。
- 垂直中心对齐：将选取的元器件与最上端元器件和最下端元器件的中间位置对齐。
- 垂直分布：将选取的元器件在最上端元器件和最下端元器件之间等距离放置。
- 对齐到栅格上：将选中的元器件对齐在栅格点上，以便进行电路连接。

（2）依次选择菜单栏中的"编辑"→"对齐"→"对齐"命令，弹出"排列对象"对话框，如图 3-24 所示。

图 3-24 "排列对象"对话框

"排列对象"对话框中各选项的说明如下。

① "水平排列"选项组。

- "不变"单选按钮：单击该单选按钮，则元器件保持不变。
- "左侧"单选按钮：作用同元器件排列和对齐命令菜单中的"左对齐"命令。
- "居中"单选按钮：作用同元器件排列和对齐命令菜单中的"水平中心对齐"命令。
- "右侧"单选按钮：作用同元器件排列和对齐命令菜单中的"右对齐"命令。
- "平均分布"单选按钮：作用同元器件排列和对齐命令菜单中的"水平分布"命令。

② "垂直排列"选项组。

● "不变"单选按钮：单击该单选按钮，则元器件保持不变。

● "顶部"单选按钮：作用同元器件排列和对齐命令菜单中的"顶对齐"命令。

● "居中"单选按钮：作用同元器件排列和对齐命令菜单中的"垂直中心对齐"命令。

● "底部"单选按钮：作用同元器件排列和对齐命令菜单中的"底对齐"命令。

● "平均分布"单选按钮：作用同元器件排列和对齐命令菜单中的"垂直分布"命令。

③ "将基元移至栅格"复选框：用于设定在进行元器件对齐时，是否将元器件移动到栅格上。建议用户选中此项，以便在进行电路连接时捕捉到元器件的电气节点。

3.5 绘制电路原理图

3.5.1 绘制电路原理图的工具

电路原理图的绘制主要是通过电路原理图绘制工具来完成的，熟练使用电路原理图绘制工具是必须的。启动电路原理图绘制工具的方法主要有如下两种。

1. 使用布线工具栏

依次选择菜单栏中的"视图"→"工具栏"→"布线"命令（见图 3-25），打开布线工具栏，如图 3-26 所示。

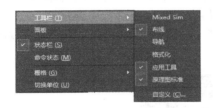

图 3-25　启动布线工具栏的菜单命令　　　　图 3-26　布线工具栏

2. 使用菜单命令

执行菜单命令"放置"，或者在电路原理图上右击，弹出快捷菜单，选择"放置"命令，将弹出"放置"命令菜单，如图 3-27 所示。"放置"命令菜单中的命令与布线工具栏中的各个按钮相互对应，功能完全相同。

3.5.2 绘制导线和总线

1. 绘制导线

导线是电路原理图中基本电气组件之一。电路原理图中的导线具有电气连接意义。下面介绍绘制导线的具体步骤和导线的属性设置。

（1）启动绘制导线命令。

启动绘制导线命令的方法主要有以下 5 种。

图 3-27　"放置"命令菜单

① 单击布线工具栏中的 ■（放置线）按钮进入绘制导线状态。

② 单击快捷工具栏中的 ■（线）按钮。

③ 依次选择菜单栏中的"放置"→"线"命令，进入绘制导线状态。

④ 在电路原理图空白区域右击，弹出快捷菜单，依次选择"放置"→"线"命令。

⑤ 使用快捷键 P+W。

（2）绘制导线。

在进入绘制导线状态后，光标变成十字形，系统处于绘制导线状态，绘制导线的具体步骤如下。

① 将光标移动到要绘制导线的起点，单击确定导线起点。若导线的起点是元器件的管脚，当光标靠近元器件管脚时，会自动移动到元器件的管脚上，同时出现一个红色的×（表示电气连接的意义）。

② 移动光标至导线折点或终点，在导线折点或终点处单击确定导线的折点或终点，每转折一次都要单击一次。可以利用 Shift 键+空格键切换选择导线转折的模式（共有 3 种，分别是直角、45 度角和任意角），如图 3-28 所示。

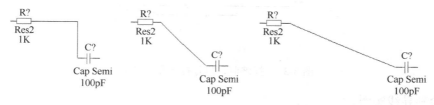

图 3-28　导线以直角、45 度角和任意角转折示意图

③ 当绘制完第一条导线后，右击退出绘制第一根导线。此时系统仍处于绘制导线状态，将光标移动到新的导线的起点，按照上面的方法继续绘制其他导线。

④ 绘制完所有的导线后，双击鼠标右键退出绘制导线状态，光标由十字形变成箭头。

（3）设置导线属性。

在绘制导线状态下，按 Tab 键，弹出导线属性设置面板；或者在绘制完导线后，双击导线弹出导线属性设置面板，如图 3-29 所示。

在导线属性设置面板中，可以对导线的颜色和宽度进行设置。单击 Width（线宽）右边的 ■（颜色框），弹出"选择颜色"对话框，如图 3-30 所示。在"选择颜色"对话框选中合适的颜色作为导线的颜色即可。

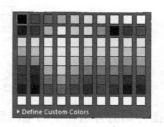

图 3-29　导线属性设置面板　　　　　　　图 3-30　"选择颜色"对话框

导线的宽度设置是通过 Width（线宽）右边的下拉按钮实现的。有 4 种线宽：Smallest（最细）、Small（细）、Medium（中等）、Large（粗）。一般不需要设置导线属性，采用默认设置即可。

（4）打破线。

依次选择菜单栏中的"编辑"→"打破线"命令，将一条导线打断分为两条，并添加间隔，具体如图 3-31 所示。

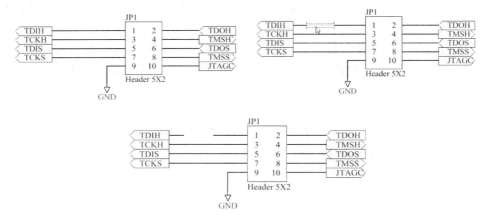

图 3-31　打破前、执行打破和打破后

（5）绘制导线实例。

下面以 80C51 电路原理图为例说明绘制导线工具的使用方法。80C51 电路原理图如图 3-32 所示。

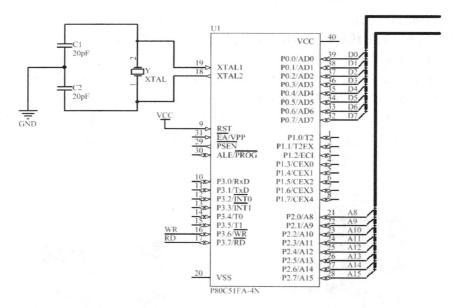

图 3-32　80C51 电路原理图

按照前面介绍的方法在空白电路原理图上放置所需的元器件，如图 3-33 所示。下面利用绘制电路原理图工具栏命令完成对 80C51 电路原理图的绘制。

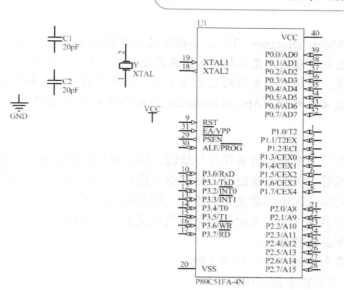

图 3-33　放置元器件

　　在 80C51 电路原理图中，主要绘制两部分导线：一部分是 18 管脚、19 管脚与电容、电源地等的连接；另一部分是 31 管脚 VPP 与电源 VCC 的连接。其他地址总线和数据总线可以连接一小段导线，以方便后面网络标号的放置。

　　首先启动绘制导线命令，光标变成十字形。将光标移动到 80C51 的 19 管脚 XTAL1 处，这时在 XTAL1 上会出现一个红色的×，单击确定。拖动光标到合适位置单击以使导线转折，将光标移至元器件 Y 的 2 管脚处，此时光标上出现红色的×，单击确定，第一条导线绘制完成，右击退出绘制第一根导线状态。此时光标仍为十字形，采用同样的方法绘制其他导线。只要光标为十字形，就表示系统处于绘制导线命令状态。若需要退出绘制导线状态，右击即可，光标变成箭头后，才表示退出绘制导线状态。导线绘制完成后的 80C51 电路原理图如图 3-34 所示。

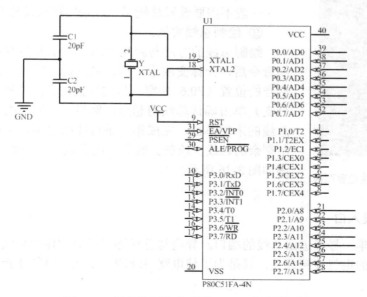

图 3-34　导线绘制完成后的 80C51 电路原理图

提示：在 Altium Designer 20 中，系统默认在导线的 T 形交叉点处自动放置电气节点，表示绘制的线路在电气意义上是连接的。但在其他情况下（如十字交叉点处），由于系统无法判断导线是否连接，因此不会自动放置电气节点。如果导线确实是相互连接的，就需要将十字交叉点按 T 形交叉点处理。Altium Designer 20 的删除电气节点的功能无法手动实现。

2. 绘制总线

总线是用一条导线来表达数条并行导线的，这样可以简化电路原理图，便于读图，如数据总线、地址总线等。总线本身没有实际的电气连接意义，必须由总线接出的各个单一导线上的网络名称来完成实际电气意义上的连接。由总线接出的各个单一导线上必须放置网络名称，具有相同网络名称的导线表示在实际电气意义上是相连的。

（1）启动绘制总线的命令。

启动绘制总线命令的方法有如下 4 种。

① 单击布线工具栏中的 按钮。

② 依次选择菜单栏中的"放置"→"总线"命令。

③ 在电路原理图空白区域右击，弹出快捷菜单，依次选择"放置"→"总线"命令。

④ 使用快捷键 P+B。

（2）绘制总线。

启动绘制总线命令后，光标变成十字形，在合适的位置单击确定总线的起点，然后拖动光标，在总线转折处单击或在总线的末端单击进行确定。绘制总线的方法与绘制导线的方法基本相同。

图 3-35　总线属性设置面板

① 设置总线属性。

在绘制总线状态下，按 Tab 键，弹出总线属性设置面板，如图 3-35 所示。当总线绘制完成后，如果需要修改总线属性，双击总线，也可以弹出总线属性设置面板。

一般不需要设置总线属性，采用默认设置即可。

② 绘制总线实例。

绘制总线的方法与绘制导线的方法基本相同。启动绘制总线命令后，光标变成十字形，系统进入绘制总线状态。首先在恰当的位置（P0.6 处空一格的位置，空的位置是为了绘制总线分支）单击确认总线的起点，然后在总线转折处单击，最后在总线的末端单击，完成第一条总线的绘制。采用同样的方法绘制剩余的总线。绘制完数据总线和地址总线的 80C51 电路原理图如图 3-36 所示。

3. 绘制总线入口

总线入口是单一导线进出总线的端口。导线与总线连接时必须使用总线入口，总线和总线入口没有任何的电气连接意义，只是为了使电路原理图更专业。电气连接功能要由网络标号来完成。

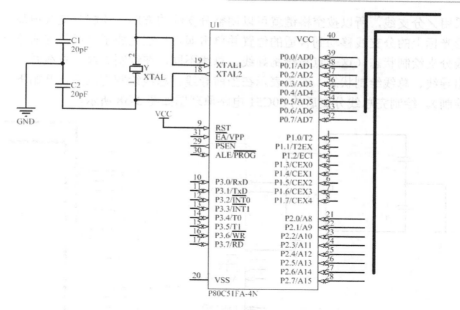

图 3-36 绘制完数据总线和地址总线的 80C51 电路原理图

（1）启动总线入口命令。

启动总线入口命令的方法主要有以下 **4** 种。

① 单击布线工具栏中的 ▓（总线入口）按钮。

② 依次选择菜单栏中的"放置"→"总线入口"命令。

③ 在电路原理图空白区域右击，弹出快捷菜单，依次选择"放置"→"总线入口"命令。

④ 使用快捷键 P+U。

（2）绘制总线分支。

绘制总线分支的步骤如下。

① 执行绘制总线分支命令，光标变成十字形，并有分支线"/"悬浮在光标上。如果需要改变分支线的方向，按空格键即可。

② 移动光标到所要放置总线分支的位置，光标上出现两个红色的十字叉，单击即可完成第一个总线分支的放置。按照以上方法依次放置所有的总线分支。

③ 绘制完所有的总线分支后，右击或按 Esc 键退出绘制总线分支状态。光标由十字形变成箭头。

（3）设置总线分支属性。

① 在绘制总线分支状态下，按 Tab 键，弹出总线分支属性设置面板；或者在退出绘制总线分支状态后，双击总线分支弹出总线分支属性设置面板，如图 3-37 所示。

② 在总线分支属性设置面板中，可以设置总线分支的颜色和线宽。一般不需要设置，采用默认设置即可。

③ 绘制总线分支的实例。

图 3-37 总线分支属性设置面板

在进入绘制总线分支状态后，十字形光标上会出现分支线／或＼。由于在 80C51 电路原理图中采用／分支线，所以按空格键就可以调整分支线的方向。绘制分支线很简单，只需要将十字形光标上的分支线移动到合适的位置并单击即可。在完成了总线分支的绘制后，右击退出总线分支绘制状态（这一点与绘制导线、总线不同，在绘制导线、总线时，双击鼠标右键会退出导线、总线绘制状态，右击表示在当前导线、总线绘制完成后，开始下一段导线、总线的绘制）。绘制完总线分支后的 80C51 电路原理图如图 3-38 所示。

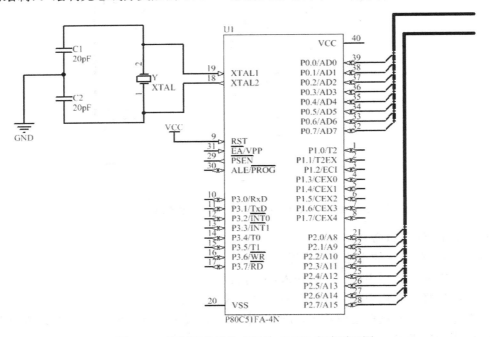

图 3-38　绘制完总线分支后的 80C51 电路原理图

提示：在放置总线分支时，总线分支的朝向有时是不一样的，左边的总线分支向右倾斜，而右边的总线分支向左倾斜。在放置总线分支时，只需要按空格键就可以改变总线分支的朝向。

3.5.3　设置网络标签

在电路原理图的绘制过程中，元器件之间的电气连接除了可以使用导线，还可以通过设置网络标签来实现。网络标签实际上是一种电气连接点，具有相同网络标签的电气连接实际上是连接在一起的。网络标签主要用于层次原理图电路和多重式电路中的各个模块之间的连接。也就是说，定义网络标签的用途是使两个或两个以上没有相互连接的网络、命名相同的网络标签在电气意义上属于同一网络，这在进行 PCB 布线时非常重要。在连接线路比较远或线路走线复杂时，使用网络标签代替实际走线可以简化电路原理图。

1．启动执行网络标签命令

启动执行网络标签的命令的方法有以下 4 种。

（1）依次选择菜单栏中的"放置"→"网络标签"命令。

（2）单击布线工具栏中的 Net 按钮。

（3）在电路原理图空白区域右击，弹出快捷菜单，依次选择"放置"→"网络标签"命令。

（4）使用快捷键 P+N。

2．放置网络标签

放置网络标签的步骤如下。

（1）启动放置网络标签命令后，光标将变成十字形，在光标上会出现一个虚线方框。该虚线方框的大小、长度和内容由上一次使用的网络标签决定。

（2）将光标移动到放置网络名称的位置（导线或总线），光标上出现红色的×，单击就可以放置网络标签。但在一般情况下，为了避免以后修改网络标签，在放置网络标签前，按 Tab键，设置网络标签的属性。

（3）移动光标到其他位置继续放置网络标签（放置完第一个网路标签后，不按鼠标右键）。在放置网络标签的过程中，如果网络标签的末尾为数字，那么这些数字会自动增加。

（4）右击或按 Esc 键退出放置网络标签状态。

3．网络标签属性面板

启动放置网络标签命令后，按 Tab 键打开网络标签属性设置面板；或者在网络标签放置完成后，双击网络标签打开网络标签属性设置面板，如图 3-39 所示。

网络标签属性设置面板主要用来设置以下选项。

- Net Name（网络名称）：定义网络标签。可以在文本框中直接输入需要放置的网络标签，也可以单击后面的下拉按钮选取使用过的网络标签。
- 颜色块：单击颜色块■，弹出选择颜色下拉列表，选择需要的颜色。
- [X/Y]（位置）：选项中的 X、Y 表明网络标签在电路原理图上的水平坐标和垂直坐标。
- Rotation（定位）：用来设置网络标签在电路原理图上的放置方向。单击该选项中的"0 Degrees"可以选择网络标签的方向。也可以用空格键实现方向的调整，每按一次空格键，旋转 90°。
- Font（字体）：单击字体名称，弹出"字体"下拉列表，用户可以在该下拉列表中选择自己喜欢的字体，如图 3-40 所示。

图 3-39　网络标签属性设置面板

图 3-40　"字体"下拉列表

4．放置网络标签实例

在 80C51 电路原理图中，主要放置 WR、RD、数据总线（D0～D7）和地址总线（A8～A15）的网络标签。首先进入放置网络标签状态，按 Tab 键打开网络标签属性设置面板，在网络名称文本框中输入 D0，其他采用默认设置即可。移动光标到 80C51 电路原理图的 AD0 管脚，光标上出现红色的×符号，单击完成网络标签 D0 的设置。依次移动光标到 D1～D7，网络标签的末位数字会自动增加。单击完成 D0～D7 的网络标签的放置。用上述方法完成其他网络标签的放置，右击退出放置网络标签状态。完成网络标签放置后的 80C51 电路原理图如图 3-41 所示。

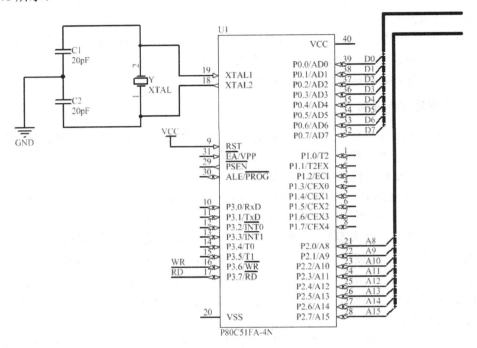

图 3-41　完成网络标签放置后的 80C51 电路原理图

3.5.4　放置电源和接地符号

放置电源和接地符号一般不采用绘图工具栏中的放置电源和接地菜单命令，而通常利用电源和接地符号工具栏完成电源和接地符号的放置。下面首先介绍电源和接地符号工具栏，然后介绍绘图工具栏中的电源和接地菜单命令。

1．电源和接地符号工具栏

依次选择菜单栏中的"视图"→"工具栏"→"应用工具"命令，在编辑窗口上出现如图 3-42 所示的"应用工具"工具栏。

单击"应用工具"工具栏中的　　按钮，弹出电源和接地符号工具栏菜单，如图 3-43 所示。

在电源和接地符号工具栏中，单击电源和接地图标按钮就可以得到相应的电源和接地符号，非常方便、易用。

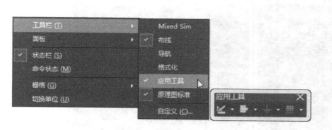

图 3-42 "应用工具"工具栏   图 3-43 电源和接地符号工具栏菜单

2. 放置电源和接地符号

（1）放置电源和接地符号的方法主要有如下 5 种。

① 单击布线工具栏中的设置 GND 端口按钮![icon]或放置 VCC 电源端口按钮![icon]。

② 依次选择菜单栏中的"放置"→"电源端口"命令。

③ 在电路原理图空白区域右击，弹出快捷菜单，依次选择"放置"→"电源端口"命令。

④ 使用电源和接地符号工具栏。

⑤ 使用快捷键 P+O。

（2）放置电源和接地符号的步骤如下。

① 启动放置电源和接地符号命令后，光标变成十字形，同时有电源或接地符号悬浮在光标上。

② 在合适的位置单击或按 Enter 键，即可放置电源和接地符号。

③ 右击或按 Esc 键退出电源和接地符号放置状态。

3. 设置电源和接地符号的属性

启动放置电源和接地符号命令后，按 Tab 键弹出 Properties 面板；或者在完成电源和接地符号的放置后，双击需要设置的电源符号或接地符号，弹出 Properties 面板如图 3-44 所示。

- Rotation（旋转）：用于设置端口放置的角度，有"0 Degrees""90 Degrees""180 Degrees""270 Degrees" 4 种选择。
- Name（电源名称）：用于设置电源与接地端口的名称。
- Style（风格）：用于设置端口的电气类型，共 11 种类型，如图 3-45 所示。
- Font（字体）：用于设置端口名称的字体类型、字体大小、字体颜色，以及设置字体加粗、斜体、下画线、横线等效果。

4. 放置电源与接地符号实例

在 80C51 电路原理图中，主要包括电容与电源地的连接和 VPP 与 VCC 的连接。分别利用电源与接地符号工具栏、绘图工具栏中的放置电源和接地符号命令完成电源和接地符号的放置，并比较两者优劣。

（1）利用电源和接地符号工具栏绘制电源和接地符号。

单击电源和接地符号工具栏中的放置 VCC 电源端口按钮![icon]，光标变成十字形，同时有 VCC 图标悬浮在光标上，移动光标到合适的位置，单击完成 VCC 图标的放置。接地符号的放置方法与电源符号的放置方法相同，不再赘述。

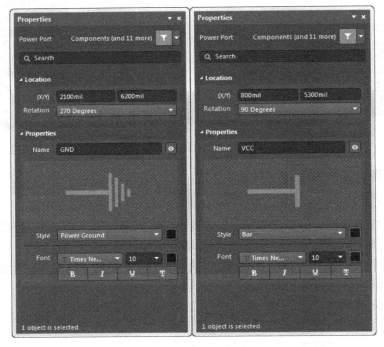

图 3-44　Properties 面板

图 3-45　端口的电气类型

（2）利用绘图工具栏中的放置电源和接地符号命令绘制电源和接地符号。

单击绘图工具栏中的放置电源和接地符号按钮，光标变成十字形，同时有电源图标悬浮在光标上，该图标与上一次设置的电源或接地图标相同。按 Tab 键，在弹出的 Properties 面板的 Name（电源名称）栏中输入 VCC 作为网络标号，同时在 Style（风格）栏中选中 Bar，其他采用默认设置即可，单击，VCC 图标就会出现在电路原理图上。此时系统仍处于放置电源和接地符号状态，可以移动光标到合适的位置继续放置电源和接地符号。右击退出放置电源和接地符号状态。

3.5.5　放置输入/输出端口

在设计电路原理图时，两个电路网络之间的电气连接有 3 种形式：直接通过导线连接；通过设置相同的网络标签实现的电气连接；相同网络标签的输入/输出端口在电气意义上也是连接的。输入/输出端口是层次电路原理图设计中不可缺少的组件。

1.　启动放置输入/输出端口的命令

启动放置输入/输出端口的方法主要有以下 5 种。

（1）单击布线工具栏中的 ▣ （端口）按钮。

（2）依次选择菜单栏中的"放置"→"端口"命令。

（3）单击快捷工具栏中的 ▣ 按钮。

（4）在电路原理图空白区域右击，弹出快捷菜单，依次选择"放置"→"端口"命令。

（5）使用快捷键 P+R。

2．放置输入/输出端口

放置输入/输出端口的步骤如下。

（1）启动放置输入/输出端口命令后，光标变成十字形，同时有输入/输出端口图标悬浮在光标上。

（2）移动光标到电路原理图的合适位置，在光标与导线相交处会出现红色的×，这表示实现了电气连接，单击即可定位输入/输出端口的一端，移动光标使输入/输出端口大小合适，单击完成输入/输出端口的放置。

（3）右击退出放置输入/输出端口状态。

3．输入/输出端口属性设置

在放置输入/输出端口状态下，按 Tab 键；或者在退出放置输入/输出端口状态后，双击放置的输入/输出端口符号，弹出输入/输出端口属性设置面板，如图 3-46 所示。

输入/输出端口属性设置面板主要包括如下属性设置。

图 3-46　输入/输出端口属性设置面板

- Name（名称）：用于设置端口名称。这是端口重要的属性之一，具有相同名称的端口在电气意义上是连通的。

- I/O Type（输入/输出端口的类型）：用于设置端口的电气特性，为电气规则检查提供一定的依据。有 Unspecified（未指明或不确定）、Output（输出）、Input（输入）和 Bidirectional（双向型）4 种类型。

- Harness Type（线束类型）：用于设置线束的类型。

- Font（字体）：用于设置端口名称的字体类型、字体大小、字体颜色，以及设置字体加粗、斜体、下画线、横线等效果。

- Border（边界）：用于设置端口边界的线宽、颜色。

- Fill（填充颜色）：用于设置端口内填充颜色。

4．放置输入/输出端口实例

启动放置输入/输出端口命令后，光标变成十字形，同时输入/输出端口图标悬浮在光标上。移动光标到 80C51 电路原理图数据总线的终点，单击确定输入/输出端口的一端，移动光标到输入/输出端口大小合适的位置单击确认输入/输出端口的另一端。右击退出放置输入/输出端口状态。此处图标的内容是上一次放置输入/输出端口时的内容。双击放置的输入/输出端口符号，弹出输入/输出端口属性设置面板。在 Name（名称）一栏输入"D0—D7"，其他采用默认设置即可。地址总线与数据总线的输入/输出端口设置方法相同，这里不再赘述。

3.5.6　放置忽略 ERC 测试点

放置忽略 ERC（电气规则检查）测试点的主要目的是让系统在进行电气规则检查时，忽略对某些节点的检查。例如，系统默认输入型管脚必须连接，但实际上某些输入型管脚是不连接的，如果不放置忽略 ERC 测试点，那么系统在编译时就会生成错误信息，并在管脚上放置错误标记。

1．启动放置忽略 ERC 测试点命令

启动放置忽略 ERC 测试点命令的方法主要有以下 5 种。

（1）单击布线工具栏中的█（通用 No ERC 标号）按钮。

（2）单击快捷工具栏中的█按钮。

（3）依次选择菜单栏中的"放置"→"指示"→"通用 No ERC 标号"命令。

（4）在电路原理图空白区域右击，弹出快捷菜单，依次选择"放置"→"指示"→"通用 No ERC 标号"命令。

（5）使用快捷键 P+I+N。

2．放置忽略 ERC 测试点

启动放置忽略 ERC 测试点命令后，光标变成十字形，并且在光标上悬浮一个红叉，将光标移动到需要放置忽略 ERC 测试点的节点上，单击完成忽略 ERC 测试点的放置。右击或按 Esc 键退出放置忽略 ERC 测试点状态。

3．忽略 ERC 测试点属性设置

在放置忽略 ERC 测试点状态下按 Tab 键；或者在忽略 ERC 测试点放置完成后，双击需要设置属性的忽略 ERC 测试点检查符号，弹出忽略 ERC 测试点属性设置面板，如图 3-47 所示。

图 3-47　忽略 ERC 测试点属性设置面板

忽略 ERC 测试点属性设置面板主要用来设置忽略 ERC 测试点的颜色和坐标，采用默认设置即可。

3.5.7　设置 PCB 布线标志

Altium Designer 20 允许用户在电路原理图设计阶段规划指定网络的铜膜宽度、过孔直径、布线策略、布线优先权和布线板层属性。如果用户在电路原理图中对某些具有特殊要求的网络设置 PCB 布线标示，在创建 PCB 的过程中会自动在 PCB 中引入这些设计规则。

1．启动放置 PCB 布线标志命令

启动放置 PCB 布线标志命令的方法主要有如下 2 种

（1）依次选择菜单栏中的"放置"→"指示"→"参数设置"命令。

（2）在电路原理图空白区域右击，弹出快捷菜单，依次选择"放置"→"指示"→"参数设置"命令。

2．放置 PCB 布线标志

启动放置 PCB 布线标志命令后，光标变成十字形，PCB 布线标志图标悬浮在光标上。将光标移动到放置 PCB 布线标志的位置，单击即可完成 PCB 布线标志的放置。右击退出 PCB 布线标志状态。

3．设置 PCB 布线标志属性

在放置 PCB 布线标志状态下按 Tab 键；或者在已放置的 PCB 布线标志上双击，弹出 PCB 布线标志属性设置面板，如图 3-48 所示。

- （X/Y）（X 轴/Y 轴）文本框：用于设定 PCB 布线标志符号在电路原理图上的 X 轴和 Y 轴坐标。
- Rotation（定位）文本框：用于设定 PCB 布线标志符号在电路原理图上的放置方向。有"0 Degrees""90 Degrees""180 Degrees""270 Degrees"4 个选项。
- Label（名称）文本框：用于输入 PCB 布线标志符号的名称。
- Style（类型）文本框：用于设定 PCB 布线标志符号在电路原理图上的类型，包括 Large（大的）、Tiny（极小的）。
- Rules（规则）、Classes（级别）：该表中列出了选中 PCB 布线标志所定义的相关参数，包括名称、数值及类型等。单击 Add（添加）按钮，弹出"选择设计规则类型"对话框该对话框中列出了 PCB 布线用到的所有规则类型，如图 3-49 所示。

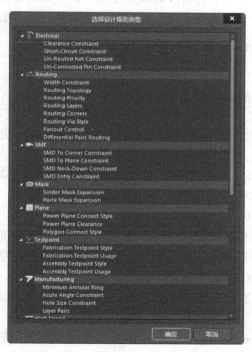

图 3-48　PCB 布线标志属性设置面板　　　图 3-49　"选择设计规则类型"对话框

选择某一参数，单击"确定"按钮，则弹出相应的设置导线宽度对话框，该对话框分为两部分，上面是图形显示部分，下面是列表显示部分，均可用于设置导线的宽度，如图 3-50 所示。

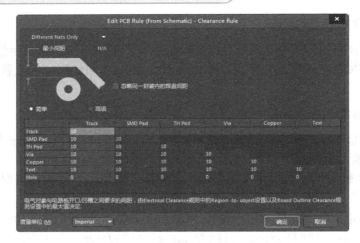

图 3-50　设置导线宽度对话框

PCB 布线标志属性设置完毕后，单击"确定"按钮即可关闭设置导线宽度对话框。

3.5.8　放置文本字和文本框

在绘制电路原理图时，为了增加电路原理图的可读性，有时需要在电路原理图的关键位置添加文字说明，即添加文本字、文本框和注释。当需要添加少量的文字时，可以直接放置文本字，当需要添加大段文字说明时，就需要用使用文本框。

1. 放置文本字

（1）启动放置文本字的命令。

启动放置文本字的方法有如下 3 种。

① 依次选择菜单栏中的"放置"→"文本字符串"命令。

② 在电路原理图空白区域右击，弹出快捷菜单，依次选择"放置"→"文本字符串"命令。

③ 单击"应用工具"工具栏中的 ⬛▾（实用工具）按钮，弹出下拉菜单，选择 Ⓐ（放置文本字符串）选项。

（2）放置文本字。

启动放置文本字命令后，光标变成十字形，并带有一个文本字"Text"图标，移动光标至需要添加文字说明处，单击即可放置文本字，如图 3-51 所示。

（3）设置文本字属性。

在放置文本字状态下，按 Tab 键；或者放置完文本字后，双击需要设置属性的文本字，弹出文本字属性设置面板，如图 3-52 所示。

- [X/Y]（位置）：用于设置文本字符串的位置。
- Rotation（定位）：设置文本字符串在电路原理图中的放置方向，有"0 Degrees""90 Degrees""180 Degrees""270 Degrees" 4 个选项。
- Text（文本）：单击该栏输入文本字名称。

Font（字体）：在该文本框右侧按钮打开字体下拉列表，设置字体大小，在方向盘上设置文本字符串在不同方向上的位置，共有 9 个方位。

图 3-51 放置文本字   图 3-52 文本字属性设置面板

2. 放置文本框

（1）启动放置文本框命令。

启动放置文本框命令的方法有如下 3 种。

① 依次选择菜单栏中的"放置"→"文本框"命令。

② 在电路原理图空白区域右击，弹出快捷菜单，依次选择"放置"→"文本框"命令。

③ 单击"应用工具"工具栏中的 ✎ ▾ （实用工具）按钮，弹出下拉菜单，选择 📖 （文本框）选项。

（2）放置文本框。

启动放置文本框命令后，光标变成十字形。移动光标到指定位置，单击确定文本框的一个顶点，然后移动光标到合适位置，再次单击确定文本框对角线上的另一个顶点，完成文本框的放置，如图 3-53 所示。

图 3-53 放置文本框

（3）设置文本框属性。

在放置文本框状态下，按 Tab 键；或者放置完文本框后，双击需要设置属性的文本框，弹出文本框属性设置面板，如图 3-54 所示。

图 3-54　文本框属性设置面板

- **Word Wrap** 复选框：勾选该复选框后，文本框中的内容自动换行。
- **Clip to Area** 复选框：勾选该复选框后，文本框中的内容剪辑到区域。

文本框和文本字的设置方法大致相同，相同选项的功能不再赘述。

3．放置注释

（1）启动放置注释命令。

启动放置注释命令的方法有如下 3 种。

① 依次选择菜单栏中的"放置"→"注释"命令。

② 在电路原理图的空白区域右击，弹出快捷菜单，依次选择"放置"→"注释"命令。

③ 单击"应用工具"工具栏中的 ▱ ▾（实用工具）按钮，弹出下拉菜单，选择 ▱（注释）选项。

（2）放置注释。

启动放置注释命令后，光标变成十字形。移动光标到指定位置，单击确定注释的一个顶点，然后移动光标到合适位置，再次单击确定注释对角线上的另一个顶点，完成注释的放置，如图 3-55 所示。

图 3-55　放置注释

（3）设置注释属性。

在放置注释状态下，按 Tab 键；或者放置完注释后，双击需要设置属性的注释，弹出注释属性设置面板，如图 3-56 所示。

● Author（作者）文本框：用于添加图纸作者。

● Collapsed（变形）复选框：勾选该复选框后，注释边框形状自动缩放变形成如图 3-57 所示的形状。

图 3-56 注释属性设置面板

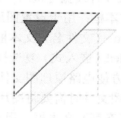

图 3-57 缩放变形后的注释边框

3.5.9 添加图形

有时在电路原理图中需要放置一些图像文件，如各种厂家标志、广告等，使用粘贴图片命令可以实现图形的添加。Altium Designer 20 支持多种格式图片的导入。

（1）启动添加图形命令。

启动添加图形命令的方法有如下 2 种。

① 依次选择菜单栏中的"放置"→"绘图工具"→"图像"命令。

② 单击"应用工具"工具栏中的 ✏️ ▾（实用工具）按钮，弹出下拉菜单，选择 🖼️（图像）选项。

（2）添加图形。

① 启动添加图形命令后，光标变成十字形，并带有一个矩形框。

② 移动光标到需要放置图形的位置处，单击确定图形放置位置的一个顶点，移动光标到合适的位置再次单击，此时将弹出如图 3-58 所示的浏览图形对话框，在该对话框中选择要添加的图形文件。移动光标到工作窗口并单击，这时所选的图形将被添加到电路原理图中。

图 3-58　浏览图形对话框

③ 此时光标仍处于添加图形状态，重复步骤②即可放置其他图形。右击或按 Esc 键即可退出添加图形状态。

（3）设置图形属性。

在添加图形状态下按 Tab 键，系统将弹出相应的图形属性编辑面板，如图 3-59 所示。

- Border（边界）下拉列表：用于设置图形边框的线宽和颜色，有 Smallest、Small、Medium 和 Large 4 种线宽可供用户选择。
- [X/Y]文本框：用于设置图形边框的对角顶点位置。
- File Name（文件名）文本框：用于选择图片所在的文件路径名称。
- Embedded（嵌入式）复选框：勾选该复选框后，图片将被嵌入电路原理图文件中，这样可以方便电路原理图文件的转移。如果取消对该复选框的选中状态，那么在传递电路原理图文件时需要将图片的链接也转移过去，否则无法显示该图片。
- Width（宽度）文本框：用于设置图片的宽度。
- Height（高度）文本框：用于设置图片的高度。
- X:Y Ratio1:1（比例）复选框：勾选该复选框后，图片以 1:1 的比例显示。

图 3-59　图形属性编辑面板

3.5.10　放置离图连接器

在电路原理图编辑环境下，离图连接器与网络标签的作用是一样的；不同的是，网络标签用于同一张电路原理图，而离图连接器用于同一工程文件下、不同的电路原理图。

1．执行方式

- 菜单栏：依次选择"放置"→"离图连接器"命令。
- 右键命令：右击并在弹出的快捷菜单中依次选择"放置"→"离图连接器"命令。
- 快捷键：P 键+C 键。

2．放置步骤

（1）启动放置离图连接器命令后，光标变成十字形，并带有一个离图连接器图标。

（2）移动光标到需要放置离图连接器的元器件管脚末端或导线上，当出现红色交叉标志时，单击确定离图连接器的位置，这样就可以完成一个离图连接器的放置，如图 3-60 所示。此时系统仍处于放置离图连接器的状态。

在放置离图连接器的过程中，用户可以对离图连接器的属性进行设置。双击离图连接器或在放置离图连接器状态下按 Tab 键，弹出如图 3-61 所示的离图连接器属性设置面板。

- Rotation（旋转）下拉列表：用于设置离图连接器放置的角度，有"0Degrees""90Degrees""180Degrees""270Degrees" 4 种角度可供选择。
- Net Name（网络名称）文本框：用于设置离图连接器的名称。这是离图连接器的重要属性之一，具有相同名称的网络在电气意义上是连通的。
- Style（类型）下拉列表：用于设置离图连接器外观风格，有 Left（左）、Right（右）2 种选择。

图 3-60　放置离图连接器　　　　　图 3-61　离图连接器属性设置面板

3.5.11　线束连接器

线束连接器是端子的一种（连接器又称插接器），由插头和插座组成，是汽车电路中线束的中继站。线束与线束、线束与电器部件之间的连接一般采用线束连接器。汽车线束连接器是连接汽车各电器与电子设备的重要部件。为了防止汽车线束连接器在汽车行驶过程中脱开，所有的汽车线束连接器均采用了闭锁装置。

1．执行方式

- 菜单栏：依次选择"放置"→"线束"→"线束连接器"命令。
- 工具栏：单击布线工具栏中的 ![]（放置线束连接器）按钮。
- 快捷工具栏：单击快捷工具栏中的 ![]（放置线束连接器）按钮。
- 右键命令：右击并在弹出的快捷菜单中依次选择"放置"→"线束"→"线束连接器"命令。
- 快捷键：P 键+H 键+C 键。

2．放置步骤

（1）启动放置线束连接器命令后，光标变成十字形，并带有线束连接器图标。

（2）将光标移动到需要放置线束连接器的起点位置，单击确定线束连接器的起点，然后移动光标，单击确定终点，如图 3-62 所示。此时系统仍处于放置线束连接器状态，用上述方法放置其他线束连接器。放置完成后，右击退出放置线束连接器状态。

3．编辑属性

双击线束连接器或在放置线束连接器状态下按 Tab 键，弹出如图 3-63 所示的线束连接器属性设置面板，在该面板中可以对线束连接器的属性进行设置。

线束连接器属性设置面板包括以下 3 个选项组。

图 3-62　放置线束连接器　　　　图 3-63　线束连接器属性设置面板

(1) Location（位置）选项组。

- （X/Y）：用于设置线束连接器左上角顶点的坐标。
- Rotation（旋转）：用于设置线束连接器在电路原理图上的放置方向，有"0 Degrees""90 Degrees""180 Degrees"和"270 Degrees"4 个选项。

(2) Properties（属性）选项组。

- Harness Type（线束类型）：用于设置线束连接器中线束的类型。
- Bus Text Style（总线文本类型）：用于设置线束连接器中文本的类型，有 Full（全程）、Prefix（前缀）2 个选项可供选择。
- Width（宽度）、Height（高度）：用于设置线束连接器的宽度和高度。
- Primary Position（主要位置）：用于设置线束连接器的宽度。
- Border（边框）：用于设置边框线宽、颜色。单击后面的颜色块，可以在弹出的对话框中设置线束连接器边框颜色。
- Fill（填充色）：用于设置线束连接器内部的填充颜色。单击后面的颜色块，可以在弹出的对话框中设置结束连接器内部的填充颜色。

(3) Entries（线束入口）选项组。

在 Entries 选项组中可以添加、删除和编辑线束连接器与其他元器件连接的入口，如图 3-64 所示。

单击"Add"（添加）按钮，在电路原理图中自动添加线束入口，如图 3-65 所示。

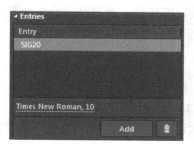

图 3-64　Entries（线束入口）选项组

图 3-65　添加线束入口

3.5.12　预定义的线束连接器

1．执行方式

- 菜单栏：依次选择"放置"→"线束"→"预定义的线束连接器"命令。
- 右键命令：右击并在弹出的快捷菜单中依次选择"放置"→"线束"→"预定义的线束连接器"命令。
- 快捷键：P 键+H 键+P 键。

2．放置步骤

启动放置预定义的线束连接器命令后，弹出如图 3-66 所示的"放置预定义的线束连接器"对话框，在该对话框中可精确定义线束连接器的名称、端口、线束入口等。

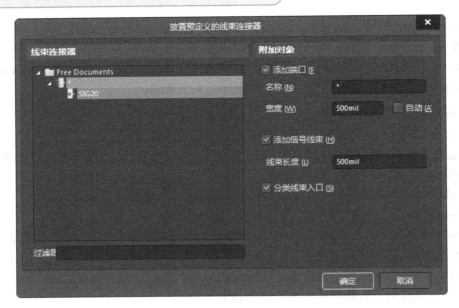

图 3-66　"放置预定义的线束连接器"对话框

3.5.13　线束入口

线束通过线束入口的名称来识别每个网络或总线。Altium Designer 20 使用线束入口名称而来建立整个电路原理图的连接。除非命名的是线束连接器，否则网络命名一般不使用线束入口的名称。

1．执行方式

- 菜单栏：依次选择"放置"→"线束"→"线束入口"命令。
- 工具栏：单击布线工具栏中的 ▮（线束入口）按钮。
- 右键命令：右击并在弹出的快捷菜单中依次选择"放置"→"线束"→"线束入口"命令。
- 快捷键：P 键+H 键+E 键。

2．放置步骤

（1）启动放置线束入口命令后，光标变成十字形，同时出现一个线束入口图标随光标移动而移动。

（2）移动光标到线束连接器内部，单击选择要放置结束入口的位置（只能在线束连接器左侧的边框上移动），如图 3-67 所示。

3．编辑属性

在放置线束入口的过程中，用户可以对线束入口的属性进行设置。双击线束入口或在放置线束入口状态下按 Tab 键，弹出如图 3-68 所示的线束入口属性设置面板，在该面板中可以对线束入口的属性进行设置。

Harness Name（名称）：用于设置线束入口的名称。

图 3-67 放置线束入口   图 3-68 线束入口属性设置面板

3.5.14 信号线束

信号线束是一组具有相同性质的并行信号线的组合。利用信号线束可以将线路连接到同一电路原理图中的另一个线束接头；也可以连接到电路原理图的入口或端口，以使信号连接到另一个电路原理图。

1. 执行方式

- 菜单栏：依次选择"放置"→"线束"→"信号线束"命令。
- 工具栏：单击布线工具栏中的 （信号线束）按钮。
- 右键命令：右击并在弹出的快捷菜单中依次选择"放置"→"线束"→"信号线束"命令。
- 快捷键：P 键+H 键。

2. 放置步骤

启动放置信号线束命令后，光标变成十字形，将光标移动到需要完成电气连接的元器件的管脚上，单击放置信号线束的起点，出现红色的符号表示电气连接成功。移动光标，多次单击可以确定多个固定点，最后放置信号线束的终点，如图 3-69 所示，此时系统仍处于放置信号线束的状态，重复上述操作可以继续放置其他信号线束。

3. 编辑属性

在放置信号线束的过程中，用户可以对信号线束的属性进行设置。双击信号线束或在放置信号线束状态下按 Tab 键，弹出如图 3-70 所示的信号线束属性设置面板，在该面板中可以对信号线束的属性进行设置。

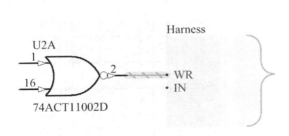

图 3-69　放置信号线束　　　　　　图 3-70　信号线束属性设置面板

3.6　综合实例

通过前面的学习，相信用户对 Altium Designer 20 的电路原理图编辑环境、原理图编辑器的使用有了一定了解，能够完成一些简单电路原理图的绘制。下面通过具体的实例介绍绘制电路原理图的步骤。

3.6.1　单片机最小应用系统电路原理图

本节将从实际操作的角度出发，通过一个具体的实例来说明怎样使用原理图编辑器完成电路原理图的设计。目前绝大多数的电子应用设计脱离不了单片机系统，下面使用 Altium Designer 20 绘制一个单片机最小应用系统电路原理图。

绘制步骤

（1）启动 Altium Designer 20，打开 Projects（工程）面板，在 Project Group.DsnWrk 选项上右击弹出快捷菜单；选择该快捷菜单中的"Add New Project"（添加新的工程）命令，弹出"Create Project"（新建工程）对话框；单击该对话框的 Create 按钮，在 Projects 面板中出现新建的工程文件，系统提供的默认文件名称为"PCB_Project1.PrjPcb"，如图 3-71 所示。

（2）在工程文件 PCB_Project1.PrjPcb 上右击，弹出快捷菜单，选择"Save As"（保存为）命令，在弹出的保存文件对话框中输入文件名称"MCU.PrjPcb"，并将该文件保存在指定的文件夹中。此时，在 Projects 面板中，工程文件名变为"MCU.PrjPcb"，该工程文件中没有任何内容，可以根据设计需要添加各种设计文档。

（3）在工程文件 MCU.PrjPcb 上右击，弹出快捷菜单，依次选择"添加新的到工程"→"Schematic"（原理图）命令。在工程文件 MCU.PrjPcb 中新建一个电路原理图文件，系统默认文件名称为"Sheet1.SchDoc"。在"Sheet1.SchDoc"文件上右击，弹出快捷菜单，选择"另存为"命令，在弹出的保存文件对话框中输入文件名"MCU.SchDoc"。此时，在 Projects 面板中，电路原理图文件名称变为"MCU.SchDoc"，如图 3-72 所示。在创建新的电路原理图文件的同时进入了电路原理图设计系统环境。

图 3-71 新建工程文件

图 3-72 创建新的电路原理图文件

（4）在编辑窗口中右击，打开 Properties 面板，如图 3-73 所示，对电路原理图图纸参数进行设置。这里将图纸的尺寸及标准风格设置为 A4，放置方向设置为 Landscape（水平），标题块设置为 Standard（标准），字体设置为 Arial，字体大小设置为 10，其他选项均采用系统默认设置。

（5）在创建完电路原理图文件后，系统已默认为该文件加载了一个集成元器件库 Miscellaneous Devices.IntLib（常用分立元器件库）。这里使用 Philips 公司的 P89C51RC2HFBD 单片机来构建单片机最小应用系统。需要先加载 Philips 公司元器件库，其所在的库文件为 Philips Microcontroller 8-bit.IntLib。

（6）单击 Components 面板右上角的 ▤ 按钮，弹出快捷菜单，选择"File-based Libraries Preferences"命令，打开"Available File-based Libraries"对话框，如图 3-74 所示。在"Available File-based Libraries"对话框中单击"添加库"按钮，打开相应的选择库文件对话框，在该对话框中选择确定的库文件夹 Philips，并选择相应的库文件 Philips Microcontroller 8-bit.IntLib，单击"打开"按钮。在绘制电路原理图的过程中，放置元器件的基本原则是根据信号的流向放置，从左到右或从上到下。应该首先放置电路中的关键元器件，然后放置电阻、电容等外围元器件。在本例中，设定电路原理图中的信号流向是从左到右的，关键元器件包括单片机芯片、地址锁存器、扩展数据存储器。

图 3-73 Properties 面板

（7）放置单片机芯片。打开 Components 面板，在当前元器件库名称栏选择 Philips Microcontroller 8-Bit.IntLib，在过滤条件文本框中输入 P89C51RC2HFBD，如图 3-75 所示。双击 P89C51RC2HFBD 元器件，将其放置在电路原理图中。

（8）放置地址锁存器。这里使用的地址锁存器是 TI 公司的 SN74LS373N，其所在的库文件为 TI Logic Latch.IntLib，按照与上面相同的方法进行加载。

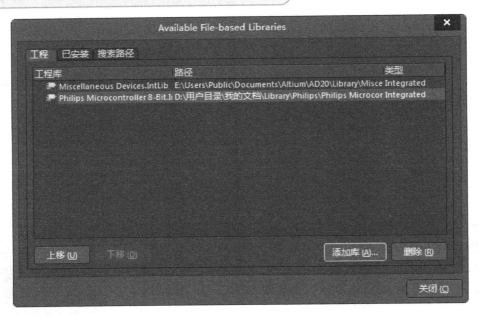

图 3-74 "Available File-based Libraries" 对话框

打开 Components 面板，在当前元器件库名称栏中选择 TI Logic Latch.IntLib，在元器件列表中选择 SN74LS373N，如图 3-76 所示。双击 Place SN74LS373N 元器件，将其放置在电路原理图图纸上。

（9）放置扩展数据存储器。这里使用的扩展数据存储器是 Motorola 公司的 MCM6264P，其所在的库文件为 Motorola Memory Static RAM.IntLib，按照与上面相同的方法进行加载。打开 Components 面板，在当前元器件库名称栏中选择 Motorola Memory Static RAM.IntLib，在元器件列表中选择 MCM6264P，如图 3-77 所示。双击 MCM6264P 元器件，将其放置在电路原理图上。

（10）放置外围元器件。在单片机的应用系统中，时钟电路和复位电路是必不可少的。在本例中，采用 1 个石英晶振和 2 个匹配电容构成单片机的时钟电路，晶振频率为 20MHz。复位电路采用上电复位加手动复位的复位方式，由一个 RC 延迟电路构成上电复位电路，在 RC 延迟电路的两端跨接一个开关构成手动复位电路。因此，需要放置的外围元器件包括 2 个匹配电容、2 个电阻、1 个极性电容、1 个石英晶振、1 个复位键，这些元器件都在库文件 Miscellaneous Devices.IntLib 中。打开 Components 面板，在当前元器件库名称栏中选择 Miscellaneous Devices.IntLib，在元器件列表中选择匹配电容 Cap、电阻 Res2、极性电容 Cap Pol2、石英晶振 XTAL、复位键 SW-PB，并将它们依序放置。

（11）设置元器件属性。在电路原理图上放置好元器件之后，对各个元器件的属性进行设置，包括元器件的标识、序号、型号、封装形式等。双击元器件打开元器件属性设置面板。图 3-78 为单片机属性设置面板。元器件属性的设置可以参考前面章节，这里不再赘述。设置好元器件属性后的电路原理图如图 3-79 所示。

（12）放置电源和接地符号。单击布线工具栏中的 ⏚（VCC 电源端口）按钮，放置电源，本例共需要 4 个电源。单击布线工具栏中的 ⏚（GND 端口）按钮，放置接地符号，本例共需要 9 个接地符号。由于都是数字地，因此使用统一的接地符号表示即可。

图 3-75 放置单片机芯片

图 3-76 放置地址锁存器

图 3-77 放置扩展数据存储器

图 3-78 单片机属性设置面板

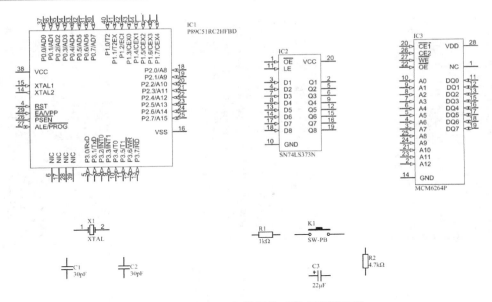

图 3-79　设置好元器件属性后的电路原理图

（13）连接导线。在放置好各个元器件并设置好元器件相应的属性后，根据电路设计要求将各个元器件连接起来。单击布线工具栏中的 ▄▄（放置线）按钮、▄▄▄（放置总线）按钮和 ▄▄▄（放置总线入口）按钮，完成元器件之间的端口及管脚的电气连接。

（14）放置网络标签。对于难以用导线连接的元器件，应该采用设置网络标签的方法进行连接，这样可以使电路原理图结构清晰、易读、易修改。在本例中，单片机与复位电路的连接，以及单片机与外扩展数据存储器之间读、写控制线的连接采用了网络标签的方法。

（15）放置忽略 ERC 测试点。对于用不到的、悬空的管脚，可以放置忽略 ERC 测试点，使系统忽略对此处进行电气规则检查，不会产生错误报告。

绘制完成的单片机最小应用系统电路原理图如图 3-80 所示。

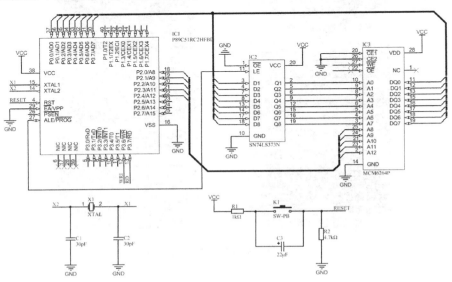

图 3-80　绘制完成的单片机最小应用系统电路原理图

如果需要进行 PCB 的设计制作，还需要对设计好的电路进行电气规则检查，并对电路原理图进行编译，这些内容将在后面的章节中通过实例进行详细介绍。

3.6.2　绘制串行显示驱动器 PS7219 及单片机的 SPI 电路

在单片机的应用系统中，为了便于人们观察和监视单片机的运行情况，通常需要利用显示器显示运行的中间结果及状态等。显示器是单片机系统必不可少的外部设备之一。PS7219 是由武汉力源信息技术股份有限公司推出的一种 24 脚双列直插式、串行接口的 8 位数字静态显示芯片，采用流行的同步串行外设接口（SPI），可与任何一种单片机方便连接，也可同时驱动 8 位 LED。下面以串行显示驱动器 PS7219 及单片机的 SPI 电路为例，介绍电路原理图的绘制。

在 3.6.1 节，我们是以快捷菜单命令创建电路原理图文件的。在这一节中，我们以菜单命令创建电路原理图文件，对于具体电路原理图的绘制只给出简单提示。

 绘制步骤

1．准备工作

（1）启动 Altium Designer 20。

（2）依次选择菜单栏中的"文件"→"新的"→"项目"命令，在 Project 面板中出现了新建的工程文件，系统提供的默认名称为 PCB Project1.PrjPcb，如图 3-81 所示。

（3）依次选择菜单栏中的"文件"→"保存工程为"命令，在弹出的保存文件对话框中输入"PS7219 及单片机的 SPI 接口电路.PrjPcb"，如图 3-82 所示。

图 3-81　新建工程文件　　　　　　　　图 3-82　保存工程文件

（4）依次选择菜单栏中的"文件"→"新的"→"原理图"命令，在工程文件中新建一个默认名为 Sheet1.SchDoc 的电路原理图文件。依次选择菜单栏中的"文件"→"另存为"命令，在弹出的保存文件对话框中输入"PS7219 及单片机的 SPI 电路.SchDoc"，并将该文件保存在指定位置，如图 3-83 所示。

（5）对于电路原理图图纸参数设置、查找元器件、加载元器件库，这里不再赘述，可以参考前面相关内容。

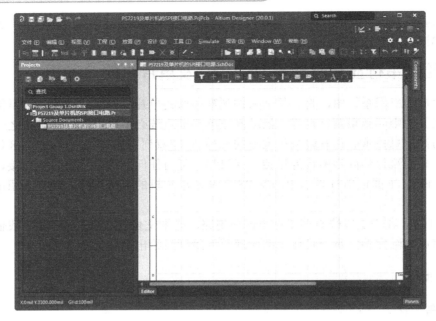

图 3-83　新建电路原理图文件

2．绘制电路图

在电路原理图上放置元器件并完成电路原理图的绘制。对于这一部分，只给出提示步骤，具体步骤希望读者自己动手操作。

（1）在电路原理图上放置关键元器件。放置完关键元器件后的电路原理图如图 3-84 所示。

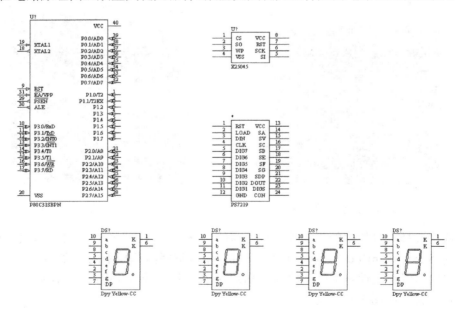

图 3-84　放置完关键元器件后的电路原理图

（2）放置电阻、电容等元器件，并编辑元器件属性。放置完电阻、电容等元器件后的电路原理图如图 3-85 所示。

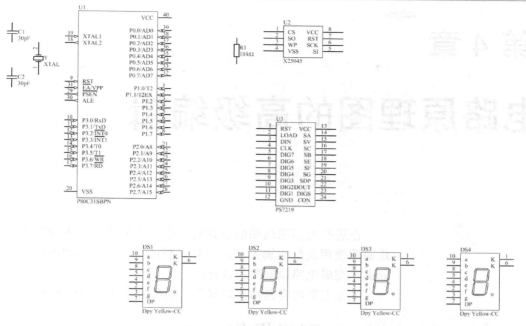

图 3-85　放置完电阻、电容等元器件后的电路原理图

（3）放置电源、接地符号、连接导线、网络标签、忽略 ERC 测试点、输入/输出端口。绘制完成的电路原理图如图 3-86 所示。

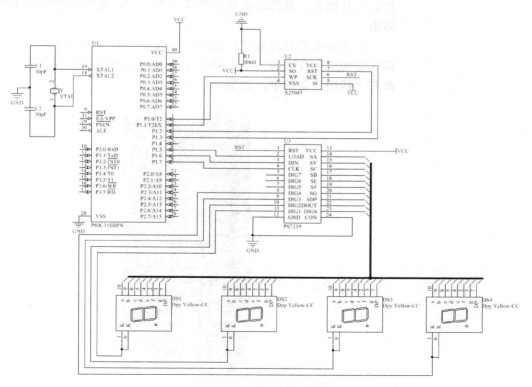

图 3-86　绘制完成的电路原理图

第 4 章

电路原理图的高级编辑

在进行电路原理图的设计时，除了需要使用基本绘制方法外，还需要使用高级编辑方法，只有完整地执行电路原理图的绘制，才能真正完成电路原理图的设计。

本章主要内容包括窗口操作、项目编译及输出任务配置文件。

4.1　窗口操作

在用 Altium Designer 20 进行电路原理图的设计时，经常需要对窗口进行操作，熟练掌握窗口操作命令，可以极大方便实际工作的需求。

在进行电路原理图的绘制时，可以使用多种窗口缩放命令将绘图环境缩放到合适的大小。Altium Designer 20 的所有窗口缩放命令都在"视图"菜单中，如图 4-1 所示。

图 4-1 "视图"菜单

下面对"视图"菜单中的命令进行具体说明。

（1）适合文件：适合整张电路原理图。使用该命令将整张电路原理图在窗口中显示，如图 4-2 所示。

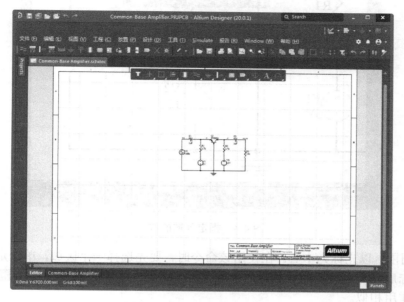

图 4-2 显示整张电路原理图

（2）适合所有对象：适合全部元器件。使用该命令将整张电路原理图在窗口中显示，但不包含电路原理图边框和电路原理图的空白部分，如图 4-3 所示。

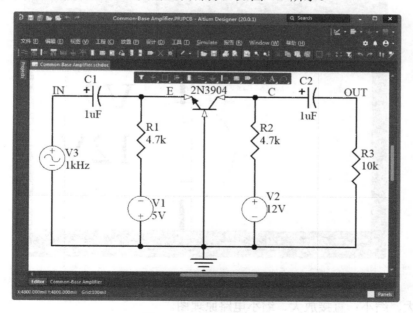

图 4-3 显示全部元器件

（3）区域：将指定的区域放大至整个窗口。启动该命令后，选中某个区域，这个区域就是指定要放大的区域，如图 4-4 所示。

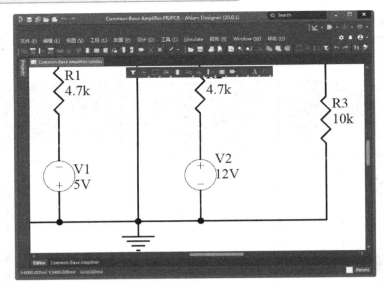

图 4-4　指定区域的放大

（4）点周围：以光标为中心。在使用该命令时，要先选择一个区域，单击定义区域中心，然后移动光标展开需要放大的区域，之后单击即可完成该区域的放大。"点周围"命令与"区域"命令的作用相似。

（5）选中的对象：选中的元器件。单击选中某个元器件后，使用该命令可以使显示画面的中心转移至该元器件，如图 4-5 所示。

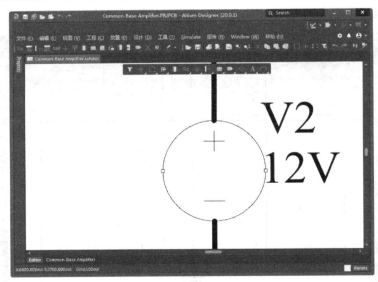

图 4-5　执行"选中的对象"命令后的显示状态

（6）放大、缩小：直接放大、缩小电路原理图。

（7）上一次缩放：直接显示上一次缩放的显示状态。

（8）全屏：全屏显示。执行该命令后整张电路原理图会全屏显示。

4.2　项目编译

项目编译就是在设计的电路原理图中检查电气规则错误。电气规则检查就是查看电路原理图的电气特性是否一致，电气参数的设置是否合理。

4.2.1　项目编译参数设置

项目编译参数设置包括 Error Reporting（错误检查报告）、Connection Matrix（连接矩阵）、Comparator（比较器）、ECO Generation（生成 ECO 文件）等。

打开任意一个 PCB 项目文件，这里以 Common-Base Amplifier.PRJPCB 文件为例。

依次选择菜单栏中的"工程"→"工程选项"命令，打开项目管理选项对话框，如图 4-6 所示。

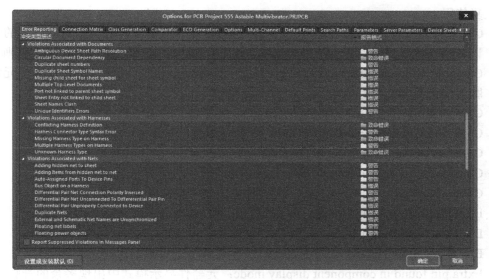

图 4-6　项目管理选项对话框

1．Error Reporting 选项卡

（1）Violations Associated with Buses（与总线相关的违例）栏。

- Bus indices out of range：总线编号索引超出定义范围。总线和总线分支线协同实现电气连接，如果定义总线的网络标签为 D[0…7]，则当存在 D8 及 D8 以上的总线分支线时将违反该规则。
- Bus range syntax errors：用户能够以放置网络标签的方式对总线进行命名。当总线命名存在语法错误时将违反该规则。例如，当定义总线的网络标签为 D[0…]时将违反该规则。
- Illegal bus definition：连接到总线的元器件类型不正确。
- Illegal bus range values：与总线相关的网络标签索引出现负值。
- Mismatched bus label ordering：当同一总线的分支线属于不同网络时，这些网络对总线分支线的编号顺序不正确，即没有按同一方向递增或递减。
- Mismatched bus widths：总线编号范围不匹配。

- Mismatched Bus-Section index ordering：总线分组索引的排序方式错误，即没有按同一方向递增或递减。

- Mismatched Bus/Wire object in Wire/Bus：总线上放置了与总线不匹配的对象。

- Mismatched electrical types on bus：总线上电气类型错误。总线上不能定义电气类型，否则将违反该规则。

- Mismatched Generics on bus（First Index）：总线范围值的首位错误。总线首位应与总线分支线的首位对应，否则将违反该规则。

- Mismatched Generics on bus（Second Index）：总线范围值的末位错误。

- Mixed generic and numeric bus labeling：与同一总线相连的不同网络标识符类型错误，有的网络采用数字编号，而其他网络采用字符编号。

（2）Violations Associated with Components（与元器件相关的违例）栏。

- Component Implementations with duplicate pins usage：电路原理图中元器件的管脚被重复使用。

- Component Implementations with invalid pin mappings：元器件管脚与对应封装的管脚标识符不一致。元器件管脚应与管脚的封装一一对应，当不匹配时将违反该规则。

- Component Implementations with missing pins in sequence：按序列放置的多个元器件管脚丢失了某些管脚。

- Component revision has inapplicable state：元器件版本有不适用的状态。

- Component revision has Out of Date：元器件版本已过期。

- Components containing duplicate sub-parts：元器件中包含重复的子元器件。

- Components with duplicate Implementations：重复实现同一个元器件。

- Components with duplicate pins：元器件中出现了重复管脚。

- Duplicate Component Models：重复定义元器件模型。

- Duplicate Part Designators：元器件中存在重复的组件标号。

- Errors in Component Model Parameters：元器件模型参数错误。

- Extra pin found in component display mode：元器件显示模式中出现多余的管脚。

- Mismatched hidden pin connections：隐藏管脚的电气连接存在错误。

- Mismatched pin visibility：管脚的可视性与用户的设置不匹配。

- Missing Component Model editor：元器件模型编辑器丢失。

- Missing Component Model Parameters：元器件模型参数丢失。

- Missing Component Models：元器件模型丢失。

- Missing Component Models in Model Files：元器件模型在所属库文件中找不到。

- Missing pin found in component display mode：在元器件的显示模式中缺少某一管脚。

- Models Found in Different Model Locations：元器件模型在另一路径（非指定路径）中找到。

- Sheet Symbol with duplicate entries：电路原理图符号中出现了重复的端口。为避免违反该规则，建议用户在进行层次电路原理图设计时，在单张层次电路原理图上以网络标签的形式建立电气连接，而不同的层次电路原理图间以端口形式建立电气连接。

- Un-Designated parts requiring annotation：未被标号的元器件需要分开标号。

- Unused sub-part in component：集成元器件的某一部分在电路原理图中未被使用。通常对未被使用的部分采用管脚空的方法，即不进行任何电气连接。

（3）Violations Associated with Documents（与文档关联的违例）栏。

- Ambiguous Device Sheet Path Resolution：设备图纸路径分辨率不明确。
- Circular Document Dependency：循环文档相关性。
- Duplicate sheet numbers：电路原理图编号重复。
- Duplicate Sheet Symbol Names：电路原理图符号命名重复。
- Missing child sheet for sheet symbol：项目中缺少与电路原理图符号相对应的子电路原理图文件。
- Multiple Top-Level Documents：定义了多个顶层文档。
- Port not linked to parent sheet symbol：子原理图电路与主电路原理图电路中的端口之间的电气连接错误。
- Sheet Entry not linked to child sheet：电路端口与子原理图间存在电气连接错误。
- Sheet Name Clash：图纸名称冲突。
- Unique Identifiers Errors：唯一标识符错误。

（4）Violations Associated with Harnesses（与线束关联的违例）栏。

- Conflicting Harness Definition：线束冲突定义。
- Harness Connector Type Syntax Error：线束连接器类型语法错误。
- Missing Harness Type on Harness：线束上丢失线束类型。
- Multiple Harness Types on Harness：线束上有多个线束类型。
- Unknown Harness Types：未知线束类型。

（5）Violations Associated with Nets（与网络关联的违例）栏。

- Adding hidden net to sheet：电路原理图中出现隐藏的网络。
- Adding Items from hidden net to net：从隐藏网络添加子项到已有网络中。
- Auto-Assigned Ports To Device Pins：自动分配端口到器件管脚。
- Bus Object on a Harness：线束上的总线对象。
- Differential Pair Net Connection Polarity Inversed：差分对网络连接极性反转。
- Differential Pair Net Unconnected To Differential Pair Pin：差动对网与差动对管脚不连接。
- Differential Pair Unproperly Connected to Device：差分对与设备连接不正确。
- Duplicate Nets：电路原理图中出现了重复的网络。
- Floating net labels：电路原理图中出现不固定的网络标签。
- Floating power objects：电路原理图中出现了不固定的电源符号。
- Global Power-Object scope changes：与端口元器件相连的全局电源对象已不能连接到全局电源网络，只能更改为局部电源网络。
- Harness Object on a Bus：总线上的线束对象。
- Harness Object on a Wire：连线上的线束对象。
- Missing Negative Net in Differential Pair：差分对中缺失负网。
- Missing Positive Net in Differential Pair：差分对中缺失正网
- Net Parameters with no name：存在未命名的网络参数。

- Net Parameters with no value：网络参数没有赋值。
- Nets containing floating input pins：网络中包含悬空的输入管脚。
- Nets containing multiple similar objects：网络中包含多个相似对象。
- Nets with multiple names：网络中存在多重命名。
- Nets with no driving source：网络中没有驱动源。
- Nets with only one pin：存在只包含单个管脚的网络。
- Nets with possible connection problems：网络中可能存在连接问题。
- Same Nets used in Multiple Differential Pair：多个差分对中使用相同的网络。
- Sheets Containing duplicate ports：电路原理图中包含重复端口。
- Signals with multiple drivers：信号存在多个驱动源。
- Signals with no driver：电路原理图中的信号没有驱动。
- Signals with no load：电路原理图中存在无负载的信号。
- Unconnected objects in net：网络中存在未连接的对象。
- Unconnected wires：电路原理图中存在未连接的导线。

（6）Violations Associated with Others（其他相关违例）栏。

- Fail to add alternate item：未能添加替代项。
- Incorrect link in project variant：项目变体中的链接不正确。
- Object not completely within sheet boundaries：对象超出了电路原理图的边界，可以通过改变图纸尺寸来解决。
- Off-grid object：对象偏离格点位置将违反该规则。使元器件处在格点的位置有利于元器件电气连接特性的完成。

（7）Violations Associated with Parameters（与参数相关的违例）栏。

- Same parameter containing different types：参数相同而类型不同。
- Same parameter containing different values：参数相同而值不同。

对于每一种错误都可以设置相应的报告类型，并采用不同的颜色。单击其后的按钮，弹出错误报告类型的下拉列表。一般采用默认设置，不需要对错误报告类型进行修改。

单击 设置成安装默认(D) 按钮，可以恢复系统的默认设置。

2．Connection Matrix 选项卡

在项目管理选项对话框中，单击 Connection Matrix 选项，弹出 Connection Matrix 选项卡，如图 4-7 所示。

Connection Matrix 选项卡显示的是各种管脚、端口、图纸入口之间的连接状态，以及错误类型的严格性。电路连接检测矩阵给出了电路原理图中不同类型的连接点及是否被允许的图表描述。例如：

（1）如果横坐标和纵坐标交叉点为红色，那么当横坐标代表的管脚和纵坐标代表的管脚相连接时，将出现 Fatal Error 信息。

（2）如果横坐标和纵坐标交叉点为橙色，那么当横坐标代表的管脚和纵坐标代表的管脚相连接时，将出现 Error 信息。

（3）如果横坐标和纵坐标交叉点为黄色，那么当横坐标代表的管脚和纵坐标代表的管脚相连接时，将出现 Warning 信息。

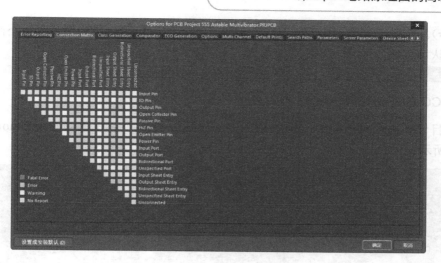

图 4-7　Connection Matrix 选项卡

（4）如果横坐标和纵坐标交叉点为绿色，那么当横坐标代表的管脚和纵坐标代表的管脚相连接时，将不出现错误或警告信息。

对于各种连接的错误等级，用户可以自行设置，单击相应连接交叉点处的颜色方块，通过颜色方块的设置即可设置错误等级。一般采用默认设置，不需要对错误等级进行设置。

单击　设置成安装默认 (D)　按钮，可以恢复系统的默认设置。

3．Comparator 选项卡

在项目管理选项对话框中，单击 Comparator 选项，弹出 Comparator 选项卡，如图 4-8 所示。

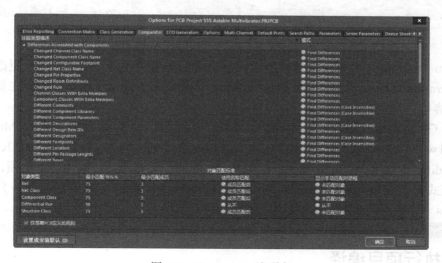

图 4-8　Comparator 选项卡

Comparator 选项卡用于设置当一个项目被编译时给出文件之间的不同和忽略彼此的不同。比较器的对照类型描述有四大类：与元器件有关的差别（Differences Associated with Components）、与网络有关的差别（Differences Associated with Nets）、与参数有关的差别（Differences Associated with Parameters）、与对象有关的差别（Differences Associated with

Parameters）。在每一大类中有若干具体的选项，对不同项目的设置可能会有所不同，但是一般采用默认设置。

单击 设置成安装默认 (D) 按钮，可以恢复系统的默认设置。

4．ECO Generation 选项卡

在项目管理选项对话框中，单击 ECO Generation 选项，弹出 ECO Generation 选项卡，如图 4-9 所示。

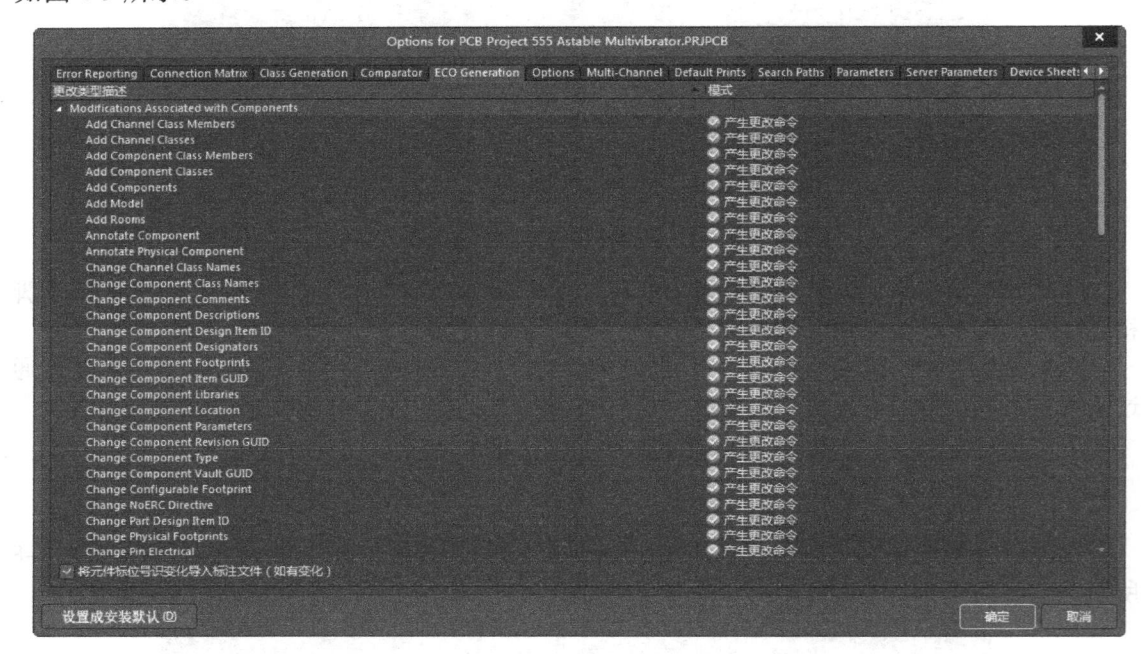

图 4-9　ECO Generation 选项卡

Altium Designer 20 系统在比较器中找出电路原理图的不同，当执行电气更改命令后，ECO Generation 选项卡显示更改类型详细说明。该选项卡主要用于电路原理图在更新时显示更新的内容与之前文件的不同。

ECO Generation 选项卡中的修改类型有三大类：与元器件有关的（Modifications Associated with Components）、与网络有关的（Modifications Associated with Nets）、与参数有关的（Modifications Associated with Parameters）。在每一大类中，又包含若干选项，可以通过 Mode（模式）列表框的下拉列表中的 Generate Change Orders（产生更改命令）或 Ignore Differences（忽略不同）对每项进行设置。

单击 设置成安装默认 (D) 按钮，可以恢复系统的默认设置。

4.2.2　执行项目编译

以上参数设置完成后，就可以对项目进行编译了，这里还以 Common-Base Amplifier. PRJPCB 项目为例。

正确的电路原理图如图 4-10 所示。

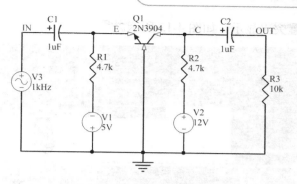

图 4-10　正确的电路原理图

如果在设计电路原理图时，Q1 与 C1、R1 没有连接，如图 4-11 所示，这时就可以通过项目编译来找出这个错误。

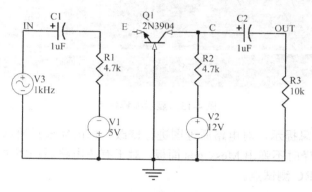

图 4-11　错误的电路原理图

下面介绍执行项目编译的步骤。

（1）依次选择菜单栏中的"工程"→"Compile PCB Project Common-Base Amplifier.PRJPCB"（编译项目文件），对项目进行编译。

（2）编译完成后，系统弹出 Messages（信息）面板，如图 4-12 所示。

图 4-12　Messages（信息）面板

如果电路原理图的绘制正确，将不弹出 Messages 面板。

（3）双击出错的信息，在"细节"选项组中显示了与错误有关的电路原理图信息，同时在电路原理图出错位置突出显示，如图 4-13 所示。

图 4-13　显示编译错误

（4）根据出错信息提示，对电路原理图进行修改，修改完成后再次编译，直到没有错误信息出现为止，即编译时不弹出 Messages 面板。对于有些电路原理图中不需要进行检查的节点，可以放置忽略 ERC 测试点。

4.3　报表

Altium Designer 20 具有丰富的报表功能，用户可以利用该功能方便地生成各种类型的报表。

4.3.1　网络报表

网络报表是电路原理图的精髓，是电路原理图和 PCB 连接的桥梁。网络报表指的是彼此连接在一起的一组元器件管脚。一张电路原理图实际上是由若干网络组成的。网络报表是电路板自动布线的灵魂，没有网络报表，就没有电路板的自动布线。网络表报也是电路原理图设计软件与 PCB 设计软件之间的接口。网络报表包含两部分信息：元器件信息和网络连接信息。

Altium Designer 20 中的 Protel 网络报表有两种：一种是对单个电路原理图文件的网络报表；另一种是对整个项目的网络报表。

下面通过实例介绍生成网络报表的具体步骤。

1. 设置网络报表选项

在生成网络报表之前，首先需要设置网络报表选项。

（1）打开 PCB 项目 Common-Base Amplifier.PRJPCB 中的电路原理图文件，依次选择菜单栏中的"工程"→"工程选项"命令，打开项目管理选项对话框。

（2）单击 Options（选项）选项，弹出 Options 选项卡，如图 4-14 所示。

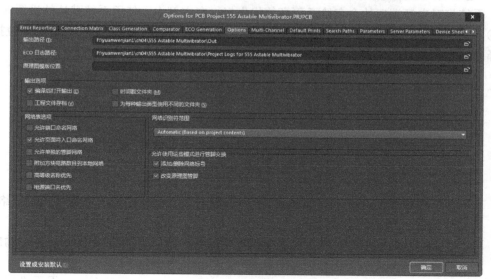

图 4-14　Options 选项卡

在 Options 选项卡中可以对网络报表的相关选项进行设置。

① 输出路径：用于设置各种报表的输出路径。系统默认的输出路径是系统在当前项目文档所在文件夹内创建的。在本例中，路径为 D:\My Documents\yuanwenjian\ 5\Common-Base Amplifier\Output（本书中所有使用的源文件均放置在光盘目录下），单击右边的 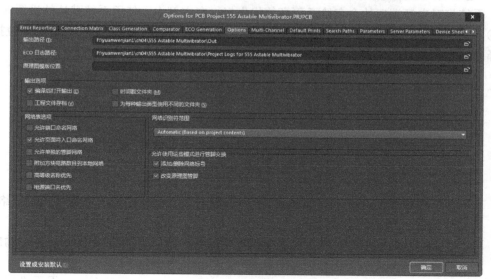 按钮，用户可以自行设置路径。

② ECO 日志路径：用于设置 ECO 文件的输出路径。在本例中，路径为 D:\My Documents\yuanwenjian\5\Common-Base Amplifier\Project Logs for Common-Base Amplifier。单击右边的 按钮，用户可以自行设置路径。

③ "输出选项"选项组：用于设置网络报表的输出选项，一般保持默认设置即可。

④ "网络表选项"选项组：用于设置生成网络报表的条件。

- "允许端口命名网络"复选框：用于设置是否允许用系统产生的网络名称代替与电路输入/输出端口相关联的网络名称。如果设计的项目只是普通的电路原理图文件，不包含层次关系，可勾选该复选框。

- "允许页面符入口命名网络"复选框：用于设置是否允许用系统生成的网络名称代替与图纸入口相关联的网络名称，系统默认勾选该复选框。

- "允许单独的管脚网络"复选框：用于设置在生成网络报表时，是否允许系统自动将图纸号添加到各个网络名称中。当一个项目中包含多个电路原理图文档时，勾选该复选框，便于查找错误。

- "附加方块电路数目到本地网络"复选框：用于设置在生成网络报表时，是否允许系统自动将图纸号添加到各个网络名称中。当一个项目中包含多个电路原理图文档时，勾选该复选框，便于查找错误。

- "高等级名称优先"复选框：用于设置在生成网络报表时的排序优先权。勾选该复选框，系统将以名称对应结构层次的高低决定优先权。

- "电源端口名优先"复选框：用于设置在生成网络报表时的排序优先权。勾选该复选框，系统将对电源端口的命名给予更高的优先权。在本例中，使用系统默认的设置即可。

⑤ "网络识别符范围"选项组：用于设置网络标识的认定范围。单击右边的下拉按钮可以选择网络标识的认定范围，有 5 个选项可供选择，如图 4-15 所示。

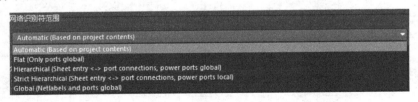

图 4-15　网络标识的认定范围菜单

- Automatic（Based on project contents）：用于设置系统自动在当前项目内认定网络标识。在一般情况下默认采用该选项。
- Flat（Only ports global）：用于设置使工程中的各个图纸之间直接用全局输入/输出端口来建立连接关系。
- Hierarchical（Sheet entry ＜ — ＞ port connections,power ports global）：用于设置在层次电路原理图中，通过方块电路符号内的输入/输出端口与子原理图中的输入/输出端口建立连接关系。
- Strict Hierarchical（Sheet entry ＜ — ＞ port connections,power ports local）：用于设置在详细的层次电路原理图中,通过方块电路符号内的输入/输出端口与子原理图中的输入/输出端口、局部电源端口建立连接关系。
- Global（Netlabels and ports global）：用于设置工程中各个文档之间用全局网络标号与全局输入/输出建立连接关系。

2．生成网络报表

（1）单个电路原理图文件的网络报表的生成。

在 Common-Base Amplifier.PRJPCB 项目中，只有一个电路原理图文件 Common-Base Amplifier.schdoc，此时只需要生成单个电路原理图文件的网络报表即可。

打开电路原理图文件，设置好网络报表选项后，依次选择菜单栏中的"设计"→"文件的网络表"命令，系统弹出网络报表格式选择菜单，如图 4-16 所示。在 Altium Designer 20 中，针对不同的设计项目，可以创建多种网络报表文件。这些网络报表文件不但可以在 Altium Designer 20 系统中使用，还可以被其他 EDA 设计软件调用。

在网络报表格式选择菜单中，选择"Protel"（生成电路原理图网络报表）命令，系统自动生成当前电路原理图文件的网络报表文件，并存放在当前"Projects"面板中的 Generated 文件夹中，单击 Generated 文件夹前面的下拉按钮，双击打开网络报表文件，如图 4-17 所示。

图 4-16　网络报表格式选择菜单

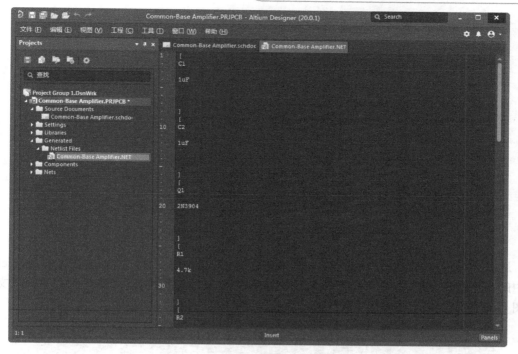

图 4-17　单个电路原理图文件的网络报表

网络报表是一种简单的 ASCII 码文本文件，共包含两部分信息：一部分是元器件信息，另一部分是网络连接信息。

元器件信息由若干小段组成，每一个元器件的信息为一小段，用方括号隔开，空行由系统自动生成，如图 4-18 所示。

网络连接信息同样由若干小段组成，每一个网络的信息为一小段，用圆括号隔开，如图 4-19 所示。

图 4-18　一个元器件的信息　　　　　　　图 4-19　一个网络的信息

从网络报表中可以看出元器件是否重名、是否缺少封装信息等问题。

（2）整个项目网络报表的生成。

对于一些比较复杂的电路系统，通常采用层次电路原理图进行设计，一个项目中往往会包含多个电路原理图文件。下面以 Common-Base Amplifier.PRJPCB 项目为例，介绍如何生成整个项目的网络报表。

打开 Common-Base Amplifier.PRJPCB 项目中的任一电路原理图文件，设置好网络报表选项后，依次选择菜单栏中的"设计"→"工程的网络表"命令，系统弹出网络报表格式选择菜单，如图 4-20 所示。

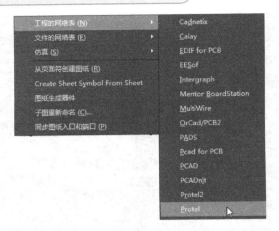

图 4-20　网络报表格式选择菜单

选择"Protel"命令，系统自动生成当前项目的网络报表文件，并存放在当前 Projects 面板中的 Generated 文件夹中，单击 Generated 文件夹前面的下拉按钮，双击打开网络报表文件，如图 4-21 所示。

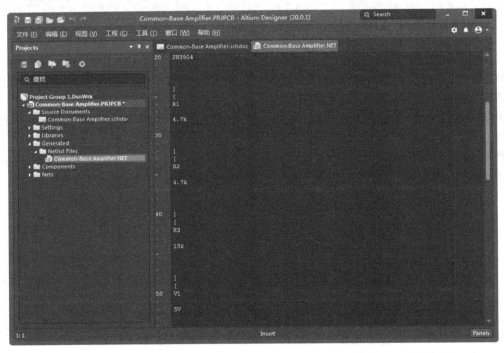

图 4-21　整个项目的网络报表

4.3.2　元器件报表

元器件报表主要用来列出当前项目中用到的所有元器件的信息，相当于一份元器件采购清单。用户可以在元器件报表中查看项目中用到的元器件的详细信息。在制作电路板时，元器件报表还可以作为采购元器件的参考。

下面仍以项目 Common-Base Amplifier.PRJPCB 为例，介绍生成元器件报表的步骤。

1．设置元器件报表选项

（1）打开项目 Common-Base Amplifier.PRJPCB 中的电路原理图文件 Common-Base Amplifier.schdoc。

（2）依次选择菜单栏中的"报告"→"Bill of Materials"（材料清单）命令，系统弹出元器件报表对话框，如图 4-22 所示。

在元器件报表对话框中，可以对创建的元器件报表进行设置。

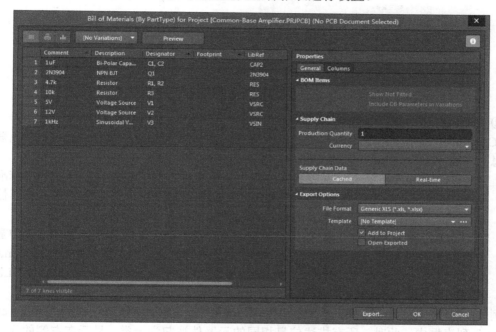

图 4-22 元器件报表对话框

① "General"（通用）选项卡。

"General"选项卡一般用于设置常用参数，部分选项功能如下。

- "File Format"（文件格式）下拉列表：用于为元器件报表设置文件输出格式。单击右侧的▼按钮，可以选择不同的文件输出格式，如 CVS、Excel、PDF、html、文本、XML 等格式。

- "Add to Project"（添加到项目）复选框：若勾选该复选框，则系统在创建了元器件报表之后会将该报表直接添加到项目中。

- "Open Exported"（打开输出报表）复选框：若勾选该复选框，则系统在创建了元器件报表之后会自动以相应的格式打开该报表。

- "Template"（模板）下拉列表：用于为元器件报表设置显示模板。单击右侧的▼按钮，可以使用曾经用过的模板文件，也可以单击 ⋯ 按钮重新选择显示模板。在"E:\Program Files\AD20\Template"目录下，选择系统自带的元器件报表模板文件"BOM Default Template.XLT"，如图 4-23 所示。

单击 打开@ 按钮，返回元器件报表对话框，单击 OK 按钮，退出元器件报表对话框。

图 4-23 选择系统自带的元器件报表模板文件

②"Columns"（纵队）选项卡。

"Columns"选项卡用于列出系统提供的所有元器件属性信息，如 Description（元器件描述信息）、Component Kind（元器件种类）等，部分选项功能如下。

- "Drag a column to group"（将列拖到组中）列表框：用于设置元器件的归类标准。如果将"Columns"列表框中的某一属性信息拖到该列表框中，则系统将以该属性信息为标准，对元器件进行归类，显示在元器件报表中。
- "Columns"列表框：单击 ⊙ 按钮，对相关信息进行显示，即将在元器件报表中显示需要查看的有用信息。在图 4-22 中，使用了系统的默认设置，即只勾选了"Comment"（注释）、"Description"（描述）、"Designator"（指示符）、"Footprint"（封装）、"LibRef"（库编号）和"Quantity"（数量）6 个复选框。

例如，勾选"Columns"列表框中的"Description"复选框，将该选项拖到"Drag a column to group"列表框中。此时，所有描述信息相同的元器件被归为一类，显示在右侧的元器件列表中，如图 4-24 所示。

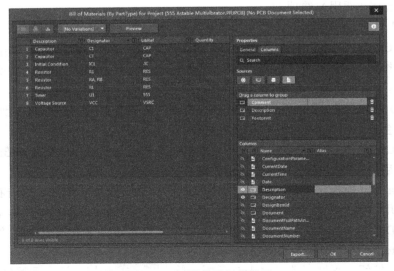

图 4-24 元器件的归类显示

另外，在右侧元器件列表的各栏中，都有一个下拉按钮，单击该按钮，同样可以设置元器件列表的显示内容。

例如，单击元器件列表中"Description"栏的下拉按钮，会弹出如图 4-25 所示的"Description"下拉列表。

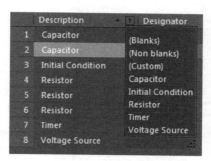

图 4-25　"Description"下拉列表

在"Description"下拉列表中，既可以选择"Custom"（定制方式显示）选项，也可以选择只具有某一具体描述信息的元器件。例如，若选择了"Capacitor"（电容）选项，则相应的元器件列表对话框如图 4-26 所示。

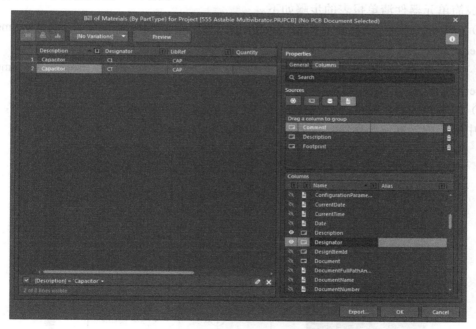

图 4-26　Capacitor 元器件列表对话框

2．生成元器件报表

单击"Export"（输出）按钮，可以对该报表进行保存，默认文件名称为"Common-Base Amplifier.xls"，单击 保存(S) 按钮，进行保存，如图 4-27 所示。

用户还可以根据需要生成其他文件格式的元器件报表，只需要在元器件报表对话框中进行相关设置即可，这里不做详细介绍。

图 4-27　保存元器件报表

4.3.3　简单元器件清单报表

Altium Designer 20 还为用户提供了推荐的简单元器件清单报表，不需要设置即可使用。生成简单元器件清单报表的步骤如下。

（1）打开项目文件 Common-Base Amplifier.PRJPCB 中的电路原理图文件 Common-Base Amplifier.schdoc。

（2）依次选择菜单栏中的"工程"→"Compile PCB Project Common-Base Amplifier.PRJPCB"命令，对项目进行编译。

（3）编译完成后，系统在 Project 面板中自动添加"Components""Net"选项组，显示工程文件中所有的元器件与网络，如图 4-28 所示。

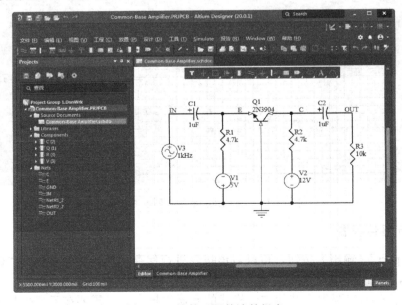

图 4-28　简单元器件清单报表

4.3.4 测量对象距离

Altium Designer 20 还为用户提供了测量电路原理图中两对象间距信息的功能。

测量电路原理图中两对象间距信息的步骤如下。

（1）打开项目文件 Common-Base Amplifier.PRJPCB 中的电路原理图文件 Common-Base Amplifier.schdoc。

（2）依次选择菜单栏中的"报告"→"测量距离"命令，显示浮动十字光标，分别选择图 4-29 中的点 A、点 B，弹出"Information"对话框，显示点 A 与点 B 的间距，如图 4-30 所示。

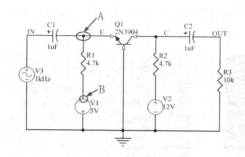

图 4-29 显示测量点

图 4-30 "Information"对话框

4.3.5 端口引用参考表

Altium Designer 20 可以为电路原理图中的输入/输出端口添加端口引用参考表。端口引用参考是直接添加在电路原理图端口上的，用于指出该端口在何处被引用。

生成端口引用参考表的步骤如下。

（1）打开项目文件 Common-Base Amplifier.PRJPCB 中的电路原理图文件 Common-Base Amplifier.schdoc。

（2）对该项目进行项目编译后，依次选择菜单栏中的"报告"→"端口交叉参考"命令，出现如图 4-31 所示的"端口交叉参考"子菜单。

图 4-31 "端口交叉参考"子菜单

① 添加到图纸：向当前电路原理图中添加端口引用参考。

② 添加到工程：向整个项目中添加端口引用参考。

③ 从图纸移除：从当前电路原理图中删除端口引用参考。

④ 从工程中移除：从整个项目中删除端口引用参考。

（3）选择"添加到图纸"命令，在当前电路原理图中为所有端口添加端口引用参考。

若依次选择菜单栏中的"报告"→"端口交叉参考"→"从图纸移除"/"从工程中移除"命令，则在当前电路原理图或整个项目中，端口引用参考被删除。

4.4 输出任务配置文件

在 Altium Designer 20 中，对于各种报表文件，可以采用前面介绍的方法逐个生成并输出，

5555441555555555555511111

也可以直接利用系统提供的输出任务配置文件功能来输出，即只需要进行一次设置就可以完成所有报表（如网络报表、元器件交叉引用报表、简单元器件清单报表等）文件的输出。

下面介绍文件打印输出、创建输出任务配置文件的方法和步骤。

4.4.1 文件打印输出

为方便电路原理图的浏览，经常需要将电路原理图打印到图纸上。Altium Designer 20 提供了直接将电路原理图打印输出的功能。

在打印之前首先进行页面设置。依次选择菜单栏中的"文件"→"页面设置"命令，弹出"Schematic Print Properties"（电路原理图打印属性）对话框，如图 4-32 所示。单击"打印设置"按钮，弹出打印机设置对话框，如图 4-33 所示。对打印机进行设置，设置、预览完成后，单击"打印"按钮打印电路原理图。

图 4-32 "Schematic Print Properties"（电路原理图打印属性）对话框

图 4-33 打印机设置对话框

此外，依次选择菜单栏中的"文件"→"打印"命令，或者单击"原理图标准"工具栏中的 ▣（打印）按钮，也可以实现打印电路原理图的功能。

4.4.2 创建输出任务配置文件

在利用输出任务配置文件批量生成报表文件之前，必须先创建输出任务配置文件，具体步骤如下。

（1）打开项目文件 Common-Base Amplifier.PRJPCB 中的电路原理图文件 Common-Base Amplifier.schdoc。

（2）依次选择菜单栏中的"文件"→"新的"→"Output Job Files"命令，或者在 Projects（工程）面板中单击"Projects"按钮，弹出菜单，依次选择"添加新的…到工程"→"Output Job Files"命令，弹出一个默认名为"Job1.OutJob"的输出任务配置文件。依次选择菜单栏中的"文件"→"另存为"命令，保存该文件，并将其命名为"Common-Base Amplifier.OutJob"，如图 4-34 所示。

在 Common-Base Amplifier.OutJob 文件中，按照输出数据类型将输出文件分为以下 9 类。

① Netlist Outputs：表示网络报表输出文件。

② Simulation Outputs：表示电路各种仿真分析报表输出文件。

③ Documentation Outputs：表示电路原理图和 PCB 的打印输出文件。

④ Assembly Outputs：表示 PCB 汇编输出文件。

图 4-34 输出任务配置文件

⑤ Fabrication Outputs：表示与 PCB 有关的加工输出文件。

⑥ Report Outputs：表示各种报表输出文件。

⑦ Validation Outputs：表示生成的各种输出文件。

⑧ Export Outputs：表示各种输出文件。

⑨ PostProcess Outputs：表示各种接线端子加工输出文件。

（3）在任一输出任务配置文件上右击，弹出输出配置环境菜单，如图 4-35 所示。

① 剪切：用于剪切选中的输出文件。

② 复制：用于复制选中的输出文件。

③ 粘贴：用于粘贴剪贴板中的输出文件。

④ 复制：用于在当前位置直接添加一个输出文件。

⑤ 清除：用于删除选中的输出文件。

⑥ 使能所有：启用该选项组下所有的输出文件。

⑦ 失效所有：禁用该选项组下所有的输出文件。

⑧ 使能所选：启用该选项组下选中的输出文件。

⑨ 失效所选：禁用该选项组下选中的输出文件。

⑩ 页面设置：用于进行打印输出的页面设置，该选项只对需要打印的文件有效。

⑪ 配置：用于对输出报表文件进行选项设置。

⑫ 文档选项：对选项组下的文件进行参数设置。

在本例中，选中 Netlist Outputs（网络报表输出文件）栏中的 Protel（生成网络报表）选项的子菜单命令，以及 Report Outputs（报告输出）栏中的 Bill of Materials（材料清单）、

Component Cross Reference（交叉引用报表）、Report Project Hierarchy（工程层次报表）、Simple Output（简单元器件清单报表）、Report Single Pin Nets（管脚网络报表）5 项后面的子菜单命令，如图 4-36 所示。

图 4-35　输出配置环境菜单　　　　图 4-36　Report Outputs（报告输出）快捷菜单

4.5　综合实例——音量控制电路

音量控制电路是所有音响设备必不可少的单元电路。本例设计一个如图 4-37 所示的音量控制电路，并对其进行报表输出操作。

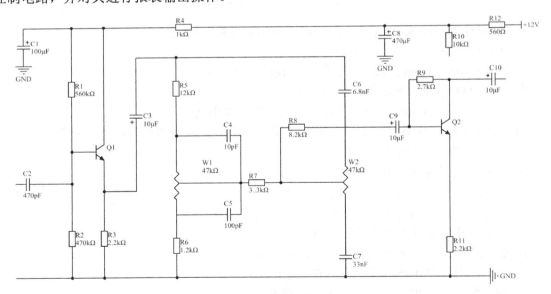

图 4-37　音量控制电路

 绘制步骤

1．新建项目

（1）启动 Altium Designer 20，依次选择菜单栏中的"文件"→"新的"→"项目"命令，弹出"Create Project"（新建工程）对话框，如图 4-38 所示。

（2）在"Create Project"对话框中显示工程文件类型，创建一个 PCB 项目文件"音量控制电路.PRJPCB"。

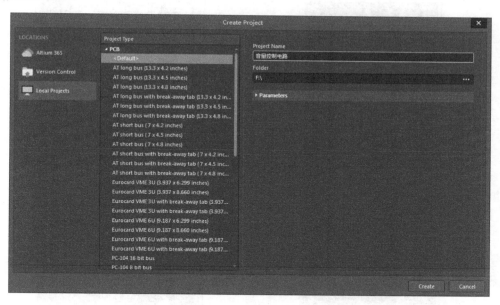

图 4-38 "Create Project"（新建工程）对话框

2．创建和设置电路原理图图纸

（1）在 Projects 面板的"音量控制电路.PrjPcb"项目文件上右击，弹出快捷菜单，依次选择"添加新的…到工程"→"Schematic"命令，新建一个电路原理图文件，并自动切换到电路原理图编辑环境。

（2）依次选择菜单栏中的"文件"→"另存为"命令，将该电路原理图文件另存为"音量控制电路原理图.SchDoc"，保存完成后，Projects 面板中将显示用户设置的名称。

（3）设置电路原理图图纸的属性。打开 Properties 面板，将图纸的尺寸设置为 A4，放置方向设置为 Landscape，图纸标题栏设为 Standard，其他采用默认设置，如图 4-39 所示。

（4）设置图纸的标题栏。打开 Parameters（参数）选项卡，出现标题栏设置选项。在 Address1（地址）选项的 Value（值）栏中输入地址，在 Organization（机构）选项的 Value（值）栏中输入设计机构名称，在 Title（名称）选项的 Value（值）栏中的输入电路原理图的名称，其他选项可以根据需要填写，如图 4-40 所示。

3．元器件的放置和属性设置

（1）激活 Components 面板，在库文件列表中选择名为 Miscellaneous Devices.IntLib 的库文件，在过滤条件文本框中输入关键字"CAP"，筛选出包含该关键字的所有元器件，选择其中名称为"Cap Pol2"的电解电容，如图 4-41 所示。

（2）双击"Cap Pol2"元器件，将光标移动到工作窗口，进入如图 4-42 所示的电解电容放置状态。

（3）按 Tab 键，在弹出的 Properties 面板中修改元器件属性。在 General（通用）选项卡中将 Designator（指示符）设为 C1，单击 Comment（注释）文本框右边的 ■ 按钮将其设为不可见，然后打开 Parameters（参数）选项卡，将 Value（值）改为 100 μF，如图 4-43 所示。

图 4-39　Properties 面板

图 4-40　Parameters（参数）选项卡

图 4-41　选择元器件

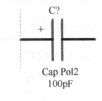

图 4-42　电解电容放置状态

（4）按 Space 键，翻转电容至如图 4-44 所示的角度。

（5）在适当的位置单击即可在电路原理图中放置电容 C1，同时编号为 C2 的电容自动附在光标上，如图 4-45 所示。

图 4-43　设置电解电容 C1 的属性

图 4-44　翻转电容　　　　　　　　　　　　　　　图 4-45　放置电容 C1

（6）设置电容属性。按 Tab 键，修改电容的属性，如图 4-46 所示。

图 4-46　设置电容属性

（7）按 Space 键翻转电容，并在如图 4-47 所示的位置单击放置该电容。

+C1
100μF

C3
10μF

图 4-47　放置电容 C3

本例中有 10 个电容，C1、C3、C8、C9、C10 为电解电容，容量分别为 100μF、10μF、470μF、10μF、10μF；C2、C4、C5、C6、C7 为普通电容，容量分别为 470nF、10nF、100nF、6.8nF、33nF。

（8）参照上面的数据，放置好其他电容，如图 4-48 所示。

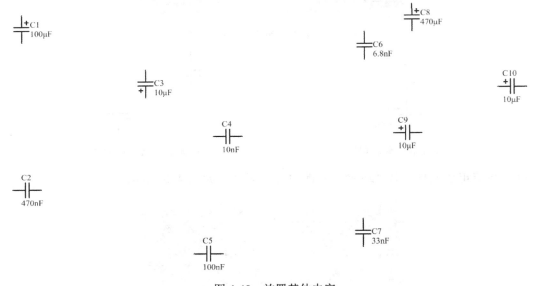

图 4-48　放置其他电容

（9）放置电阻。本例中有 12 个电阻，即 R1～R12，阻值分别为 560kΩ、470kΩ、2.2kΩ、1kΩ、12kΩ、1.2kΩ、3.3kΩ、8.2kΩ、2.7kΩ、10kΩ、2.2kΩ、560Ω。放置电阻与放置电容的操作方法相似，将这些电阻放置在电路原理图中合适的位置，如图 4-49 所示。

（10）采用与放置电容同样的方法选择和放置 2 个电位器，如图 4-50 所示。

（11）采用与放置电容同样的方法选择和放置 2 个三极管 Q1 和 Q2，将它们放置在 C3 和 C9 附近，如图 4-51 所示。

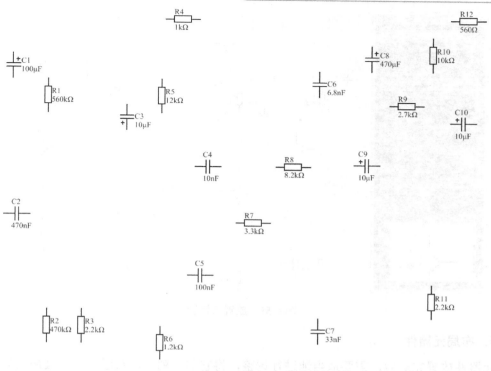

图 4-49 放置电阻

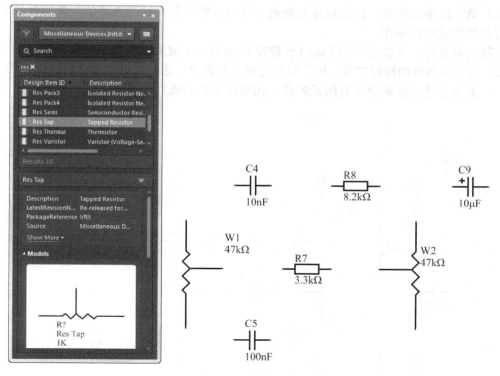

图 4-50 放置电位器

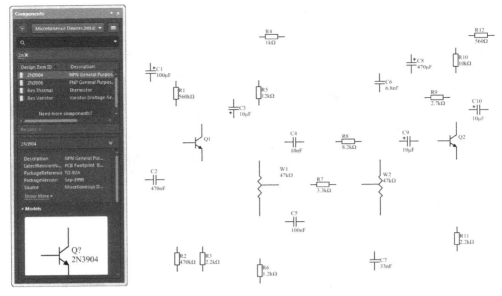

图 4-51   放置三极管

4．布局元器件

元器件放置完成后，需要适当地进行调整，将它们排列在电路原理图中最恰当的位置，这样有助于后续的设计。

（1）单击选中元器件，按住鼠标左键进行拖动。将元器件移至合适的位置后释放鼠标左键即可对其完成移动操作。

在移动对象时，可以通过按 Page Up 键或 Page Down 键来缩放视图，以便观察细节。

（2）选中元器件的标注部分，按住鼠标左键进行拖动，这样可以移动元器件标注的位置。

（3）采用上述方法调整所有的元器件。元器件调整完成后的效果如图 4-52 所示。

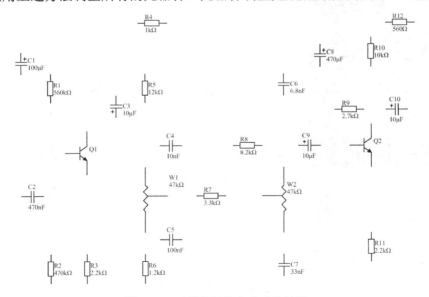

图 4-52   元器件调整完成后的效果

5. 电路原理图连线

（1）单击布线工具栏中的（放置线）按钮，进入导线放置状态，将光标移动到某个元器件的管脚上（如R1），十字形光标的交叉符号变为红色，单击即可确定导线的一个端点。

（2）将光标移动到R2处，再次出现红色交叉符号后单击即可放置一段导线。

（3）采用上述方法放置其他导线，如图4-53所示。

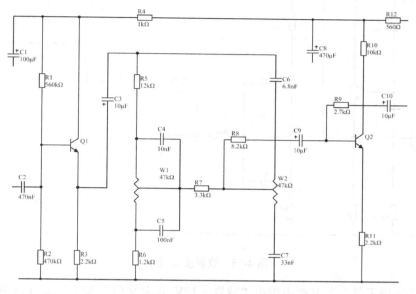

图4-53　放置导线

（4）单击布线工具栏中的（GND端口）按钮，进入接地符号放置状态。按Tab键，在弹出的Properties面板中，将Style（类型）设置为Power Ground（接地），Name（名称）设置为GND，如图4-54所示。

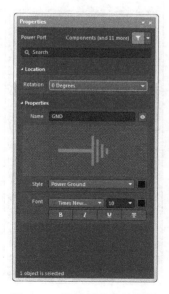

图4-54　设置导线接地属性

（5）移动光标到 C8 下方的管脚处，单击即可放置一个接地符号。

（6）采用上述方法放置其他接地符号，如图 4-55 所示。

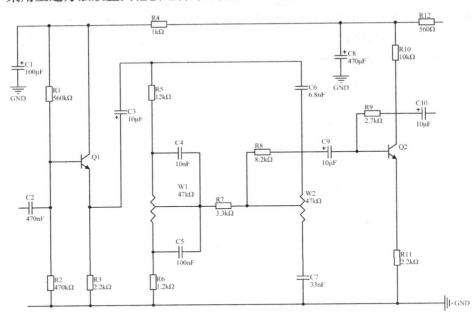

图 4-55　放置接地符号

（7）在"应用工具"工具栏中单击"放置＋12V 电源端口"按钮，按 Tab 键，在弹出的 Properties 面板中，将 Style（类型）设置为 Bar，Name（名称）设置为＋12V，如图 4-56 所示。

（8）在电路原理图中放置电源并检查和整理连接导线。布线完成后的电路原理图如图 4-57 所示。

图 4-56　设置电源端口属性

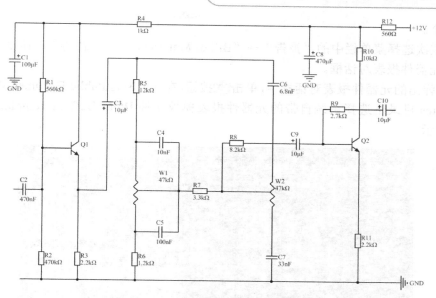

图 4-57　布线完成后的电路原理图

6. 报表输出

（1）依次选择菜单栏中的"设计"→"工程的网络表"→"Protel"命令，系统会自动生成当前项目的网络报表文件"音量控制电路原理图.NET"，并存放在当前项目的 Generated\Netlist Files 文件夹中。双击打开"音量控制电路原理图.NET"，如图 4-58 所示。该网络报表文件是一种简单的 ASCII 码文本文件，由多行文本组成，所含信息分为两部分，一部分是元器件信息，另一部分是网络信息。系统会自动生成当前电路原理图的网络报表文件。

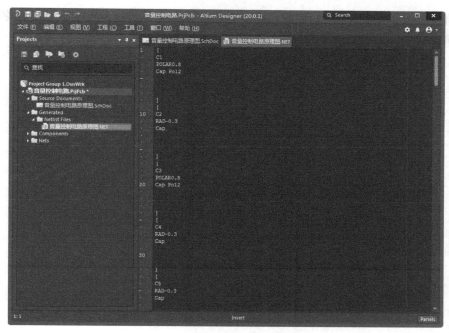

图 4-58　打开电路原理图的网络报表文件

（2）在只有一张电路原理图的情况下，其网络报表与上述基于整张电路原理图的网络报表是同一个。

（3）依次选择菜单栏中的"报告"→"Bill of Materials"（元器件清单）命令，系统将弹出相应的元器件报表对话框。

（4）在弹出的元器件报表对话框中，单击■■■按钮，在 X:\Users\Public\Documents\Altium\AD 20\Templates 目录下选择系统自带的元器件报表模板文件 BOM Default Template.XLT，如图 4-59 所示。

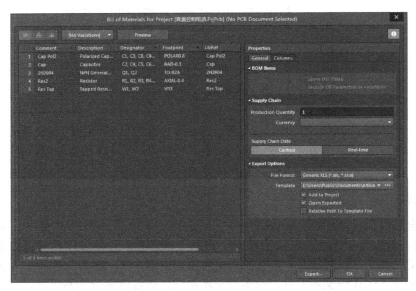

图 4-59　设置元器件报表

（5）单击"Export"（输出）按钮，可以对当前报表文件进行保存（默认文件名称为"音量控制电路.xls"），并打开该报表文件，如图 4-60 所示。

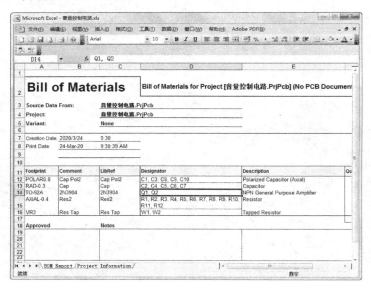

图 4-60　打开"音量控制电路.xls"

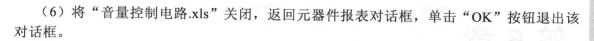

（6）将"音量控制电路.xls"关闭，返回元器件报表对话框，单击"OK"按钮退出该对话框。

7．编译并保存项目

（1）依次选择菜单栏中的"工程"→"Compile PCB Projects"（编译 PCB 项目）命令，系统将自动生成信息报告，并在 Messages（信息）面板中进行显示，如图 4-61 所示。项目完成效果如图 4-62 所示。本例没有出现任何错误信息，表明电气检查通过。

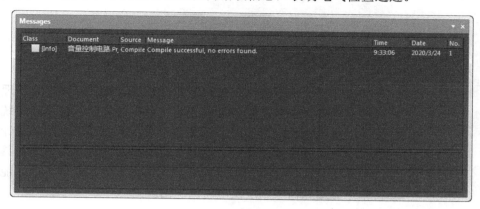

图 4-61　Messages（信息）面板

（2）保存项目。至此，完成了音量控制电路原理图的设计。

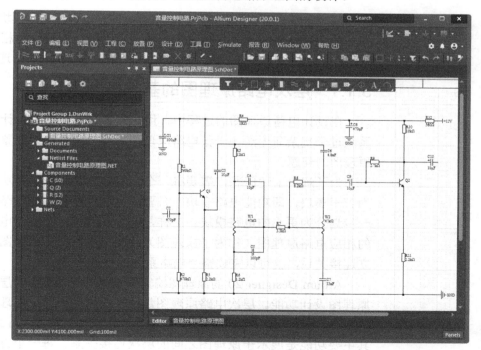

图 4-62　项目完成效果

第 5 章

层次电路原理图的设计

前面介绍了在一张电路原理图图纸上绘制一般电路原理图的方法，这种方法只适用于规模较小、逻辑结构比较简单的系统电路设计。当电路比较复杂时，就需要采用层次电路原理图来设计，即将整个电路系统按功能划分成若干功能模块，每一个模块都具有相对独立的功能，在不同的电路原理图图纸上分别绘制各个功能模块。本章介绍如何绘制层次电路原理图。

5.1　层次电路原理图概述

层次电路原理图的设计理念是将实际的总体电路进行模块划分，划分的原则是每一个电路模块都应该有明确的功能特征和相对独立的结构，还应该有简单、统一的接口，以方便各模块之间的连接。

5.1.1　层次电路原理图的基本概念

在设计电路原理图的过程中，用户常常会遇到由于设计的电路系统过于复杂而无法在一张电路原理图图纸上完整地绘制整个电路原理图的问题。

为了解决上述问题，需要将一个完整的电路系统按照功能划分为若干模块，即功能电路模块。必要时，还可以将功能电路模块进一步划分为更小的电路模块。这样，就可以将每一个功能电路模块的相应电路原理图（称为子原理图）绘制出来。在子原理图之间建立连接关系，就可以完成整个电路系统的设计。

Altium Designer 20 的原理图编辑器提供了一种强大的层次电路原理图设计功能。层次电路原理图是由顶层原理图和子原理图构成的。顶层原理图由方块电路符号、方块电路 I/O 端口符号及导线构成，其主要功能是展示子原理图之间的层次连接关系。每一个方块电路符号代表一张子原理图；方块电路 I/O 端口符号表示子原理图之间的端口连接关系；导线用来将代表子原理图的方块电路符号组成

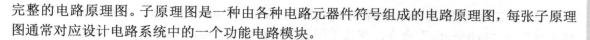

完整的电路原理图。子原理图是一种由各种电路元器件符号组成的电路原理图，每张子原理图通常对应设计电路系统中的一个功能电路模块。

5.1.2 层次电路原理图的基本结构

Altium Designer 20 提供的层次电路原理图设计功能非常强大，能够实现多层次电路原理图的设计。用户可以将一个完整的电路系统按照功能划分为若干模块，每一个功能电路模块又可以进一步划分为更小的电路模块，这样依次细分下去，就可以将整个电路系统划分成多层。

二级层次电路原理图的基本结构图如图 5-1 所示。

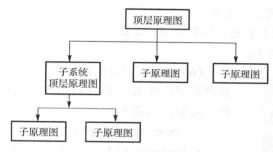

图 5-1　二级层次电路原理图的基本结构图

5.2 层次电路原理图的设计方法

层次电路原理图设计的具体实现方法有两种：一种是自上而下的设计方法；另一种是自下而上的设计方法。

自上而下的设计方法是在绘制电路原理图之前，要求设计者了解本次设计的电路系统的整体结构框架，并将整个电路系统分成多个模块，确定每个模块的设计内容，同时对每个模块进行详细的设计。在 C 语言中，这种设计方法是自顶向下，逐步细化的。自上而下的设计方法要求设计者在绘制原理图之前就对系统有比较深入的了解，对电路的模块划分比较清楚。

自下而上的设计方法要求设计者先绘制子原理图，然后根据子原理图生成页面符，进而生成顶层原理图，最后完成整个电路系统的设计。自下而上的设计方法适用于对整个设计过程不太熟悉的用户，是一种适合初学者的设计方法。

5.2.1 自上而下的层次电路原理图的设计

本节以"基于通用串行数据总线 USB 的数据采集系统"的电路设计为例，详细介绍自上而下的层次电路原理图的具体设计过程。

采用自上而下的设计方法，先将实际的总体电路按照电路模块的划分原则划分为 4 个电路模块，即 CPU 模块和三路传感器模块 Sensor1、Sensor2、Sensor3，然后绘制出层次电路原理图中的顶层原理图，之后分别绘制出每个电路模块的具体子原理图。

自上而下绘制层次电路原理图的操作步骤如下。

（1）启动 Altium Designer 20，依次选择菜单栏中的"文件"→"新的"→"项目"命令，在 Projects（工程）面板中出现了新建的工程文件，将其另存为"USB 采集系统.PrjPcb"。

（2）在工程文件"USB 采集系统.PrjPcb"上右击，弹出快捷菜单，依次选择"添加新的到工程"→"Schematic"命令，在该工程文件中新建一个电路原理图文件，并将其另存为"Mother.SchDoc"，同时完成电路原理图图纸相关参数的设置。

（3）依次选择菜单栏中的"放置"→"页面符"命令，或者单击布线工具栏中的 ▦（放置页面符）按钮，光标将变为十字形，并带有一个页面符标志。

（4）移动光标到需要放置页面符的地方，单击确定页面符的一个顶点，移动光标到合适的位置，再一次单击确定页面符的对角顶点，这样就可以完成一个页面符的放置。

此时放置的页面符并没有具体意义，需要对其进行进一步设置，包括其标识符所表示的子原理图文件及一些相关的参数等。

（5）此时，系统仍处于放置页面符状态，重复上一步操作放置其他页面符，右击或按 Esc 键即可退出放置页面符状态。

图 5-2　Properties（属性）面板

（6）设置页面符的属性。双击需要设置属性的页面符或在放置页面符状态时按 Tab 键，系统将弹出相应的 Properties（属性）面板，如图 5-2 所示。

① Properties（属性）选项组。

- Designator（标志）：用于设置页面符的名称，这里输入 Modulator（调制器）。
- File Name（文件名）：用于显示该页面符所代表的子原理图文件名。
- Bus Text Style（总线文本类型）：用于设置线束连接器中文本显示类型。单击后面的下拉按钮，有 Full（全程）、Prefix（前缀）2 个选项可供选择。
- Line Style（线宽）：用于设置页面符边框的宽度，有 Smallest、Small、Medium 和 Large 4 个选项可供选择。
- Fill Color（填充颜色）复选框：若勾选该复选框，则页面符内部被填充；否则，页面符是透明的。

② Source（资源）选项组。

- File Name（文件名）：用于设置该页面符所代表的子原理图文件名，这里输入 Modulator.SchDoc（调制器电路）。

③ Sheet Entries（图纸入口）选项组。

在该选项组中可以添加、删除和编辑页面符与其余元器件连接的图纸入口。在该选项组下添加图纸入口与单击工具栏中的"添加图纸入口"按钮实现的功能相同。

单击"Add"按钮，在如图 5-2 所示的面板中自动添加图纸入口，如图 5-3 所示。

- Times New Roman, 10：用于设置页面符文字的字体类型、字体大小、字体颜色，以及为字体设置加粗、斜体、下画线、横线等效果，如图 5-4 所示。
- Other（其他）：用于设置页面符中图纸入口的电气类型、边框的颜色和填充颜色。单击后面的颜色块可以对图纸入口的颜色进行设置，如图 5-5 所示。

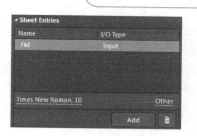

图 5-3　Sheet Entries（图纸入口）选项组

图 5-4　文字设置

图 5-5　图纸入口的颜色设置

④ Parameters（参数）选项卡。

单击图 5-6 中的 Parameters（参数）选项，打开 Parameters（参数）选项卡，在该选项卡中可以添加、删除和编辑页面符的图纸符号的标注文字，单击"Add"（添加）按钮添加相关参数，如图 5-7 所示。

图 5-6　Parameters（参数）选项卡

图 5-7　设置参数属性

在如图 5-7 所示的界面中可以设置标注文字的名称、值、位置、颜色、字体、定位及类型等。单击 按钮，显示"Value"，单击 按钮，显示"Name"。

按照上述方法放置另外 3 个页面符 U-Sensor2、U-Sensor3 和 U-Cpu，并设置好它们的相应属性，设置好的 4 个页面符如图 5-8 所示。

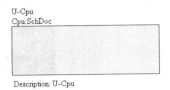

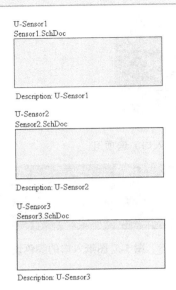

图 5-8　设置好的 4 个页面符

放置好页面符后，下一步需要放置图纸入口。图纸入口是页面符代表的子原理图之间所传输的信号在电气上的连接通道，应放置在页面符边缘的内侧。

（7）依次选择菜单栏中的"放置"→"添加图纸入口"命令，或者单击布线工具栏中的 ▷ （放置图纸入口）按钮，光标将变为十字形。

（8）移动光标到页面符内部，在放置图纸入口的位置单击会出现一个随光标移动的图纸入口，但其只能在页面符内部的边框上移动，在适当的位置再次单击即可完成图纸入口的放置。此时，系统仍处于放置图纸入口状态，继续放置其他图纸入口，右击或按 Esc 键即可退出放置图纸入口状态。

图 5-9　Properties（属性）面板

（9）设置图纸入口的属性。根据层次电路原理图的设计要求，在顶层原理图中，每一个页面符上的所有图纸入口都应该与其所代表的子原理图上的每个电路输入/输出端口相对应，包括端口名称及端口形式等，因此，需要对图纸入口的属性进行设置。双击需要设置属性的图纸入口或在放置图纸入口状态下按 Tab 键，系统将弹出相应的 Properties（属性）面板，如图 5-9 所示。

- Name（名称）：用于设置图纸入口名称。这是图纸入口重要的属性之一，具有相同名称的图纸入口在电气上是连通的。
- I/O Type（输入/输出端口的类型）：用于设置图纸入口的电气特性，为电气规则检查提供一定的依据。有 Unspecified（未指明或不确定）、Output（输出）、Input（输入）和 Bidirectional（双向型）4 种类型，如图 5-10 所示。
- Harness Type（线束类型）：用于设置线束的类型。
- Font（字体）：用于设置端口名称的字体类型、字体大小、字体颜色，以及为字体设置加粗、斜体、下画线、横线等效果。

- Border Color（边界颜色）：用于设置端口边界的颜色。
- Fill Color（填充颜色）：用于设置端口内的填充颜色。
- Kind（类型）：用于设置图纸入口的箭头类型。单击后面的下拉按钮，有 4 个选项可供选择，如图 5-11 所示。

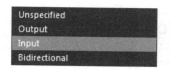

图 5-10 输入/输出端口的类型　　　　图 5-11 箭头类型

图纸入口属性设置完毕后，按 Enter 键确认。

（10）按照上述方法将其他所有的图纸入口都放置在合适的位置，并完成它们的属性设置。

（11）使用导线或总线将每一个页面符上的相应图纸入口连接起来，并放置好接地符号，完成顶层原理图的绘制，如图 5-12 所示。

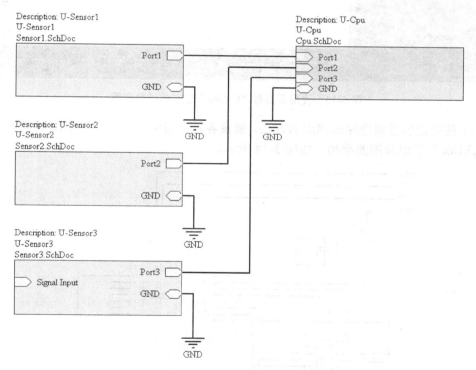

图 5-12 绘制完成的顶层原理图

根据顶层原理图中的页面符，将与之对应的子原理图分别绘制出来，这个过程就是使用页面符来建立子原理图的过程。

（12）依次选择菜单栏中的"设计"→"从页面符创建图纸"命令，光标变为十字形。移动光标到页面符"U-Cpu"内部并单击，系统会生成一个新的电路原理图文件，名称为"Cpu.SchDoc"，与相应的页面符所代表的子原理图文件名称一致，如图 5-13 所示。从图 5-13 中可以看到，在该电路原理图中已经自动放置好了与 4 个图纸入口方向一致的输入/输出端口。

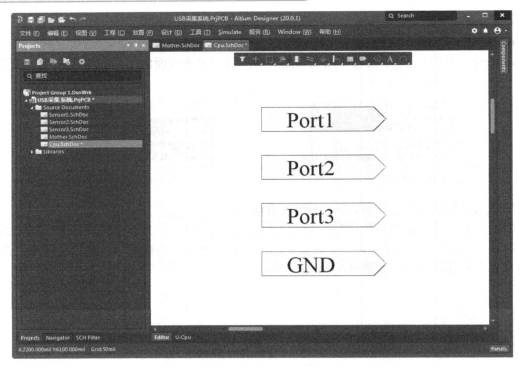

图 5-13　使用页面符"U-Cpu"建立的子原理图

（13）使用绘制普通电路原理图的方法，放置各种所需的元器件，并进行电气连接，完成"Cpu.SchDoc"子原理图的绘制，如图 5-14 所示。

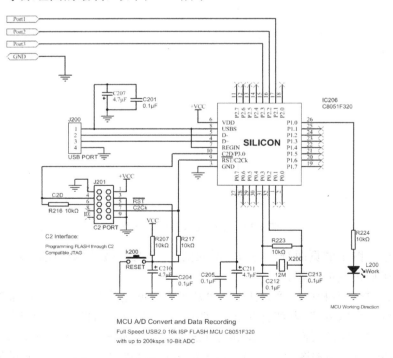

图 5-14　绘制完成的子原理图"Cpu.SchDoc"

130

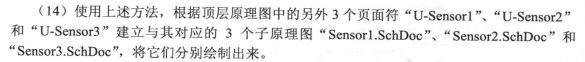
（14）使用上述方法，根据顶层原理图中的另外 3 个页面符"U-Sensor1"、"U-Sensor2"和"U-Sensor3"建立与其对应的 3 个子原理图"Sensor1.SchDoc"、"Sensor2.SchDoc"和"Sensor3.SchDoc"，将它们分别绘制出来。

至此，采用自上而下的设计方法，完成了整个 USB 数据采集系统电路原理图的绘制。

5.2.2 自下而上的层次电路原理图的设计

对于一个功能明确、结构清晰的电路系统来说，采用层次电路原理图，使用自上而下的设计方法进行设计，能够清晰地表达出设计者的设计理念。但在某些情况下，特别是在电路的模块化设计过程中，不同电路模块的不同组合会形成功能完全不同的电路系统，用户可以根据自己的具体设计需要，选择若干已有的电路模块，组合产生一个符合设计要求的完整电路系统。此时，该电路系统可以使用自下而上的设计方法来完成。

下面仍以"基于通用串行数据总线 USB 的数据采集系统"电路设计为例，介绍自下而上的层次电路原理图的具体设计过程。自下而上绘制层次电路原理图的操作步骤如下。

（1）启动 Altium Designer 20，新建工程文件。依次选择菜单栏中的"文件"→"新的"→"项目"命令，在 Projects（工程）面板中显示新建的工程文件，将其另存为"USB 采集系统.PrjPcb"。

（2）新建电路原理图文件作为子原理图。在工程文件"USB 采集系统.PrjPcb"上右击，弹出快捷菜单，依次选择"添加新的到工程"→"Schematic"命令，在该工程文件中新建电路原理图文件，并将其另存为"Cpu.SchDoc"，同时完成电路原理图图纸相关参数的设置。采用同样的方法建立电路原理图文件"Sensor1.SchDoc"、"Sensor2.SchDoc"和"Sensor3.SchDoc"。

（3）绘制各子原理图。根据每个模块的具体功能要求，绘制各子原理图。例如，CPU 模块主要完成主机与采集的传感器信号之间的 USB 接口通信，这里使用带有 USB 接口的单片机"C8051F320"来完成。三路传感器模块 Sensor1、Sensor2、Sensor3 主要完成对三路传感器信号的放大和调制，前面已有介绍，具体绘制过程不再赘述。

（4）放置各子原理图中的输入/输出端口。子原理图中的输入/输出端口是子原理图与顶层原理图之间进行电气连接的重要通道，应该根据具体设计要求进行放置。

例如，在子原理图"Cpu.SchDoc"中，三路传感器信号分别通过单片机 P2 口的 3 个管脚 P2.1、P2.2、P2.3 输入单片机，因为这 3 个管脚是子原理图"Cpu.SchDoc"与其他 3 张子原理图之间的信号传递通道，所以在这 3 个管脚处放置了 3 个输入端口，名称分别为"Port1"、"Port2"和"Port3"。此外，还放置了 1 个共同的接地端口"GND"。放置的输入/输出端口电路原理图"Cpu.SchDoc"与图 5-13 完全相同。

同样，在子原理图"Sensor1.SchDoc"的信号输出端放置一个输出端口"Port1"，在子原理图"Sensor2.SchDoc"的信号输出端放置一个输出端口"Port2"，在子原理图"Sensor3.SchDoc"的信号输出端放置一个输出端口"Port3"，分别与子原理图"Cpu.SchDoc"中的 3 个输入端口相对应，并且都放置共同的接地端口。移动光标到需要放置页面符的地方，单击确定页面符的一个顶点，移动光标到合适的位置，再次单击确定其对角顶点，这样就可以完成页面符的放置。

放置输入/输出端口的 3 张子原理图"Sensor1.SchDoc"、"Sensor2.SchDoc"和"Sensor3.SchDoc"，分别如图 5-15、图 5-16 和图 5-17 所示。

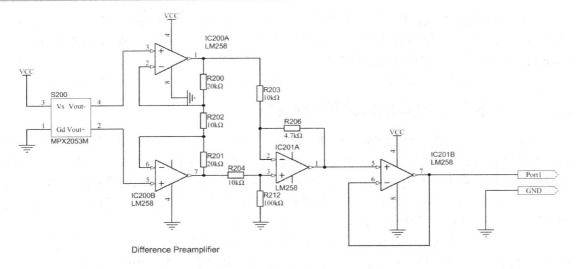

图 5-15　子原理图"Sensor1.SchDoc"

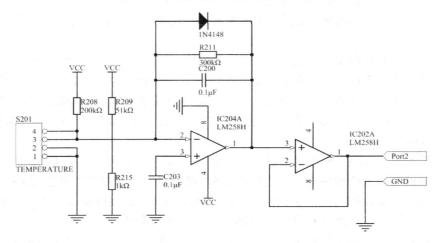

图 5-16　子原理图"Sensor2.SchDoc"

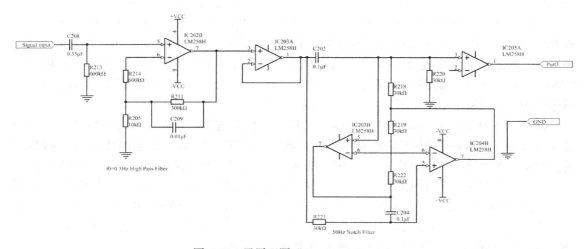

图 5-17　子原理图"Sensor3.SchDoc"

（5）在工程文件"USB 采集系统.PrjPcb"中新建一个电路原理图文件"Mother1.PrjPcb"，以方便顶层原理图的绘制。

（6）打开电路原理图文件"Mother1.PrjPcb"，依次选择菜单栏中的"设计"→"Create Sheet Symbol From Sheet"命令，系统弹出如图 5-18 所示的"Choose Document to Place"（选择文件放置）对话框。在该对话框中，列出了同一工程中除当前电路原理图外的所有电路原理图文件，用户可以选择其中的任何一张电路原理图来建立页面符。例如，这里选中"Cpu.SchDoc"，单击"OK"按钮关闭该对话框。

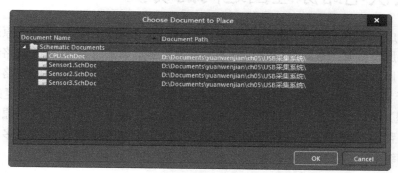

图 5-18 "Choose Document to Place"（选择文件放置）对话框

（7）此时光标变成十字形，并带有一个页面符的虚影，选择合适位置将该页面符放置在顶层原理图中，如图 5-19 所示。该页面符的标识符为"U_Cpu"，边缘已经放置了 4 个电路端口，其方向与相应子原理图中的输入/输出端口方向一致。

（8）按照上述操作方法，子原理图"Sensor1.SchDoc"、"Sensor2.SchDoc"和"Sensor3.SchDoc"可以在顶层原理图中分别建立页面符"U_Sensor1"、"U_Sensor2"和"U_Sensor3"，如图 5-20 所示。

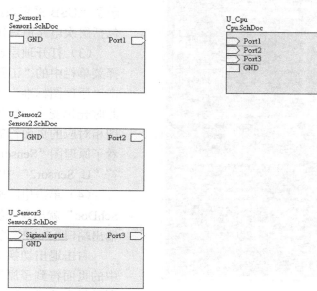

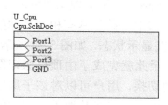

图 5-19 放置"U_Cpu"页面符　　　　图 5-20 建立顶层原理图的页面符

（9）设置页面符和电路端口的属性。由系统自动生成的页面符不一定完全符合设计要求，通常需要对其进行编辑，如页面符的形状和大小、图纸入口的位置要有利于布线连接，图纸入口的属性需要重新设置等。

（10）用导线或总线将页面符通过图纸入口连接起来，并放置接地符号，完成顶层原理图的绘制。

5.3 层次电路原理图之间的切换

在绘制完成的层次电路原理图中，一般都包含一张顶层原理图和多张子原理图。用户在编辑层次电路原理图时，经常需要来回切换查看这些图，以便了解完整的电路结构。层次较少的层次电路原理图的结构简单，直接在 Projects（工程）面板中单击相应电路原理图文件的图标即可进行切换查看。但是包含较多层次的层次电路原理图的结构十分复杂，单纯通过 Projects（工程）面板来切换很容易出错。Altium Designer 20 提供了层次电路原理图切换的专用命令，可以帮助用户在复杂的层次电路原理图之间进行方便的切换，实现多张电路原理图的同步查看和编辑。

5.3.1 由顶层原理图中的页面符切换到相应的子原理图

由顶层原理图中的页面符切换到相应子原理图的操作步骤如下。

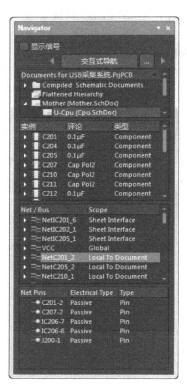

图 5-21　Navigator（导航）面板

（1）打开 Projects（工程）面板，选中工程文件"USB 采集系统.PrjPcb"，依次选择菜单栏中的"工程"→"Compile PCB Project USB 采集系统.PrjPcb"命令，完成对该工程文件的编译。

（2）打开 Navigator（导航）面板，在该面板中显示了"USB 采集系统.PrjPcb"工程文件的编译信息，包括层次电路原理图的层次结构，如图 5-21 所示。

（3）打开顶层原理图"Mother.SchDoc"，依次选择菜单栏中的"工具"→"上/下层次"命令，或者单击"原理图标准"工具栏中的 ▓（上/下层次）按钮，此时光标变为十字形。移动光标到与欲查看的子原理图相对应的页面符的任何一个电路端口上。这里以查看子原理图"Sensor2.SchDoc"为例，将光标放在页面符"U_Sensor2"中的一个电路端口"Port2"上即可。

（4）单击电路端口"Port2"，子原理图"Sensor2.SchDoc"就出现在编辑窗口中，并且具有相同名称的输出端口"Port2"处于高亮显示状态，如图 5-22 所示。

右击退出切换状态，至此就完成了由顶层原理图中的页面符到子原理图的切换，用户可以对该子原理图进行查看或编辑。用上述方法完成其他子原理图的切换。

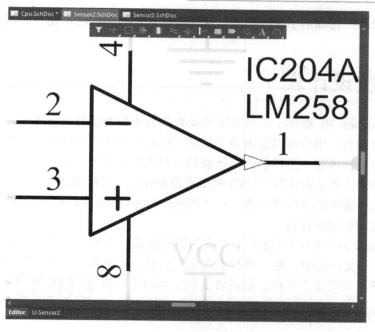

图 5-22 切换到相应子原理图

5.3.2 由子原理图切换到顶层原理图

由子原理图切换到顶层原理图的操作步骤如下。

（1）打开任意一张子原理图，依次选择菜单栏中的"工具"→"上/下层次"命令，或者单击"原理图标准"工具栏中的 （上/下层次）按钮，此时光标变为十字形，移动光标到任意一个输入/输出端口处。这里打开子原理图"Sensor3.SchDoc"，将光标置于接地端口 GND 处，如图 5-23 所示。

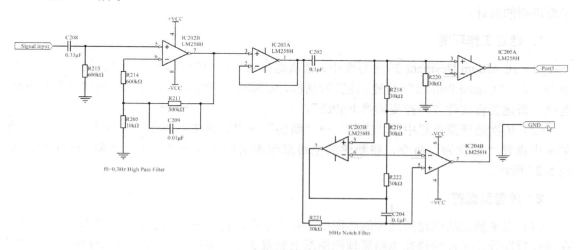

图 5-23 选择子原理图中的任一输入/输出端口

（2）单击接地端口，顶层原理图"Mother.SchDoc"出现在编辑窗口中。并且在代表子原理图"Sensor3.SchDoc"的页面符中，具有相同名称的接地端口"GND"处于高亮显示状态。

右击退出切换状态，完成由子原理图到顶层原理图的切换，此时，用户可以对顶层原理图进行查看或编辑。

5.4 层次设计表

Altium Designer 20 提供了一种层次设计表作为用户查看复杂层次电路原理图的辅助工具。借助层次设计表，用户可以清晰地了解层次电路原理图的层次结构关系，进一步明确层次电路原理图的设计内容。生成层次设计表的主要操作步骤如下。

（1）编译整个工程。对工程"USB 采集系统.PrjPcb"进行编译。

（2）依次选择菜单栏中的"报告"→"Report Project Hierarchy"（工程层次报告）命令，生成有关该工程的层次设计表。

（3）打开 Projects（工程）面板，可以看到该层次设计表被添加在该工程下的"Generated\Text Documents\"文件夹中，是一个与工程文件同名，后缀名为".REP"的文本文件。

（4）双击该层次设计表文件，系统转换到文本编辑器界面，在该界面中可以查看该层次设计表的内容。

5.5 综合实例

下面通过两个实例详细介绍层次电路原理图的设计步骤。

5.5.1 声控变频器层次电路原理图的设计

在层次电路原理图中，表达子原理图之间的原理图称为母图。首先按照不同的功能将层次电路原理图划分为不同的子原理图，并采用特殊的符号和概念来表示各张子原理图之间的关系。本例主要介绍自上而下的层次电路原理图的设计步骤，完成层次电路原理图的母图和子原理图的设计。

1．建立工作环境

（1）在 Altium Designer 20 主界面中，依次选择菜单栏中的"文件"→"新的"→"项目"命令，弹出"Create Project"（新建工程）对话框，选择默认的"Local Projects"选项及"Default"选项，新建工程文件"声控变频器.PrjPcb"。

（2）依次选择菜单栏中的"文件"→"新的"→"原理图"命令。右击并在弹出的快捷菜单中选择"另存为"命令，将新建的电路原理图文件保存为"声控变频器.SchDoc"，如图 5-24 所示。

2．放置页面符

（1）在本例层次电路原理图的母图中，有 2 个页面符，分别代表 2 个子原理图。因此，在进行母图设计之前应该在电路原理图图纸上放置 2 个页面符。依次选择菜单栏中的"放置"→"页面符"命令，或者单击布线工具栏中的 （放置页面符）按钮，光标将变为十字形，并带有一个页面符虚影。在图纸上单击确定页面符的左上角顶点，然后按住鼠标左键不放并将光标移动到合适位置，再次单击确定页面符的右下角顶点，这样就确定了一个页面符。

（2）此时，系统仍然处于放置页面符状态，用上述方法在层次电路原理图中放置另外一个页面符。右击退出绘制页面符状态。

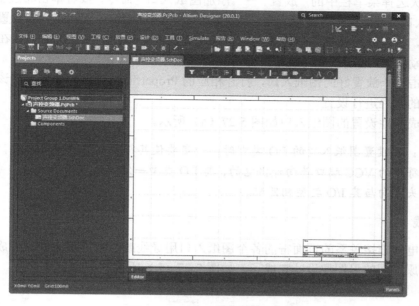

图 5-24 新建电路原理图文件

（3）双击绘制好的页面符，打开页面符属性设置面板，在该面板中可以设置页面符的参数，如图 5-25 所示。

（4）打开 Parameters（参数）选项卡，在该选项卡中单击"Add"按钮可以为页面符添加参数。例如，为页面符添加描述性文字，如图 5-26 所示。

图 5-25 页面符属性设置面板

图 5-26 为页面符添加描述性文字

3．放置图纸入口

（1）依次选择菜单栏中的"放置"→"添加图纸入口"命令，或者单击布线工具栏中的■（添加图纸入口）按钮，光标将变为十字形。移动光标到页面符内部，选择要放置图纸入口的位置并单击，出现一个图纸入口随光标虚影移动而移动（该图纸入口虚影只能在页面符内部的边框上移动），在适当位置再次单击即可完成图纸入口的放置。

（2）双击一个放置好的图纸入口，打开相应的 Properties（属性）面板，在该面板中可以对图纸入口的属性进行设置。

（3）完成属性设置的图纸入口如图 5-27（a）所示。

提示：在设置图纸入口的 I/O 类型时，一定要使其符合电路的实际情况，比如，本例中电源页面符中的 VCC 端口是向外供电的，其 I/O 类型一定要设置为 Output。另外，要使图纸入口的箭头方向与其 I/O 类型相匹配。

4．连线

将具有电气连接关系的页面符的各个图纸入口用导线或总线连接起来。完成连接后，整个层次电路原理图的母图便设计完成了，如图 5-27（b）所示。

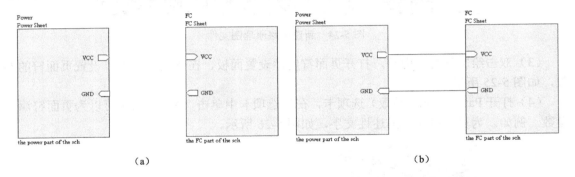

图 5-27　设置图纸入口属性

5．设计子原理图

依次选择菜单栏中的"设计"→"从页面符创建图纸"命令，光标变为十字形。移动光标到页面符 Power 上并单击，系统自动生成一个新的电路原理图文件，名称为 Power Sheet.SchDoc，与相应的页面符所代表的子原理图文件名称一致。

6．加载元器件库

单击 Components 面板中的■按钮，弹出快捷菜单，选择"File-based Libraries Preferences"命令，系统弹出"Available File-based Libraries"对话框，在该对话框中加载需要的元器件库。本例需要加载的元器件库如图 5-28 所示。

7．放置元器件

（1）返回 Components 面板，在其中浏览上述加载的元器件库 ST Power Mgt Voltage Regulator. IntLib，找到所需的 L7809CP 芯片并将其放置在电路原理图图纸上。

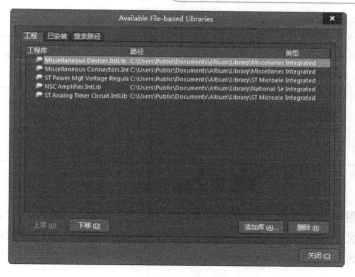

图 5-28　本例需要加载的元器件库

（2）在其他元器件库中找出需要的另外一些元器件，并将它们都放置到电路原理图图纸上，同时对这些元器件进行布局。元器件放置完成的效果如图 5-29 所示。

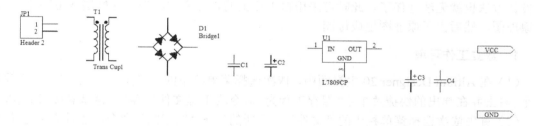

图 5-29　元器件放置完成的效果

8．布线

（1）将输出的电源端接到输入/输出端口 VCC 上，将接地端接到输出端口 GND 上。至此，Power Sheet 子原理图就设计完成了，如图 5-30 所示。

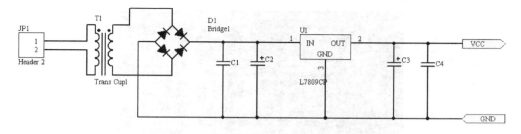

图 5-30　设计完成的 Power Sheet 子原理图

（2）按照上面的步骤完成另外一张子原理图的绘制。设计完成的 FC Sheet 子原理图如图 5-31 所示。

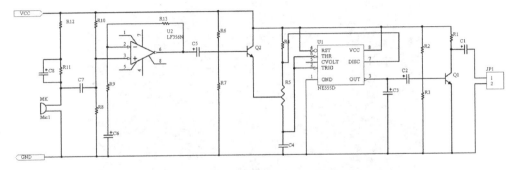

图 5-31 设计完成的 FC Sheet 子原理图

两张子原理图都设计完成后，整个层次电路原理图的设计也就完成了。在本例中，对层次电路原理图的设计采用了自上而下的设计方法。层次电路原理图的分层可以有多个，这样可以使复杂的层次电路原理图更有条理，更加方便阅读。

5.5.2 存储器接口层次电路原理图的设计

本节主要介绍自下而上的层次电路原理图的设计。在层次电路原理图的设计过程中，有时会出现一种事先不能确定端口的情况，这时就不能将整个工程的母图绘制出来，自上而下的设计方法也就无法胜任了。此时可采用自下而上的设计方法，先设计好层次电路原理图的子原理图，然后由子原理图生成母图。

1．建立工作环境

（1）在 Altium Designer 20 主界面中，依次选择菜单栏中的"文件"→"新的"→"项目"命令，右击并在弹出的快捷菜单中"保存工程为"命令将工程文件另存为"存储器接口.PrjPcb"。

（2）首先依次选择菜单栏中的"文件"→"新的"→"原理图"命令，之后依次选择"文件"→"另存为"命令将新建的电路原理图文件另存为"寻址.SchDoc"。

2．加载元器件库

单击 Components 面板中的 ≡ 按钮，弹出快捷菜单，选择"File-based Libraries Preferences"命令，系统弹出"Available File-based Libraries"对话框，可以在该对话框中加载需要的元器件库。本例需要加载的元器件库如图 5-32 所示。

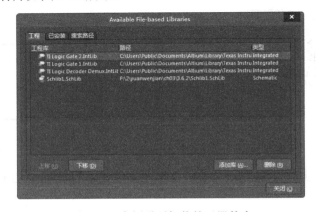

图 5-32 本例需要加载的元器件库

3. 放置元器件

打开 Components 面板，在其中浏览上面加载的元器件库 "TI Logic Decoder Demux. IntLib"，找到所需的译码器 SN74LS138D 并将其放置在电路原理图图纸上。在其他元器件库中找出需要的另外一些元器件，将它们都放置在电路原理图图纸上，同时对这些元器件进行布局。元器件放置完成的效果如图 5-33 所示。

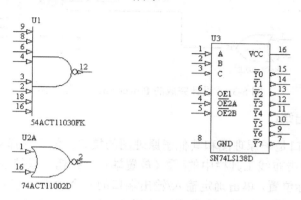

图 5-33　元器件放置完成的效果

4. 布线并放置网络标签

（1）布线，如图 5-34 所示。

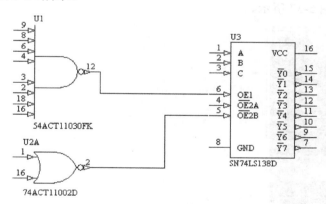

图 5-34　布线

（2）放置网络标签。依次选择菜单栏中的"放置"→"网络标签"命令，或者单击布线工具栏中的 [Net]（放置网络标签）按钮，在需要放置网络标签的管脚上添加正确的网络标签，并添加接地符号和电源符号。将输出的电源端接到输入/输出端口 VCC 上，将接地端接到输出端口 GND 上。至此，Power Sheet 子原理图便设计完成了，如图 5-35 所示。

注意：由于本电路为接口电路，有一部分管脚会接至系统的地址总线和数据总线。因此，本例电路原理图中的网络标签并不是成对出现的。

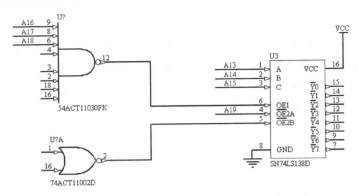

图 5-35　设计完成的 Power Sheet 子原理图

5. 放置输入/输出端口

（1）输入/输出端口是子原理图和其他子原理图的接口。依次选择菜单栏中的"放置"→"端口"命令，或者单击布线工具栏中的 D1 （放置端口）按钮，系统进入放置输入/输出端口状态。移动光标到目标位置，单击确定输入/输出端口的一个顶点，之后移动光标到合适位置，再次单击确定输入/输出端口的另一个顶点，这样就放置了一个输入/输出端口。

（2）双击放置完成的输入/输出端口，打开输入/输出端口属性设置面板，在该面板中可以设置输入/输出端口的名称、I/O 类型等参数，如图 5-36 所示。

（3）使用上述方法放置电路原理图中所有的输入/输出端口，这样就完成了寻址原理图子原理图的设计，如图 5-37 所示。

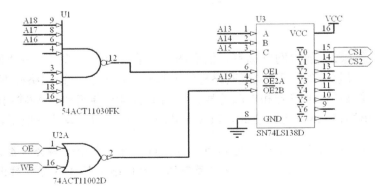

图 5-36　输入/输出端口属性设置面板　　　图 5-37　设计完成的寻址原理图子原理图

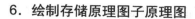
6. 绘制存储原理图子原理图

绘制存储原理图子原理图与绘制寻址原理图子原理图的方法一样。绘制完成的存储原理图子原理图如图 5-38 所示。

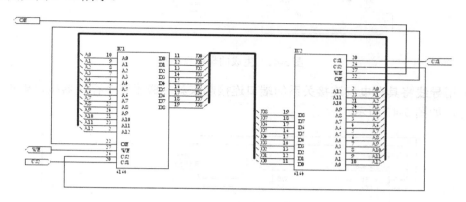

图 5-38 绘制完成的存储原理图子原理图

7. 设计存储器接口电路母图

（1）首先依次选择菜单栏中的"文件"→"新的"→"原理图"命令，然后依次选择菜单栏中的"文件"→"另存为"命令，将新建的电路原理图文件另存为"存储器接口.SchDoc"。

（2）依次选择菜单栏中的"设计"→"Create Sheet Symbol From Sheet"命令，打开"Choose Document to Place"（选择文件位置）对话框，如图 5-39 所示。

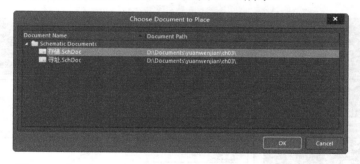

图 5-39 "Choose Document to Place"（选择文件位置）对话框

（3）"Choose Document to Place"对话框中列出了所有的电路原理图子原理图。选择"存储.SchDoc"子原理图，单击"OK"按钮，光标上会出现一个页面符虚影，将光标移动到图纸上的合适位置，单击就可以将该页面符放置在图纸上，如图 5-40 所示。

图 5-40 放置好的页面符

注意：在自上而下的层次电路原理图设计过程中，进行母图向子原理图转换时，不需要新建一个空白电路原理图文件，系统会自动生成一个空白的电路原理图文件。但是在自下而上的层次电路原理图设计过程中，一定要先新建一个电路原理图空白文件才能进行由子原理图向母图的转换。

（4）使用上述方法将"寻址.SchDoc"子原理图生成的页面符放置到图纸中，如图 5-41 所示。

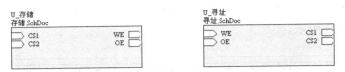

图 5-41　生成的母图页面符

（5）用导线将具有电气连接关系的端口连接起来就完成了整个存储器接口电路原理图母图的设计，如图 5-42 所示。

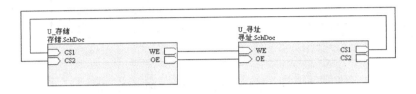

图 5-42　设计完成的存储器接口电路原理图母图

8．显示层次关系

依次选择菜单栏中的"工程"→"存储器接口.PrjPcb"命令，对层次电路原理图进行编译。在 Projects（工程）面板中可以看到层次电路原理图中母图和子原理图的关系，如图 5-43 所示。

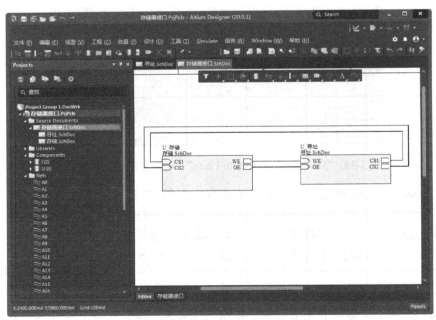

图 5-43　显示层次关系

本例主要介绍了在采用自下而上的设计方法设计层次电路原理图时，从子原理图生成母图的方法。

第 6 章

PCB 的环境设置

6

设计 PCB 是整个工程设计的最终目的。不管电路原理图设计得多完美，如果 PCB 设计得不合理，那么整个电路系统的性能将大打折扣，严重时甚至无法正常工作。制板商要参照用户设计的 PCB 图来进行电路板的生产。由于要满足功能方面的需要，因此 PCB 的设计往往有很多规则要求，如要考虑实际中的散热和干扰等问题。

本章主要介绍 PCB 的设计基础、PCB 编辑环境、使用菜单命令创建 PCB 文件和 PCB 视图操作管理，以使读者全面了解 PCB 的设计。

6.1　PCB 的设计基础

在介绍 PCB 设计之前，首先介绍 PCB 的基础知识，以使用户更好地理解和掌握 PCB 的设计过程。

6.1.1　PCB 的概念

PCB（Printed Circuit Board，印制电路板）是一种以绝缘覆铜板为材料，经印制、腐蚀、钻孔及后处理等工序，在覆铜板上刻蚀出 PCB 图上的导线，将电路中的各种元器件固定并实现各元器件之间的电气连接，以实现某些功能的电路板。随着电子设备的不断发展，PCB 越来越复杂，集成在其上的元器件越来越多，PCB 的功能也越来越强大。

（1）根据导电层数的不同，PCB 可以分为单面板、双面板和多层板 3 种。

① 单面板。单面板只有一面覆铜，另一面用于放置元器件，因此只能利用覆铜的一面设计电路导线并进行元器件的焊接。单面板结构简单，价格便宜，适应于相对简单的电路设计。由于单面板只能单面走线，所以在用于复杂电路时，布线比较困难。

② 双面板。双面板是一种双面都覆铜的电路板，分为顶层（Top Layer）和底层（Bottom Layer）。双面板的两面都可以布线、焊接，中间为绝缘层，元器件通常放置在顶层。由于双面都可用于走线，因此双面板可以设计比较复杂的电路。双面板是目前应用最广泛的 PCB。

③ 多层板。如果在双面板的顶层和底层之间加上其他层，如信号层、电源层或接地层，就可以构成多层板。通常，PCB 包括顶层、底层和中间层，层与层之间是绝缘的，用于隔离布线，每两层之间的连接是通过过孔实现的。一般的电路设计使用双面板和四层板即可满足设计要求，但在较高级的电路设计中或有特殊要求时（如电路对抗高频干扰要求很高），就需要使用六层或六层以上的多层板。多层板制作工艺复杂，层数越多，设计时间越长，成本也越高。但随着电子技术的发展，电子产品越来越小巧、精密，电路板的面积也越来越小，因此多层板的应用也日益广泛。

（2）下面介绍几个 PCB 设计中的常用概念。

① 元器件的封装。

元器件的封装是 PCB 设计中非常重要的概念。元器件的封装就是实际元器件焊接到 PCB 时的焊接位置与焊接形状，包括实际元器件的外形尺寸、空间位置、各管脚之间的间距等。元器件的封装是一个空间的概念，不同的元器件可以有相同的封装，同一种封装也可以用于不同的元器件。因此，在制作 PCB 时必须知道元器件的名称，同时也要知道该元器件的封装形式。

② 过孔。

过孔是用来连接不同板层之间导线的孔。过孔内侧一般由焊锡连通，用于元器件管脚的插入。过孔可分为通孔、盲孔和隐孔 3 种类型。从顶层直接通到底层，贯穿整个 PCB 的过孔称为通孔。只从顶层或底层通到某一层，并没有穿透所有层的过孔称为盲孔。只在中间层之间相互连接，没有穿透底层或顶层的过孔称为隐孔。

③ 焊盘。

焊盘主要用于将元器件管脚焊接固定在 PCB 上，并将管脚与 PCB 上的铜膜导线连接起来，以实现电气连接。通常，焊盘有圆形（Round）、矩形（Rectangle）和正八边形（Octagonal）3 种形状，如图 6-1 所示。

图 6-1　3 种形状的焊盘

④ 铜膜导线和飞线。

铜膜导线是 PCB 上的实际走线，用于连接各元器件的焊盘。铜膜导线不同于 PCB 布线过程中的飞线。飞线又称预拉线，是系统在装入网络报表以后自动生成的不同元器件之间错综交叉的线。

铜膜导线与飞线的本质区别在于铜膜导线具有电气连接特性，而飞线不具有电气连接特性。飞线只是一种形式上的连线，只在形式上表示出各个焊盘之间的连接关系，而不具有实际电气连接意义。

6.1.2　PCB 的设计流程

若要制作一块实际的 PCB，首先要了解 PCB 的设计流程。PCB 的设计流程如图 6-2 所示。

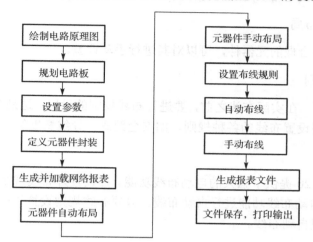

图 6-2　PCB 的设计流程

1．绘制电路原理图

电路原理图是设计 PCB 的基础，此项工作主要在电路原理图的编辑环境中完成。如果电路原理图很简单，也可以不绘制电路原理图而直接设计 PCB 电路。

2．规划电路板

PCB 是一种真实的电路板，其规划内容包括电路板的规格、功能、工作环境等诸多因素。因此在绘制 PCB 之前，用户应该对 PCB 进行总体的规划。具体而言，就是确定 PCB 的物理尺寸、元器件的封装、采用几层板，以及各元器件的摆放位置等。

3．设置参数

设置 PCB 的结构及尺寸、板层参数、过孔的类型、栅格大小等。

4．定义元器件封装

电路原理图绘制完成后，正确加入网络报表，系统会自动为大多数元器件提供封装。但是，对于用户手动设计的元器件或某些特殊元器件，必须由用户手动创建或修改元器件的封装。

5．生成并加载网络报表

网络报表是连接电路原理图与 PCB 之间的桥梁，是电路板自动布线的灵魂。只有在将网络报表装入 PCB 系统后，才能进行电路板的自动布线。在设计好的 PCB 上生成和加载网络报表时，必须保证产生的网络报表没有任何错误，且所有元器件都能够加载到 PCB 中。网络报表加载完成后，系统将产生一个内部的网络报表，形成飞线。

6．元器件自动布局

元器件较多且比较复杂的 PCB 可以采用自动布局方式进行元器件的布局。由于一般元器件自动布局并不规则，有些元器件甚至相互重叠，因此必须手动调整元器件的布局。

元器件布局的合理性会影响布线的质量。若采用单面板设计，如果元器件布局不合理，那么无法完成布线操作。若采用双面板或多层板设计，如果元器件布局不合理，那么在布线时会放置很多过孔，使电路板走线变得很复杂。

7．元器件手动布局

对于自动布局不合理的元器件，可以对其进行手动调整。

8．设置布线规则

当设置好飞线后，在实际布线之前，要进行布线规则的设置，这是 PCB 设计必不可少的一步。在该步用户要设置布线的各种规则，如安全距离、导线宽度等。

9．自动布线

Altium Designer 20 提供了强大的自动布线功能。在设置好布线规则后，可以利用 Altium Designer 20 提供的自动布线功能进行自动布线。只要布线规则设置正确、元器件布局合理，一般都可以成功实现自动布线。

10．手动布线

自动布线有可能因为元器件自动布局而无法完全成功或产生布线冲突，此时就需要进行手动布线加以调整。如果自动布线完全成功，则不需要手动布线。另外，对于一些有特殊要求的 PCB，不能采用自动布线，必须由用户手动布线来完成设计。

11．生成报表文件

当 PCB 的布线完成之后，会生成相应的各种报表文件，如元器件报表清单、电路板信息报表等。这些报表可以帮助用户更好地了解所设计的 PCB 和管理所使用的元器件。

12．文件保存，打印输出

在生成了各种报表文件后，可以对其进行打印输出或保存，PCB 文件和其他报表文件均可打印，以便在日后工作中使用。

6.1.3　PCB 设计的基本原则

PCB 中元器件的布局、走线的质量对其抗干扰能力和稳定性有很大影响，所以在设计 PCB 时应遵循 PCB 设计的基本原则。

1．元器件布局原则

元器件布局不仅影响 PCB 的美观，而且还影响电路的性能。在进行元器件布局时，应注意以下几点。

（1）关键元器件先布局，即先布置关键元器件，如单片机、DSP、存储器等，然后按照地址线和数据线的走向布置其他元器件。

（2）高频元器件管脚引出的导线应尽量短，以减少对其他元器件及电路的影响。

（3）模拟电路模块与数字电路模块分开布置，不要混放在一起。

（4）带强电的元器件与其他元器件的距离应尽量远，并布置在调试不易接触到的地方。

（5）在 PCB 上安装重量较大的元器件时，要加一个支架固定，以防止元器件脱落。

（6）对于一些发热严重的元器件，可以为其加装散热片。

（7）电位器、可变电容等元器件应放置在便于调试的地方。

2．布线原则

在布线时，应遵循以下基本原则。

（1）输入端与输出端的导线应尽量避免平行布线，以免发生反馈耦合。

（2）导线的宽度应尽量宽，通常取 15mil 以上，最小不能小于 10mil。

（3）导线间的最小间距由线间绝缘电阻和击穿电压决定，在条件允许时尽量大一些，一般不能小于 12mil。

（4）微处理器芯片的数据线和地址线尽量平行布线。

（5）在布线时，走线尽量少拐弯，若需要拐弯，一般取 45°走向或圆弧形走向。在高频电路中，拐弯时不能取直角或锐角，以防止高频信号在导线拐弯时发生信号反射。

（6）在条件允许时，尽量使电源线和接地线粗一些。

6.2 PCB 编辑环境

PCB 编辑环境的主菜单与电路原理图编辑环境的主菜单风格类似，不同的是 PCB 编辑环境提供了许多用于 PCB 编辑操作的功能选项。下面详细介绍如何设置 PCB 编辑环境。

6.2.1 启动 PCB 编辑环境

在 Altium Designer 20 中打开一个 PCB 文件后，即可进入 PCB 编辑环境。

依次选择菜单栏中的"文件"→"打开"命令，在弹出的打开 PCB 文件对话框中选择一个 PCB 文件，如图 6-3 所示。

图 6-3　打开 PCB 文件对话框

单击 打开(O) 按钮打开一个 PCB 文件，进入 PCB 编辑环境，如图 6-4 所示。

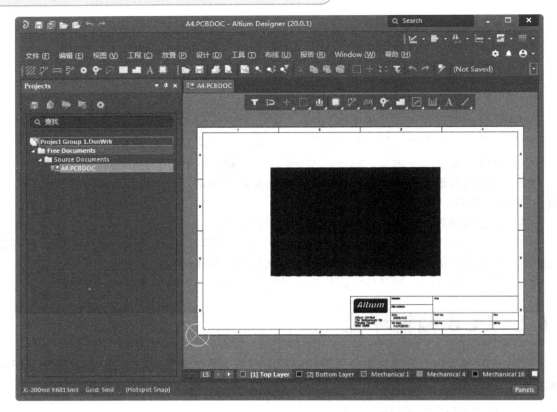

图 6-4　PCB 编辑环境

6.2.2　PCB 编辑环境界面介绍

1. 主菜单

在设计 PCB 的过程中，各项操作都可以通过主菜单中的相应命令来完成，如图 6-5 所示。

图 6-5　PCB 编辑环境中的主菜单

2. PCB 标准工具栏

PCB 编辑环境的标准工具栏如图 6-6 所示，该工具栏为用户提供了一些常用操作的快捷方式。

图 6-6　PCB 标准工具栏

依次选择菜单栏中的"视图"→"工具栏"→"PCB 标准"命令可以打开或关闭 PCB标准工具栏。

3．布线工具栏

布线工具栏主要用于在进行 PCB 布线时，放置各种对象，如图 6-7 所示。

依次选择菜单栏中的"视图"→"工具栏"→"布线"命令可以打开或关闭布线工具栏。

4．应用工具工具栏

应用工具工具栏中包括 6 个按钮，每一个按钮都有一个下拉工具栏，如图 6-8 所示。

图 6-7　布线工具栏

图 6-8　应用工具工具栏

依次选择菜单栏中的"视图"→"工具栏"→"应用工具"命令可以打开或关闭应用工具工具栏。

5．过滤器工具栏

过滤器工具栏可以根据网络、元器件号或元器件属性等过滤参数，使符合条件的对象在编辑区内高亮显示，不符合条件的部分则变暗，如图 6-9 所示。

依次选择菜单栏中的"视图"→"工具栏"→"过滤器"命令可以打开或关闭过滤器工具栏。

6．导航工具栏

导航工具栏主要用于实现不同界面之间的快速切换，如图 6-10 所示。

图 6-9　过滤器工具栏

图 6-10　导航工具栏

依次选择菜单栏中的"视图"→"工具栏"→"导航"命令可以打开或关闭导航工具栏。

7．层次标签

利用层次标签页可以显示不同的层次图纸，如图 6-11 所示。每层的元器件和走线都用不同颜色加以区分，以方便对多层板进行设计。

图 6-11　层次标签

6.2.3　PCB 面板

单击 PCB 编辑区右下角面板控制中心的 Panels 按钮，弹出菜单，选择"PCB"命令，系统弹出 PCB 面板，如图 6-12 所示。

（1）单击 Nets 栏中的下拉按钮，在出现的面板模式选择参数菜单中可以为面板模式选择参数，如图 6-13 所示。若选择前 3 种则进入浏览模式，若选择中间 3 种则进入相应的编辑器。

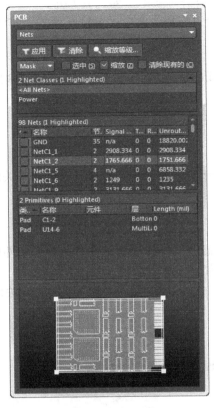

图 6-12　PCB 面板

图 6-13　面板模式选择参数菜单

- "Mask"（屏蔽查询）复选框：若勾选该复选框，则符合参数的对象将高亮显示，其他部分则变暗。过滤掉的对象不能被选择和编辑，该复选框在 From-To 编辑器中不能使用。
- "选中"复选框：若勾选该复选框，则对象在高亮显示的同时被选中。该复选框在 From-To 编辑器中也不能使用。
- "缩放"复选框：该复选框主要用于决定编辑区内的取景是否随着选中的对象区域的大小进行缩放，从而使选中的对象充满整个编辑区。
- "应用"按钮：该按钮用于在更改参数或复选框后，单击刷新显示。
- "清除"按钮：该按钮用于清除选中对象，使其退出高亮显示状态。

最后一栏为取景框栏，取景框栏中的取景框可以随意移动，也可以放大或缩小。取景框栏显示了当前编辑区内的图形在 PCB 上所处的位置。

6.3　使用菜单命令创建 PCB 文件

除了通过 PCB 向导创建 PCB 文件，还可以使用菜单命令创建 PCB 文件。

首先创建一个空白的 PCB 文件，然后设置 PCB 的各项参数。

依次选择菜单栏中的"文件"→"新的"→"PCB"命令，或者依次选择菜单栏中的"工程"→"添加新的到工程"→"PCB"命令，进入 PCB 编辑环境。此时 PCB 文件没有设置参数，用户需要对该文件的各项参数进行设置。

6.3.1 PCB 的板层设置

Altium Designer 20 提供了图层堆栈管理器，可以对各种板层进行设置和管理。在图层堆栈管理器中，可以添加、删除、移动工作层面等。

1．电路板的显示

单击 PCB 编辑环境界面右下角的 Panels 按钮，弹出快捷菜单，选择"View Configuration"（视图配置）命令，打开 View Configuration（视图配置）面板，如图 6-14 所示。在 Layer Sets（层设置）下拉列表中选择 All Layers（所有层）即可看到系统提供的所有层。

也可以在 Layer Sets（层设置）下拉列表中选择 Signal Layers（信号层）、Plane Layers（平面层）、NonSignal Layers（非信号层）和 Mechanical Layers（机械层），分别在电路板中单独显示对应的层。

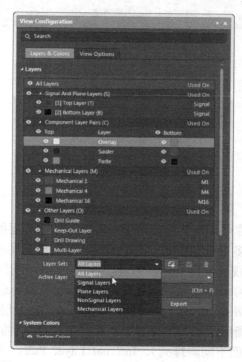

图 6-14　View Configuration（视图配置）面板

2．图层堆栈管理器的应用

（1）依次选择菜单栏中的"设计"→"层叠管理器"命令，系统将打开后缀名为".pcbdoc"的文件，如图 6-15 所示。在后缀名为".pcbdoc"的文件中可以增加层、删除层、移动层所处的位置，以及对各层的属性进行编辑。

（2）在图 6-15 中，显示了当前 PCB 的层结构。系统默认设置为双层板，即只包括 Top Layer

（顶层）和 Bottom Layer（底层）2 层，右击某一层，弹出快捷菜单，用户可以在该快捷菜单中插入、删除或移动新的层，如图 6-16 所示。

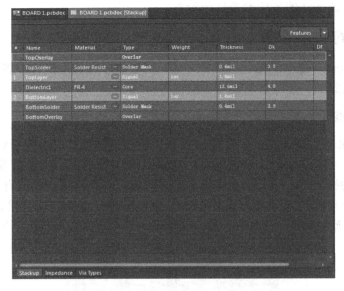

图 6-15　后缀名为 ".pcbdoc" 的文件

图 6-16　快捷菜单

（3）双击某一层的名称可以直接修改该层的属性，如对该层的名称及厚度进行设置。

（4）PCB 的设计中最多可以添加 32 个信号层、26 个电源层和地线层。各层的显示与否可在 View Configuration（视图配置）面板中进行设置，选中各层中的 ◉（显示）按钮即可。

（10）电路板的层叠结构中不仅包括拥有电气特性的信号层，还包括无电气特性的绝缘层。两种典型的绝缘层主要是指 Core（填充）层和 Prepreg（塑料）层。

层的堆叠类型主要是指绝缘层在电路板中的排列顺序。默认的 3 种堆叠类型是 Layer Pairs（Core 层和 Prepreg 层自上而下间隔排列）、Internal Layer Pairs（Prepreg 层和 Core 层自上而下间隔排列）和 Build-up（顶层和底层为 Core 层，中间全部为 Prepreg 层）。改变层的堆叠类型会改变 Core 层和 Prepreg 层在层栈中的分布，只有在信号完整性分析需要使用盲孔或深埋过孔时才需要设置层的堆叠类型。

6.3.2　工作层面颜色的设置

工作层面颜色设置对话框用于设置 PCB 板层的颜色。打开工作层面颜色设置对话框的方式如下。

1. 打开 View Configuration（视图配置）面板

单击 PCB 编辑环境界面右下角的 Panels 按钮，弹出快捷菜单，选择"View Configuration"（视图配置）命令，打开 View Configuration（视图配置）面板，该面板包括 PCB 板层颜色设置和系统默认颜色的显示 2 部分，如图 6-17 所示。

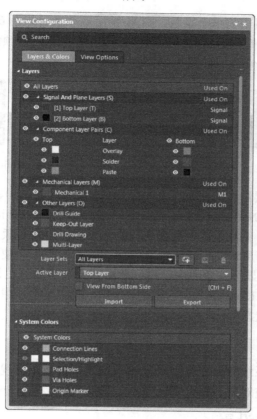

图 6-17　View Configuration（视图配置）面板

2. 设置对应层面的显示与颜色

Layers（层）选项组用于设置对应层面和系统的显示颜色。

（1） 👁 （显示）按钮用于设置对应层是否在 PCB 编辑器内显示。

不同位置的 👁 （显示）按钮启用/禁用的层不同。

- 在每个层组中启用或禁用一个层、多个层或所有层。启用/禁用全部的元器件层如图 6-18 所示。

图 6-18　启用/禁用了全部的元器件层

- 启用/禁用整个层组。启用/禁用所有的 Top Layers 如图 6-19 所示。

图 6-19　启用/禁用所有的 Top Layers

● 启用/禁用每个层组中的单个条目。启用/禁用单个条目如图 6-20 所示。

（2）如果要修改某层的颜色或系统的颜色，单击其对应的"颜色"栏内的色条即可在弹出的选择颜色列表中进行修改，如图 6-21 所示。

图 6-20　启用/禁用单个条目　　　　图 6-21　选择颜色列表

（3）在 Layer Sets（层设置）设置栏中，有 All Layers（所有层）、Signal Layers（信号层）、Plane Layers（平面层）、NonSignal Layers（非信号层）和 Mechanical Layers（机械层）5 个选项。通过在 Layer Sets 下拉列表中选择不同的选项可以设置在板层和颜色面板中是显示全部的层面，还是只显示图层堆栈中设置的有效层面。一般地，为使面板简洁明了，默认选择 All Layers（所有层），只显示有效层面，可以忽略未用层面的颜色设置。

单击相应层后面的"Used On"（使用的层打开）按钮即可选中该层的 👁 （显示）按钮，取消其余所有层的选中状态。

3．显示系统的颜色

在 System Color（系统颜色）栏中可以对系统的两种类型可视格点的显示或隐藏进行设置，还可以对不同的系统对象进行设置。

6.3.3　环境参数的设置

在设计 PCB 之前，除了需要设置电路板的板层参数，还需要设置环境参数。

通过 Properties（属性）面板设置环境参数。

打开 Properties（属性）面板中的 Board（板）属性编辑界面，如图 6-22 所示。

（1）Search（搜索）文本框：允许在面板中搜索所需条目。

（2）Selection Filter（选择过滤器）选项组：设置过滤对象。

也可单击 中的下拉按钮，弹出如图 6-23 所示的对象选择过滤器。

（3）Snap Options（捕捉选项）选项组：设置图纸是否启用捕获功能。

● "Grid" 按钮：单击该按钮，捕捉到栅格。

● "Guides" 按钮：单击该按钮，捕捉到向导线。

● "Axes" 按钮：单击该按钮，捕捉到对象坐标。

（4）Snapping 选项组：捕捉的对象热点所在层包括 All Layer（所有层）、Current Layer（当前层）和 Off（关闭）。

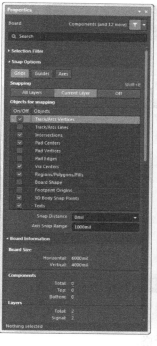

图 6-22 Board（板）属性编辑界面

（5）Board Information（板信息）选项组：显示 PCB 文件中元器件和网络的完整细节信息。图 6-22 显示的状态是未选定对象时，包含的信息如下。

- 汇总了 PCB 上的各类对象，如导线、过孔、焊盘等的数量；报告了电路板的尺寸信息和设计规则检查违例数量。
- 报告了 PCB 上元器件的统计信息，包括元器件总数、各层元器件放置数目和元器件标号列表。
- 列出了电路板的网络统计，包括导入网络总数和网络名称列表。

单击 Reports 按钮，系统将弹出如图 6-24 所示的"板级报告"对话框，通过该对话框可以生成 PCB 信息的报表文件，在该对话框的下拉列表中选择要包含在报表文件中的内容。若勾选了"仅选择对象"复选框，单击"全部开启"按钮可以选择所有板信息。

报表列表选项设置完毕后，单击"板级报告"对话框中的报告按钮，系统将生成 Board Information Report 报表文件，并自动在工作区内打开该报表文件。PCB 信息报表如图 6-25 所示。

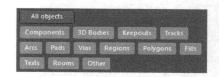

图 6-23 对象选择过滤器

图 6-24 "板级报告"对话框

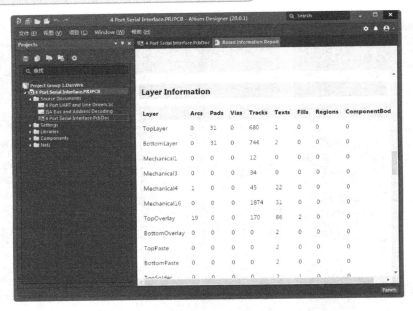

图 6-25　PCB 信息报表

（6）Grid Manager（栅格管理器）选项组：定义捕捉栅格。

● 单击"Add"（添加）按钮，出现下拉菜单，如图 6-26 所示。

图 6-26　下拉菜单

● 选择添加的栅格参数，激活"Properties"（属性）按钮并单击该按钮，弹出如图 6-27 所示的"Cartesian Grid Editor"（笛卡尔栅格编辑器）对话框，在该对话框中可以设置栅格间距。

● 单击 （删除）按钮删除选中的参数。

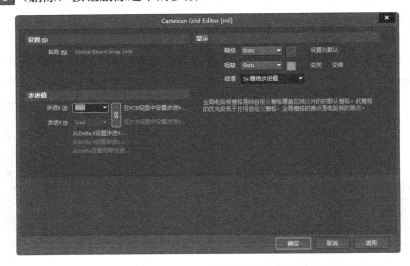

图 6-27　"Cartesian Grid Editor"（笛卡尔栅格编辑器）对话框

（7）Guide Manager（向导管理器）选项组：定义电路板的向导线，添加或放置横向、竖向、+45°、-45°和捕捉栅格的向导线，在未选定对象时进行定义。

- 单击"Add"（添加）按钮，出现 Add 下拉菜单，如图 6-28 所示。
- 单击"Place"（放置）按钮，出现 Place 下拉菜单，如图 6-29 所示。
- 单击 🗑 "删除"按钮，删除选中的参数。

（8）Other（其他）选项组：设置其他选项。

- Units（单位）选项：可以设置为 mm（公制），也可以设置为 mils（英制）。一般在绘制和显示时设为 mils。
- Polygon Naming Scheme 选项：选择多边形命名格式，有 4 种，如图 6-30 所示。
- Designator Display 选项：标识符显示方式，有 Physical（物理的）、Logic（逻辑的）2 种。

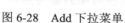

图 6-28　Add 下拉菜单

图 6-29　Place 下拉菜单

图 6-30　4 种多边形命名格式

6.3.4　PCB 边界设定

PCB 边界设定包括 PCB 物理边界设定和 PCB 电气边界设定。物理边界用来界定 PCB 的外部形状，电气边界用来界定元器件放置和布线的区域范围。

1. 设定物理边界

（1）单击 PCB 编辑环境界面下方的 Mechanical 1（机械层）选项，使机械层处于当前的工作窗口中。

（2）执行"放置"→"线条"命令，光标变成十字形。将光标移动到工作窗口的合适位置，单击即可进行线条的放置操作，每单击一次就确定一个固定点。通常将板形定义为矩形，但在特殊情况下，为了满足电路的某种特殊要求，也可以将板形定义为圆形、椭圆形或不规则的多边形。这些都可以通过放置菜单来完成。

（3）当绘制的线组成了一个封闭的边框时，就可以结束边框的绘制，右击或按 Esc 键即可退出该操作。设置边框后的 PCB 图如图 6-31 所示。

（4）设置边框线属性。

双击任一边框线即可打开该边框线的 Properties（属性）面板，如图 5-2 所示。

为了确保 PCB 图中的边框线为封闭状态，可以在 Properties（属性）面板中对线的起点和终点进行

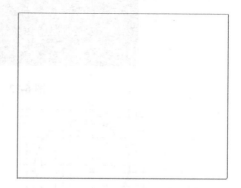

图 6-31　设置边框后的 PCB 图

设置，使一根线的终点为下一根线的起点。下面介绍一些其余选项的含义。

- Layer（层）下拉列表：用于设置当前边框线所在的电路板层。用户在画线之前可以不选择 Mechanical 1 层。在此处进行工作层的修改也可以实现上述操作所实现的效果，只是这样需要对所有边框线进行设置，操作比较麻烦。
- Net（网络）下拉列表：用于设置边框线所在的网络。通常边框线不属于任何网络，即不存在任何电气特性。
- ![锁定图标]（锁定）按钮：单击 Location（位置）选项组下的锁定按钮，边框线将被锁定，无法对该线进行移动等操作。

按 Enter 键结束对边框线的属性设置。

2．板形的修改

对边框线进行设置的目的主要是为制板商提供制作板形的依据。用户也可以在设计时直接修改板形，即在工作窗口中直接对板形进行修改。

依次选择菜单栏中的"设计"→"板子形状"命令，系统弹出 PCB 板形设定命令菜单，如图 6-32 所示。

（1）按照选择对象定义板形。

在机械层或其他层利用线条或圆弧定义一个内嵌的边界，以新建对象为参考重新定义板形，具体操作步骤如下。

① 执行"放置"→"圆弧"命令，在电路板上绘制一个圆，如图 6-33 所示。

② 选中刚才绘制的圆，然后执行"设计"→"板子形状"→"按照选择对象定义"命令，电路板将变成圆形，如图 6-34 所示。

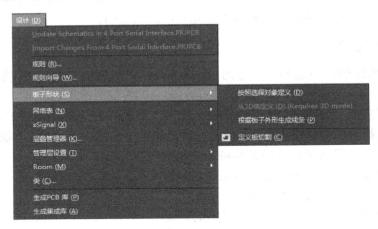

图 6-32　PCB 板形设定命令菜单

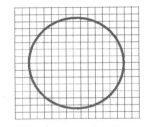

图 6-33　在电路板上绘制一个圆

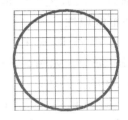

图 6-34　电路板变成圆形

（2）根据板形生成线条。

在机械层或其他层将板子边界转换为线条。具体操作方法为：执行"设计"→"板子形状"→"根据板子外形生成线条"命令，弹出"从板外形而来的线/弧原始数据"对话框，如图6-35所示；按照需要设置参数，单击 确定 按钮，退出"从板外形而来的线/弧原始数据"对话框，板边界自动转换为线条，如图6-36所示。

图6-35　"从板外形而来的线/弧原始数据"对话框

图6-36　转换板边界

3．设定电气边界

在进行 PCB 元器件自动布局和自动布线时，电气边界是必不可少的，它界定了元器件放置和布线的范围。

设定电气边界的步骤如下。

（1）在设定了物理边界的前提下，单击 View Configuration 面板中的"Keep-Out Layer"（禁止布线层）选项，将其设定为当前层。

（2）依次选择菜单栏中的"放置"→"Keepout"（禁止布线）→"线径"命令，光标变成十字形，绘制一个封闭的多边形。

（3）绘制完成后，单击退出绘制状态。

至此，PCB 的电气边界就设定完成了。

6.4　PCB 视图操作管理

为了使 PCB 的设计能够快速顺利地进行下去，就需要对 PCB 视图进行移动、缩放等基本操作。本节将介绍一些 PCB 视图操作管理方法。

6.4.1　视图移动

在编辑区内移动视图的方法有以下几种。

（1）使用鼠标左键拖动编辑区边缘的水平滚条或竖直滚条。

（2）上下滚动鼠标滚轮，视图将上下移动；按住 Shift 键，上下滚动鼠标滚轮，视图左右移动。

（3）在编辑区内，按住鼠标右键不放，光标变成手形后，可以任意拖动视图。

6.4.2 视图缩放

1．整张图纸的缩放

在编辑区内，对整张图纸的缩放有以下几种方式。

（1）使用菜单命令"放大"或"缩小"对整张图纸进行缩放。

（2）使用快捷键 Page Up（放大）和 Page Down（缩小）。由于在利用快捷键进行缩放时，放大和缩小是以光标箭头为中心的，因此最好将光标放在合适位置。

（3）使用鼠标滚轮。若要放大视图，则按住 Ctrl 键，上滚鼠标滚轮；若要缩小视图，则按住 Ctrl 键，下滚鼠标滚轮。

2．区域放大

（1）设定区域的放大。

依次选择菜单栏中的"视图"→"区域"命令，或者单击主工具栏中的 （适合指定的区域）按钮，光标变成十字形。在编辑区需要放大的区域单击，按住鼠标左键并拖动鼠标，形成一个矩形区域（见图 6-37），再次单击则该区域被放大，如图 6-38 所示。

（2）以光标为中心的区域放大。

依次选择菜单栏中的"视图"→"点周围"命令，光标变成十字形。在编辑区指定区域单击，确定放大区域的中心点，按住鼠标左键并拖动鼠标，形成一个以中心点为中心的矩形，再次单击，选定的区域将被放大。

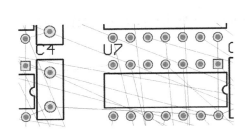

图 6-37　选定放大区域

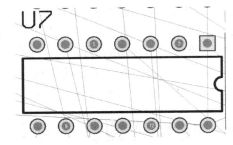

图 6-38　选定区域被放大

3．放大对象

对象的放大有两种，一种是选定对象的放大，另一种是过滤对象的放大。

（1）选定对象的放大。

在 PCB 上选中需要放大的对象，依次选择菜单栏中的"视图"→"被选中的对象"命令，或者单击主工具栏中的 （适合选择的对象）按钮，则所选对象被放大，如图 6-39 所示。

（2）过滤对象的放大。

在过滤器工具栏中选择一个对象后，依次选择菜单栏中的"视图"→"过滤的对象"命令，或者单击主工具栏中 （适合过滤的对象）按钮，则选中的对象被放大，如图 6-40 所示。

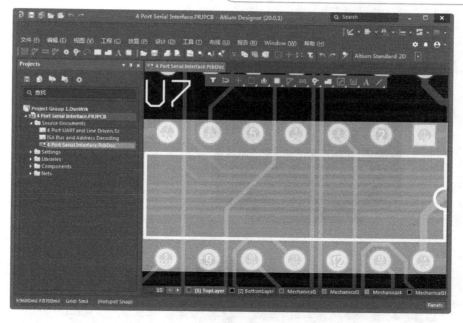

图 6-39　选定对象的放大

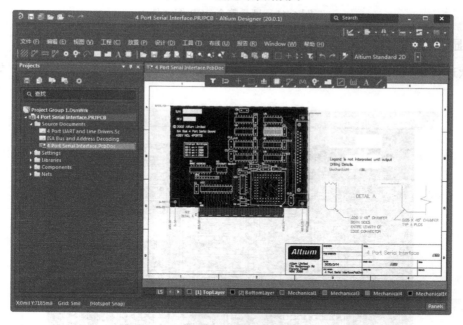

图 6-40　过滤对象的放大

6.4.3　整体显示

1. 显示整个 PCB 图文件

依次选择菜单栏中的"视图"→"适合文件"命令，或者在主工具栏中单击　按钮，系统就会显示整个 PCB 图文件，如图 6-41 所示。

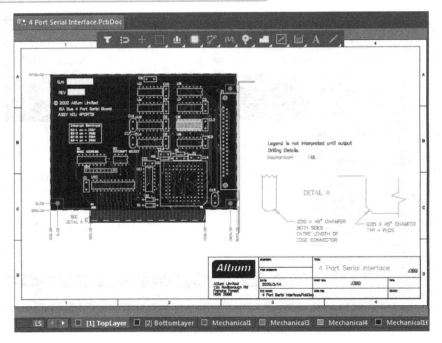

图 6-41　显示整个 PCB 图文件

2．显示整个 PCB

依次选择菜单栏中的"视图"→"适合板子"命令，系统就会显示整个 PCB，如图 6-42 所示。

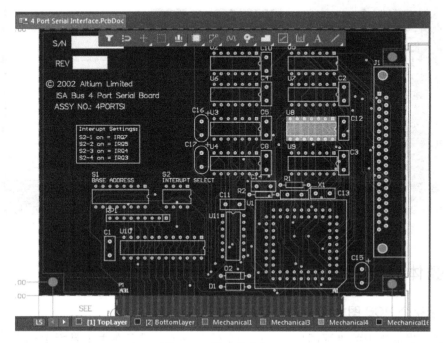

图 6-42　显示整个 PCB

第 7 章

PCB 的设计

PCB 的设计是电路设计的关键，只有真正完成了 PCB 的设计才能进行实际电路的设计。因此，PCB 的设计是每一位电路设计者必须掌握的技能。

本章主要介绍 PCB 设计的一些基本概念及相关具体内容。通过本章的学习，读者应能够掌握 PCB 的设计过程。

7.1　PCB 编辑器的编辑功能

PCB 编辑器的编辑功能包括对象的选取、取消选取、移动、删除、复制、粘贴、翻转及对齐等，利用这些功能可以方便地对 PCB 图进行修改和调整、下面详细介绍这些功能。

7.1.1　选取和取消选取对象

1. 对象的选取

（1）用鼠标直接选取单个或多个对象。

对于单个对象的情况，将光标移到要选取的对象上单击即可，此时整个对象变成灰色，表明该对象已经被选取，如图 7-1 所示。

对于多个对象的情况，按住鼠标左键并拖动鼠标，形成一个矩形框，将要选取的多个对象包含在该矩形框中，释放鼠标左键后即可选取多个对象；或者按住 Shift 键，逐一单击要选取的对象，也可以选取多个对象。

（2）用工具栏的███（选择区域内部）按钮选取对象。

单击███按钮，光标变成十字形，在欲选取的区域单击，确定矩形框的一个端点，按住鼠标左键并拖动鼠标，将选取的对象包含在矩形框中，再次单击，确定矩形框的另一个端点，此时矩形框内的对象被选中。

（3）用菜单命令选取对象。

依次选择菜单栏中的"编辑"→"选中"命令，弹出如图 7-2 所示的"选中"菜单。

- 区域内部：执行此命令后，光标变成十字形，选取一个区域，则区域内的对象被选取。
- 区域外部：用于选取区域外的对象。
- 全部：执行此命令后，PCB 图纸上的所有对象都被选取。
- 板：用于选取整个 PCB，包括板边界上的对象，PCB 外的对象不会被选取。
- 网络：用于选取指定网络中的所有对象。执行该命令后，光标变成十字形，单击指定网络的对象即可选中整个网络的所有对象。

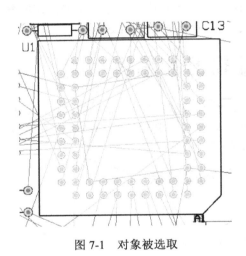

图 7-1　对象被选取　　　　　　图 7-2　"选中"菜单

- 连接的铜皮：用于选取与指定的对象具有铜连接关系的所有对象。
- 物理连接：用于选取指定的物理连接。
- 器件连接：用于选取与指定元器件的焊盘相连接的所有导线、过孔等。
- 器件网络：用于选取当前文件中与指定元器件相连的所有网络。
- Room 内连接：用于选取处于指定 Room 空间中的所有连接导线。
- 当前层上所有的：用于选取当前层面上的所有对象。
- 自由对象：用于选取当前文件中除元器件外的所有自由对象，如导线、焊盘、过孔等。
- 所有锁住的：用于选取所有锁定的对象。
- 不在栅格上的焊盘：用于选取所有没有对准网络的焊盘。
- 切换选择：执行该命令后，对象的选取状态将被切换，即若该对象原来处于未选取状态，则被选取；若处于选取状态，则取消选取。

2．对象的取消选取

对象的取消选取也有多种方法，这里介绍几种常用的方法。

（1）直接单击 PCB 图纸上的空白区域即可取消选取。

（2）单击工具栏中的 （取消所有选定）按钮，可以对 PCB 图纸上所有被选取的对象取消选取。

（3）依次选择菜单栏中的"编辑"→"取消选中"命令，弹出如图 7-3 所示的"取消选中"菜单。

图 7-3 "取消选中"菜单

- Lasso 区域：用于取消套索区域内的对象选取。
- 区域内部：用于取消区域内对象的选取。
- 区域外部：用于取消区域外对象的选取。
- 直线接触到对象：用于取消与直线相交区域内的对象选取。
- 矩形接触到对象：用于取消矩形区域内的对象选取。
- 全部：用于取消当前 PCB 图中所有处于选取状态对象的选取。
- 当前层上所有的：用于取消当前层面上所有对象的选取。
- 自由对象：用于取消当前文件中除元器件外的所有自由对象的选取，如导线、焊盘、过孔等。
- 切换选择：执行该命令后，对象的选取状态将被切换，即若该对象原来处于未选取状态，则被选取；若处于选取状态，则取消选取。

（4）按住 Shift 键，逐一单击已被选取的对象，可以取消其选取状态。

7.1.2 移动和删除对象

1．单个对象的移动

（1）单个未选取对象的移动。

将光标移动到需要移动的对象上（不需要选取），按住鼠标左键不放并拖动鼠标，对象将会随光标一起移动，到达指定位置后松开鼠标左键即可完成移动。或者依次选择菜单栏中的"编辑"→"移动"→"移动"命令，光标变成十字形，单击需要移动的对象，对象将随光标一起移动，到达指定位置后再次单击完成对象的移动。

（2）单个已选取对象的移动。

将光标移动到需要移动的对象上（该对象已被选取）单击，按住鼠标左键不放并拖动鼠标，到达指定位置后松开鼠标左键；或者执行菜单命令"编辑"→"移动"→"拖动"，将对象移动到指定位置；或者单击工具栏中的 ✛（移动选择）按钮，光标变成十字形，单击需要移动的对象，对象将随光标一起移动，到达指定位置后再次单击完成对象的移动。

2．多个对象的移动

当需要同时移动多个对象时，首先要将所有需要移动的对象选中，然后在其中任意一个对象上单击，按住鼠标左键不放并拖动鼠标，所有选中的对象将随光标整体移动，到达指定位置后松开鼠标左键即可。或者依次选择菜单栏中的"编辑"→"移动"→"移动选中对象"命令，将所有对象整体移动到指定位置。或者单击主工具栏中的 ✛（移动选择）按钮，将所有对象整体移动到指定位置。

3．使用其他菜单命令移动对象

除了上面介绍的两种菜单移动命令，系统还提供了其他菜单移动命令。依次选择菜单栏中的"编辑"→"移动"命令，弹出如图 7-4 所示的"移动"菜单。

（1）移动：用于移动未选取的对象。

（2）拖动：在使用该命令移动对象时，与被移动对象连接的导线也随之移动或拉长，不断开该对象与其他对象的电气连接关系。

（3）器件：执行该命令后，光标变成十字形，单击需要移动的元器件，元器件将随光标一起移动，再次单击即可完成元器件的移动；或者在 PCB 编辑区的空白区域内单击，弹出元器件选择对话框，在该对话框中可以选择需要移动的元器件。

（4）重新布线：执行该命令后，光标变成十字形，单击选取要移动的导线，可以在不改变其两端端点位置的情况下改变布线路径。

（5）打断走线：执行该命令后，光标变成十字形，在要移动的导线上单击确定位置点，可以在不改变其两端端点位置的情况下，以单击点为中心向两侧移动，改变布线路径。

（6）拖动线段头：执行该命令后，光标变成十字形，单击选取要移动的导线，改变布线路径与导线两端端点。

（7）移动/调整走线：执行该命令后，光标变成十字形，单击选取要移动的导线，以一端端点为基准点，另一侧端点断开，可以旋转、移动、拉长或缩短，改变布线路径。

（8）移动选中对象：选取要移动的导线，执行该命令后，光标变成十字形，单击选取要移动的导线，可以在不改变其两端端点位置的情况下改变布线路径。

（9）通过 X,Y 移动选中对象：选取要移动的导线，激活该命令，执行该命令后，光标变成十字形，单击选取要移动的导线，弹出如图 7-5 所示的"获得 X/Y 偏移量"对话框，在该对话框中输入移动前后导线坐标偏差。

图 7-4 "移动"菜单　　　　　　图 7-5 "获得 X/Y 偏移量"对话框

（10）旋转选中的：用于将选取的对象按照设定角度旋转。

（11）翻转选择：用于镜像翻转已选取的对象。

4．对象的删除

（1）依次选择菜单栏中的"编辑"→"删除"命令，光标变成十字形，将光标移动到要删除的对象上单击即可将其删除。此时，光标仍处于十字形状态，可以继续单击删除其他对

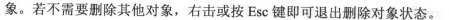

象。若不需要删除其他对象，右击或按 Esc 键即可退出删除对象状态。

（2）单击选取要删除的对象，按 Delete 键即可将其删除。

（3）若需要一次性删除多个对象，选取要删除的多个对象后，依次选择菜单栏中的"编辑"→"删除"命令或按 Delete 键，就可以将选取的多个对象删除。

7.1.3　对象的复制、剪切和粘贴

1．对象的复制

对象的复制是指将对象复制到剪贴板中，具体步骤如下。

（1）在 PCB 图上选取需要复制的对象。

（2）执行复制命令的方法有以下 3 种。

① 依次选择菜单栏中的"编辑"→"复制"命令。

② 单击工具栏中的 （复制）按钮。

③ 使用快捷键 Ctrl+C 或 E+C。

（3）执行复制命令后，光标变成十字形，单击已被选取的对象即可将其复制到剪贴板中。

2．对象的剪切

剪切对象的具体步骤如下。

（1）在 PCB 图上选取需要剪切的对象。

（2）执行剪切命令的方法有如下 3 种。

① 依次选择菜单栏中的"编辑"→"剪切"命令。

② 单击工具栏中的 （剪切）按钮。

③ 使用快捷键 Ctrl+X 或 E+T。

（3）执行剪切命令后，光标变成十字形，单击要剪切的对象，该对象将从 PCB 图上消失，同时被复制到剪贴板中。

3．对象的粘贴

对象的粘贴就是把剪贴板中的对象放到编辑区，有以下 3 种方法。

（1）依次选择菜单栏中的"编辑"→"粘贴"命令。

（2）单击工具栏中的 （粘贴）按钮。

（3）使用快捷键 Ctrl+V 或 E+P。

执行粘贴命令后，光标变成十字形并带有欲粘贴对象的虚影，在指定位置单击即可完成粘贴操作。

4．对象的橡皮图章粘贴

在使用橡皮图章粘贴对象时，执行一次操作命令可以进行多次粘贴，具体操作步骤如下。

（1）选取要进行橡皮图章粘贴的对象。

（2）执行橡皮图章粘贴命令。

执行橡皮图章粘贴命令的方法有以下 3 种。

① 依次选择菜单栏中的"编辑"→"橡皮图章"命令。

② 单击工具栏中的 （橡皮图章）按钮。

③ 使用快捷键 Ctrl+R 或 E+B。

（3）执行橡皮图章粘贴命令后，光标变成十字形，单击被选中的对象后，该对象被复制并随光标移动。在图纸指定位置单击，放置被复制的对象，此时系统仍处于放置对象状态，可进行连续放置。

（4）放置完成后，右击或按 Esc 键退出橡皮图章粘贴命令。

5. 对象的特殊粘贴

在上述粘贴命令中，对象仍然保持其原有的层属性，若要将对象放置到其他层面，就要使用特殊粘贴命令。

图 7-6 "选择性粘贴"对话框

（1）将对象欲放置的层设置为当前层。

（2）执行特殊粘贴命令。

执行特殊粘贴命令的方法有以下 2 种。

① 依次选择菜单栏中的"编辑"→"特殊粘贴"命令。

② 使用快捷键 E+A。

（3）执行特殊粘贴命令后，系统弹出如图 7-6 所示的"选择性粘贴"对话框。

用户根据需要，勾选合适的复选框，以实现不同的功能。各复选框的意义如下。

① 粘贴到当前层：若勾选该复选框，则表示将剪贴板中的对象粘贴到当前工作层。

② 保持网络名称：若勾选该复选框，则表示保持网络名称。

③ 重复位号：若勾选该复选框，则复制对象的序列号将与原始对象的序列号相同。

④ 添加到元器件类：若勾选该复选框，则将所粘贴的元器件纳入同一类元器件。

（4）设置完成后，单击 粘贴 按钮进行粘贴操作，或者单击 粘贴阵列... 按钮进行阵列粘贴操作。

6. 对象的阵列式粘贴

阵列式粘贴对象的具体步骤如下。

（1）将对象复制到剪贴板中。

（2）依次选择菜单栏中的"编辑"→"特殊粘贴"命令，在弹出的对话框中单击 粘贴阵列... 按钮，或者单击应用工具工具栏中的 （应用工具）按钮下拉菜单中的 （阵列式粘贴）选项，系统弹出"设置粘贴阵列"对话框，如图 7-7 所示。

在"设置粘贴阵列"对话框中，各项设置的意义如下。

（1）"布局变量"选项组。

① 对象数量：用于输入需要粘贴的对象个数。

② 文本增量：用于输入粘贴对象序列号的递增数值。

图 7-7 "设置粘贴阵列"对话框

（2）"阵列类型"选项组。

① "圆形"：若勾选该单选按钮，则在执行阵列式粘贴时进行圆形布局，同时"环形阵列"选项区域被激活。

② "线性"：若勾选该单选按钮，则在执行阵列式粘贴时进行直线布局，同时"线性阵列"选项区域被激活。

③ 旋转项目到匹配：若勾选该复选框，则粘贴对象随输入的角度旋转。

④ 间距：用于输入旋转的角度。

⑤ X轴间距：用于输入每个对象的水平间距。

⑥ Y轴间距：用于输入每个对象的垂直间距。

（3）设置完成后，单击"确定"按钮，光标变成十字形，在图纸的指定位置单击即可完成对象的阵列式粘贴，如图7-8所示。

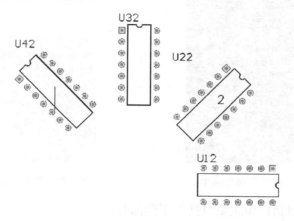

图7-8　对象的阵列式粘贴

7.1.4　对象的翻转

在PCB的设计过程中，为了方便布局，往往要对对象进行翻转操作，下面介绍几种常用的翻转方法。

1．利用空格键翻转

单击需要翻转的对象并按住鼠标左键不放，当光标变成十字形后，按空格键可以对对象进行翻转。每按一次空格键，对象逆时针旋转90°。

2．用X键实现元器件的左右对调

单击需要对调的对象并按住鼠标左键不放，当光标变成十字形后，按X键可以对对象进行左右对调操作。

3．用Y键实现元器件的上下对调

单击需要对调的对象并按住鼠标左键不放，当光标变成十字形后，按Y键可以对对象进行上下对调操作。

7.1.5　对象的对齐

依次选择菜单栏中的"编辑"→"对齐"命令，弹出"对齐"命令菜单，如图 7-9 所示。

（1）对齐：执行该命令后，弹出"排列对象"对话框，如图 7-10 所示。

图 7-9　"对齐"命令菜单

图 7-10　"排列对象"对话框

在"排列对象"对话框中主要包括以下两部分。

①　"水平"选项组。

该选项组用来设置对象在水平方向的排列方式。

- "不变"单选按钮：单击该单选按钮，对象在水平方向上保持原状，不进行排列。
- "左侧"单选按钮：水平方向左对齐，作用等同于"左对齐"命令。
- "居中"单选按钮：水平中心对齐，作用等同于"水平中心对齐"命令。
- "右侧"单选按钮：水平方向右对齐，作用等同于"右对齐"命令。
- "等间距"单选钮：水平方向均匀排列，作用等同于"水平对齐"命令。

②　"垂直"选项组。

该选项组用来设置对象在垂直方向的排列方式。

- "不变"单选按钮：单击该单选按钮，对象在垂直方向上保持原状，不进行排列。
- "顶部"单选按钮：顶端对齐，作用等同于"顶对齐"命令。
- "居中"单选按钮：垂直中心对齐，作用等同于"垂直中心对齐"命令。
- "底部"单选按钮：底端对齐，作用等同于"底对齐"命令。
- "等间距"单选按钮：垂直方向均匀排列，作用等同于"垂直分布"命令。

（2）左对齐：将选取的对象向最左端的对象对齐。

（3）右对齐：将选取的对象向最右端的对象对齐。

（4）水平中心对齐：将选取的对象向最左端对象和最右端对象的中间位置对齐。

（5）水平分布：将选取的对象在最左端对象和最右端组对象之间等距离排列。

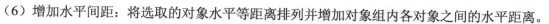

（6）增加水平间距：将选取的对象水平等距离排列并增加对象组内各对象之间的水平距离。

（7）减少水平间距：将选取的对象水平等距离排列并缩小对象组内各对象之间的水平距离。

（8）顶对齐：将选取的对象向最上端的对象对齐。

（9）底对齐：将选取的对象向最下端的对象对齐。

（10）向上排列：将选取的对象向最上端对象和最下端对象的中间位置对齐。

（11）向下排列：将选取的对象在最上端对象和最下端对象之间等距离排列。

（12）增加垂直间距：将选取的对象垂直等距离排列并增加对象组内各对象之间的垂直距离。

（13）减少垂直间距：将选取的对象垂直等距离排列并缩小对象组内各对象之间的垂直距离。

7.1.6 PCB 图纸上的快速跳转

在 PCB 的设计过程中，经常需要将光标快速跳转到某个位置或某个元器件上，这时可以使用系统提供的快速跳转命令。

依次选择菜单栏中的"编辑"→"跳转"命令，弹出"跳转"菜单，如图 7-11 所示。

（1）绝对原点：用于将光标快速跳转到 PCB 的绝对原点。

（2）当前原点：用于将光标快速跳转到 PCB 的当前原点。

（3）新位置：执行该命令后，弹出如图 7-12 所示的"Jump To Location"对话框，在该对话框中输入坐标值后，单击"确定"按钮，光标将跳转到指定位置。

（4）器件：执行该命令后，弹出如图 7-13 所示的"Component Designator"（元器件标识符）对话框，在该对话框中输入元器件标识符 图 7-11 "跳转"菜单 后，单击"确定"按钮，光标将跳转到该元器件处。

（5）网络：用于将光标跳转到指定网络。

（6）焊盘：用于将光标跳转到指定焊盘。

（7）字符串：用于将光标跳转到指定字符串处。

（8）错误标志：用于将光标跳转到错误标记处。

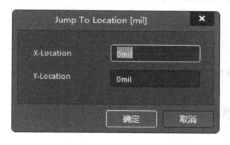

图 7-12 "Jump To Location"对话框

图 7-13 "Component Designator"（元器件标识符）对话框

（9）选择：用于将光标跳转到选取的对象处。

（10）位置标志：用于将光标跳转到指定的位置标记处。

（11）设置位置标志：用于设置位置标志。

7.2　PCB 图的绘制

本节将介绍一些在 PCB 编辑过程中经常用到的操作，如走线、焊盘、过孔、文字标注等。在 Altium Designer 20 的 PCB 编辑器的"放置"菜单中，系统提供了各种元素的绘制命令和放置命令，同时这些命令也可以在工具栏中找到，如图 7-14 所示。

图 7-14　"放置"菜单和工具栏

7.2.1　绘制铜膜导线

在绘制铜膜导线之前，单击板层选项，选定导线要放置的层，将其设置为当前层。

1．启动绘制铜膜导线命令

启动绘制铜膜导线命令的方法有以下 4 种。

（1）依次选择菜单栏中的"放置"→"走线"命令。

（2）单击布线工具栏中的 （交互式布线连接）按钮。

（3）在 PCB 编辑区内右击，弹出快捷菜单，依次选择"放置"→"走线"命令。

（4）使用快捷键 P+T。

2．绘制铜膜导线

（1）启动绘制铜膜导线命令后，光标变成十字形，在指定位置单击，确定导线起点。

（2）移动光标绘制导线，在导线拐弯处单击，然后继续绘制导线，在导线终点处再次单击，结束该导线的绘制。

（3）此时，光标仍处于十字形状态，可以继续绘制其他导线。绘制完成后，右击或按 Esc 键退出绘制铜膜导线状态。

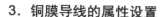

3. 铜膜导线的属性设置

（1）在绘制铜膜导线的过程中，按 Tab 键弹出如图 7-15 所示的 Interactive Routing（交互式布线）属性面板，在该面板中，可以设置铜膜导线的宽度、所在层面、过孔直径及过孔孔径，同时还可以通过按钮重新设置布线宽度规则和过孔布线规则等（此设置值将作为绘制下一段导线的默认值）。

（2）绘制完成后，双击需要修改属性的导线，弹出如图 7-16 所示的 Track（轨迹）属性设置面板。在该面板中，可以设置导线的起始坐标、终止坐标、宽度、层面、网络等属性，还可以设置是否锁定、是否具有禁止布线区属性。

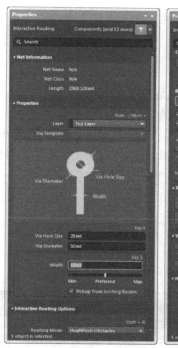

图 7-15　Interactive Routing（交互式布线）属性面板　　　　图 7-16　Track（轨迹）属性设置面板

7.2.2　绘制直线

这里绘制的直线多指与电气属性无关的线，其与上述导线的绘制方法和属性设置基本相同，只是启动绘制命令的方法不同。

启动绘制直线命令的方法有以下 3 种。

（1）依次选择菜单栏中的"放置"→"线条"命令。

（2）单击应用工具工具栏中的 � ▼（应用工具）按钮，弹出下拉菜单，选择 ╱（放置线条）选项。

（3）使用快捷键 P+L。

对于绘制方法与属性设置，此处不再赘述。

7.2.3　放置元器件封装

在 PCB 的设计过程中，有时候会因为在电路原理图中遗漏部分元器件而无法达到预期的目的，若重新设计将耗费大量时间，这时可以直接在 PCB 中添加遗漏的元器件封装。

1．启动放置元器件封装命令

启动放置元器件封装命令的方法有以下几种。

（1）依次选择菜单栏中的"放置"→"器件"命令。

（2）单击布线工具栏中的 ▦（放置元器件）按钮。

（3）右键命令：右击并在弹出的快捷菜单中依次选择"放置"→"器件"命令。

（4）使用快捷键 P+C。

2．放置元器件封装

启动放置元器件封装命令后，系统弹出 Components 面板，如图 7-17 所示。

在 Components 面板中可以选择要放置的元器件封装，方法如下。

（1）单击 Components 面板右上角的 ▤ 按钮，弹出菜单，选择"File-based Libraries Preferences"（库文件参数）命令，打开"Available File-based Libraries"（可用库文件）对话框，如图 7-18 所示。

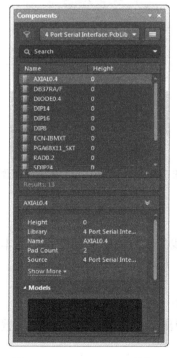

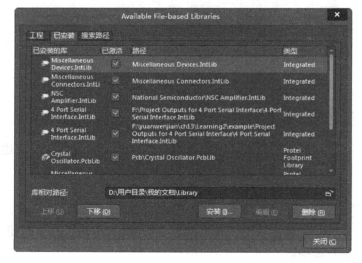

图 7-17　Components 面板　　　图 7-18　"Available File-based Libraries"（可用库文件）对话框

（2）单击  按钮，弹出如图 7-19 所示的"打开"对话框，在该对话框中选择需要的封装库。

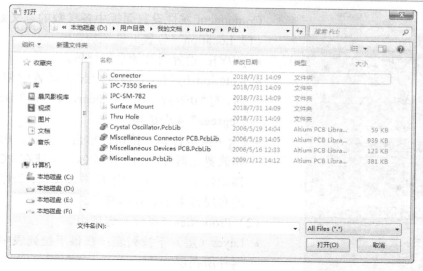

图 7-19 "打开"对话框

（3）若已知要放置的元器件封装名称，将相应封装名称输入搜索栏中进行搜索即可，如果搜索不到，单击 Components 面板右上角的 ▤ 按钮，弹出菜单，选择 "File-based Libraries Search"（库文件搜索）命令，打开 "File-based Libraries Search" 对话框，如图 7-20 所示。

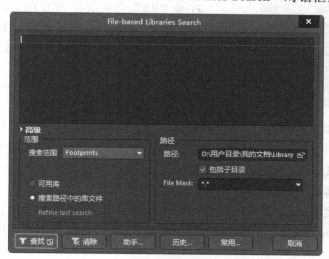

图 7-20 "File-based Libraries Search" 对话框

（4）选定搜索到的元器件封装，双击打开属性面板，在该面板的 Designator（标识符）文本框和 Comment（注释）文本框中输入该封装的标识符和注释文字。

（5）完成设置后，选定元器件的封装外形将随光标移动，在合适位置单击放置该封装。完成放置后，右击退出。

3．设置元器件属性

双击放置的元器件封装，或者在放置元器件封装状态下按 Tab 键，系统弹出 Component 属性设置面板，如图 7-21 所示。

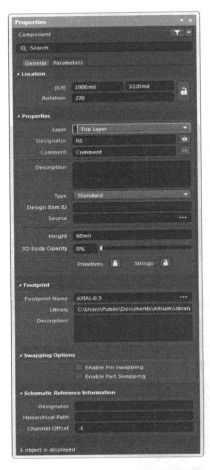

图 7-21　Component 属性设置面板

Component 属性设置面板中各参数的意义如下。

（1）Location（位置）选项组。

- [X/Y]：设置封装的坐标位置。
- Rotation（定位）：设置封装在放置时旋转的角度方向，有"0Degrees""90 Degrees""180 Degrees""270 Degrees" 4 个选项。
- （锁定管脚）按钮：单击该按钮，所有的管脚将和放置元器件成为一个整体，不能在 PCB 图上单独移动管脚。建议用户不单击该按钮，否则会为电路板的布局带来不必要的麻烦。

（2）Properties（属性）选项组。

- Layer（层）下拉列表：在该下拉列表中显示封装元器件所在层。
- Designator（标识符）文本框：封装元器件标号，即在将该封装元器件放置到 PCB 图文件中时，系统最初默认显示的封装元器件标号。这里设置为"R8"，单击右侧的 （可见）按钮，则在放置该元器件时，序号"R8"会显示在 PCB 图上。
- Comment 文本框：用于说明封装元器件型号。单击右侧的 （可见）按钮，则在放置该封装元器件时，型号会显示在 PCB 图上。
- Description（描述）文本框：用于描述元器件库功能。这里输入"USB MCU"。
- Type（类型）下拉列表：元器件库符号类型，可以选择设置。这里采用系统默认设置 Standard（标准）。

- Design Item ID（设计项目标识）文本框：元器件库名称。
- Source（来源）：设置封装元器件所在元器件库。
- Height（高度）：设置封装元器件高度，作为 PCB 3D 仿真的参考。
- 3D Body Opacity（不透明度）：拖动滑动块，设置 3D 体的不透明度，设置封装元器件 3D 模型显示效果。

（3）Footprint（封装）选项组。

该选项组用于显示当前的封装名称、库文件名称等信息。

（4）Swapping Options（交换选项）选项组。

- Enable Pin Swapping 复选框：勾选该复选框，交换元器件的管脚。
- Enable Part Swapping 复选框：勾选该复选框，交换元器件的部件。

（5）Schematic Reference Information（原理图涉及信息）选项组。

该选项组包含了与 PCB 封装对应的原理对象器件的相关信息。

7.2.4　放置焊盘和过孔

1. 放置焊盘

（1）启动放置焊盘命令。

启动放置焊盘命令的方法有如下几种。

① 依次选择菜单栏中的"放置"→"焊盘"命令。

② 单击布线工具栏中的 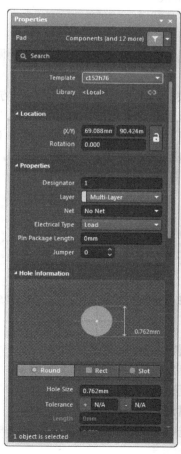（放置焊盘）按钮。

③ 使用快捷键 P+P。

（2）放置焊盘。

启动放置焊盘命令后，光标变成十字形并带有一个焊盘图形。移动光标到合适位置，单击即可在图纸上放置焊盘。此时系统仍处于放置焊盘状态，可以继续放置焊盘，放置完成后，右击退出。

（3）设置焊盘属性。

在放置焊盘状态下按 Tab 键，或者双击放置好的焊盘，打开 Pad（焊盘）属性设置面板，如图 7-22 所示。

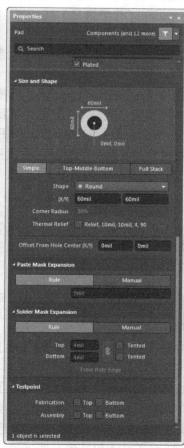

图 7-22　Pad（焊盘）属性设置面板

① Template（模板）下拉列表。

该下拉列表用于设置焊盘模板类型。

② Location（位置）选项组。

该选项组主要用于设置焊盘中心点的坐标。

- [X/Y]文本框：用于设置焊盘中心点的坐标。
- Rotation（旋转）文本框：用于设置焊盘旋转角度。
- ⓐ（锁定）复选框：用于设置是否锁定焊盘中心点坐标。

③ Properties（属性）选项组。

- Designator（标识）文本框：用于设置焊盘标号。
- Layer（层）下拉列表：用于设置焊盘所在层面。对于插式焊盘，应选择 Multi-Layer；对于表面贴片式焊盘，应根据焊盘所在层面选择 Top-Layer 或 Bottom-Layer。
- Net（网络）下拉列表：用于设置焊盘所处的网络。
- Electrical Type（电气类型）下拉列表：用于设置电气类型，有 Load（负载点）、Terminator（终止点）和 Source（源点）3 个选项。
- Pin Package Length（管脚包长度）文本框：用于设置包装后的管脚长度。
- Jumper（跳线）文本框：用于设置跳线条数。

④ Hole Information（孔洞信息）选项组。

用于设置焊盘通孔的尺寸大小，通孔有如下 3 种类型。

- Round（圆形）单选按钮：若勾选该单选按钮，则通孔形状被设置为圆形，如图 7-23 所示。
- Rect（正方形）单选按钮：若勾选该单选按钮，则通孔形状被设置为正方形（见图 7-24），同时添加参数设置"旋转"，设置正方形通孔放置角度，默认为 0°。
- Slot（槽）单选按钮：若勾选该单选按钮，则通孔形状被设置为槽形（见图 7-25），同时添加参数设置"长度""旋转"，设置槽形通孔大小，"长度"为 10，"旋转"角度为 0°。

图 7-23　圆形通孔　　　　　图 7-24　正方形通孔　　　　　图 7-25　槽形通孔

孔洞尺寸等信息设置如下。

- Hole Size（通孔尺寸）文本框：用于设置焊盘中心通孔尺寸。
- Tolerance（公差）文本框：用于设置焊盘中心通孔尺寸的上下偏差。
- Length（长度）文本框：用于设置焊盘正方形通孔边长。
- Rotation（旋转）文本框：用于设置焊盘通孔旋转角度。
- Plated（镀金的）复选框：若勾选该复选框，则焊盘孔内将涂上铜，与上下焊盘导通。

⑤ Size and Shape（尺寸和外形）选项组。

- Simple（简单的）单选按钮：若勾选该单选按钮，则 PCB 图中所有层面的焊盘都采用同样的形状。有 Rounded Rectangle（圆角矩形）、Round（圆形）、Rectangle（长方形）和 Octangle（八角形）4 种可选形状，如图 7-26 所示。

图 7-26　焊盘形状

- Top-Middle-Bottom（顶层–中间层–底层）单选按钮：若勾选该单选按钮，则顶层、中间层和底层使用不同形状的焊盘。
- Full Stack（完全堆栈）单选按钮：若勾选该单选按钮，则对焊盘的形状、尺寸逐层进行设置。

⑥ Paste Mask Expansion（阻粘扩张规则）选项组。

该选项组用于设置添加阻粘扩张规则方式。

⑦ Solder Mask Expansion（阻焊扩张规则）选项组。

该选项组用于设置添加阻焊扩张规则方式。

⑧ Testpoint（测试点）选项组。

该选项组用于设置是否添加测试点，并添加到哪一层，通过后面的复选框可以设置 Fabrication（装配）、Assembly（组装）在 Top（顶层）或 Bottom（底层）。

2. 放置过孔

过孔主要用来连接不同板层之间的布线。一般在布线过程中，换层时系统会自动放置过孔，用户也可以手动放置过孔。

（1）启动放置过孔命令。

启动放置过孔命令的方法有以下几种。

① 依次选择菜单栏中的"放置"→"过孔"命令。

② 单击布线工具栏中的  （放置过孔）按钮。

③ 使用快捷键 P+V。

（2）放置过孔。

启动放置过孔命令后，光标变成十字形并带有一个过孔图形。移动光标到合适位置，单击即可在图纸上放置过孔。此时系统仍处于放置过孔状态，可以继续放置其他过孔。放置完成后，右击退出。

（3）设置过孔属性。

在放置过孔状态下按 Tab 键，或者双击放置好的过孔，打开 Via（过孔）属性设置面板，如图 7-27 所示。

Diameter（直径）区域：用于设置过孔直径外形参数。

其余选项前面已经做过介绍，这里不再赘述。

图 7-27　Via（过孔）属性设置面板

7.2.5　放置文字标注

文字标注主要用于解释、说明 PCB 图中的一些元素。

1.　启动放置文字标注命令

启动放置文字标注命令的方法有如下几种。
（1）依次选择菜单栏中的"放置"→"字符串"命令。
（2）单击布线工具栏中的 **A**（放置字符串）按钮。
（3）使用快捷键 P+S。

2.　放置文字标注

启动放置文字标注命令后，光标变成十字形并带有一个字符串虚影。移动光标到图纸中需要放置文字标注的位置，单击放置文字标注。此时系统仍处于放置文字标注状态，可以继续放置其他文字标注。放置完成后，右击退出。

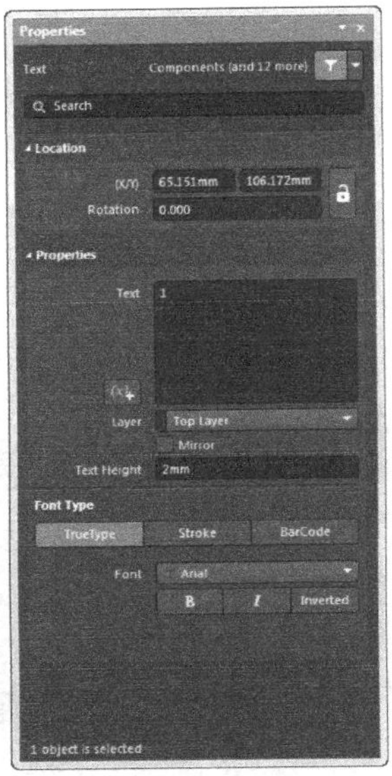

3.　设置字符串属性

在放置文字标注状态下按 Tab 键，或者双击放置好的文字标注，系统弹出 Text（文本）属性设置面板，如图 7-28 所示。

- [X/Y]：用于设置文字标注的坐标。
- Rotation（旋转）：用于设置文字标注的旋转角度。
- Text（文本）下拉列表：用于设置文字标注的内容。可以自定义输入，也可以单击后面的下拉按钮进行选择。
- Text Height（文本高度）文本框：用于设置文字标注长度。
- Layer（层）下拉列表框：用于设置文字标注所在的层。

图 7-28　Text（文本）属性设置面板

- Front（字体）选项组：用于设置字体。后面有 3 个单选按钮，分别用于设置字体、字形与条码，选择不同选项后，Front（字体）下拉列表中会显示与之对应的选项。

7.2.6　放置坐标原点

在 PCB 编辑环境中，系统提供了坐标系，它以图纸的左下角为坐标原点，用户可以根据需要建立自己的坐标系。
（1）启动放置坐标原点命令。
启动放置坐标原点命令的方法有以下几种。
① 依次选择菜单栏中的"编辑"→"原点"→"设置"命令。
② 单击应用工具工具栏中的 （应用工具）按钮，弹出下拉菜单，选择 （设置原点）

选项。

③ 使用快捷键 E+O+S。

（2）放置坐标原点。

启动放置坐标原点命令后，光标变成十字形。将光标移动到要设置为原点处单击即可。若要恢复为原来的坐标系，则依次选择菜单栏中的"编辑"→"原点"→"复位"命令即可。

7.2.7 放置尺寸标注

在 PCB 设计过程中，系统提供了多种尺寸标注命令，用户可以使用这些命令在 PCB 上进行尺寸标注。

1. 启动尺寸标注命令

（1）依次选择菜单栏中的"放置"→"尺寸"命令，系统弹出如图 7-29 所示尺寸标注命令菜单，选择菜单中的一个命令，执行尺寸标准。

（2）单击应用工具工具栏中的 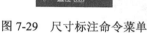（放置尺寸）按钮，打开如图 7-30 所示的尺寸标注下拉菜单，选择菜单中的某个命令，执行尺寸标注。

图 7-29 尺寸标注命令菜单   图 7-30 尺寸标注下拉菜单

2. 放置尺寸标注

（1）放置直线尺寸标注 [10]（线性尺寸）。

① 启动放置尺寸标注命令后，移动光标到指定位置，单击确定标注的起始点。

② 移动光标到另一个位置，再次单击确定标注的终止点。

③ 继续移动光标，可以调整尺寸标注的放置位置，在合适位置单击完成一次标注。

④ 此时仍可继续放置尺寸标注，也可右击退出。

（2）放置角度尺寸标注 （角度）。

① 启动放置尺寸标注命令后，移动光标到要标注的角的顶点或一条边上，单击确定标注的第一个点。

② 移动光标，在同一条边上距离第一个点稍远处，再次单击确定标注的第二个点。

③ 移动光标到另一条边上，单击确定第三个点。

④ 移动光标，在第二条边上距离第三个点稍远处，再次单击。

⑤ 此时标注的角度尺寸确定，移动光标可以调整尺寸标注的放置位置，在合适位置单击完成一次标注。

⑥ 可以继续放置尺寸标注，也可右击退出。

（3）放置径向尺寸标注 （径向）。

① 启动放置尺寸标注命令后，移动光标到圆或圆弧的圆周上，单击确定半径尺寸。

② 移动光标，调整尺寸标注的放置位置，在合适位置单击完成一次标注。

③ 可以继续放置尺寸标注，也可以右击退出。

（4）放置基准尺寸标注 （基准）。

① 启动放置尺寸标注命令后，移动光标到基线位置，单击确定标注基准点。

② 移动光标到下一个位置，单击确定第二个参考点，移动光标可以调整尺寸标注位置，在合适位置单击确定标注位置。

③ 移动光标到下一个位置，按照上面的方法继续标注。标注完所有的参考点后，右击退出。

3．设置尺寸标注属性

对于上面介绍的各种尺寸标注，它们的属性设置方法大体相同，下面只进行简单介绍。双击放置的直线尺寸标注，系统弹出 Linear Dimension（线尺寸）属性设置面板，如图 7-31 所示。

图 7-31　Linear Dimension（线尺寸）属性设置面板

7.2.8　绘制圆弧

1．使用中心法绘制圆弧

（1）启动中心法绘制圆弧命令。

启动中心法绘制圆弧命令的方法有以下几种。

① 依次选择菜单栏中的"放置"→"圆弧（中心）"命令。

② 单击应用工具工具栏中的 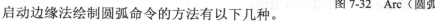（放置尺寸）按钮，弹出下拉菜单，选择 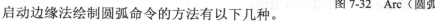（从中心放置圆弧）选项。

③ 使用快捷键 P+A。

（2）绘制圆弧。

① 启动中心法绘制圆弧命令后，光标变成十字形。移动光标，在合适位置单击确定圆弧中心。

② 移动光标，调整圆弧的半径大小，在合适大小时单击确定。

③ 继续移动光标，在合适位置单击确定圆弧起始点。

④ 此时，光标自动跳到圆弧的另一个端点处，移动光标，调整该端点至合适位置，单击确定。

⑤ 此时可以继续绘制下一个圆弧，也可右击退出。

（3）设置圆弧属性。

在中心法绘制圆弧状态下按 Tab 键，或者单击绘制完成的圆弧，打开 Arc（圆弧）属性设置面板，如图 7-32 所示。

在 Arc（圆弧）属性设置面板中，可以设置圆弧的"中心位置坐标""起始角度""终止角度""宽度""半径""所在层面""所属网络"等参数。

图 7-32　Arc（圆弧）属性设置面板

2．使用边缘法绘制圆弧

（1）启动边缘法绘制圆弧命令。

启动边缘法绘制圆弧命令的方法有以下几种。

① 依次选择菜单栏中的"放置"→"圆弧（边沿）"命令。

② 单击布线工具栏中的 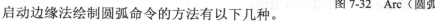（通过边沿放置圆弧）按钮。

③ 使用快捷键 P+E。

（2）绘制圆弧。

启动边缘法绘制圆弧命令后，光标变成十字形，移动光标到合适位置，单击确定圆弧的起点；移动光标，再次单击确定圆弧的终点，一段圆弧就绘制完成了。此时可以继续绘制圆弧，也可以右击退出。采用此方法绘制的圆弧都是 90°圆弧，用户可以通过属性设置改变其弧度值。

（3）设置圆弧属性。

与使用中心法绘制圆弧的属性设置方法相同，这里不再赘述。

3．绘制任意角度的圆弧

（1）启动绘制任意角度圆弧命令。

启动绘制任意角度圆弧命令的方法有以下几种。

① 依次选择菜单栏中的"放置"→"圆弧（任意角度）"命令。

② 单击应用工具工具栏中的 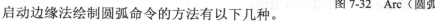（放置尺寸）按钮，弹出下拉菜单，选择 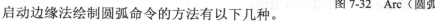（通过边沿

放置在任意角度的圆弧）选项。

③ 使用快捷键 P+N。

（2）绘制圆弧。

① 启动绘制任意角度的圆弧命令后，光标变成十字形，移动光标到合适位置，单击确定圆弧起始点。

② 移动光标，调整圆弧半径大小，在合适大小时再次单击确定。

③ 此时，光标会自动跳到圆弧的另一端点处，移动光标，在合适位置单击确定圆弧的终止点。

④ 此时可以继续绘制下一个圆弧，也可以右击退出。

（3）设置圆弧属性。

与上述圆弧属性设置方法相同，此处不再赘述。

7.2.9　绘制圆

1．启动绘制圆命令

启动绘制圆命令的方法有以下几种。

（1）依次选择菜单栏中的"放置"→"圆弧"→"圆"命令。

（2）单击应用工具工具栏中的 ![icon]（放置尺寸）按钮，弹出下拉菜单，选择 ![icon]（放置圆）选项。

（3）使用快捷键 P+U。

2．绘制圆

启动绘制圆命令后，光标变成十字形，移动光标到合适位置，单击确定圆的圆心。此时光标自动跳到圆周上，移动光标可以改变半径大小，再次单击确定半径大小，一个圆就绘制完成了。此时可以继续绘制，也可以右击退出。

3．设置圆属性

在绘制圆状态下按 Tab 键，或者单击绘制完成的圆，打开 Arc（圆）属性设置面板，设置圆属性与设置圆弧属性的方法相同，这里不再赘述。

7.2.10　放置填充区域

1．放置矩形填充

（1）启动放置矩形填充命令。

启动放置矩形填充命令的方法有以下几种。

① 依次选择菜单栏中的"放置"→"填充"命令。

② 单击布线工具栏中的 ![icon]（放置填充）按钮。

③ 使用快捷键 P+F。

（2）放置矩形填充。

启动放置矩形填充命令后，光标变成十字形，移动光标到合适位置，单击确定矩形填充的一角。移动光标，调整矩形的大小，在合适大小时，再次单击确定矩形填充的对角，一个矩形填充就完成了。此时可以继续放置矩形填充，也可以右击退出。

（3）设置矩形填充属性。

在放置矩形填充状态下按 Tab 键，或者单击放置完成的矩形填充，打开 Fill（填充）属性设置面板，如图 7-33 所示。

在 Fill（填充）属性设置面板中，可以设置矩形填充的旋转角度、角 1 坐标、角 2 坐标、所在层面、所属网络等参数。

2．放置多边形填充

（1）启动放置多边形填充命令。

启动放置多边形填充命令的方法有以下几种。

① 依次选择菜单栏中的"放置"→"实心区域"命令。

② 使用快捷键 P+R。

（2）放置多边形填充。

① 启动放置多边形填充命令后，光标变成十字形，移动光标到合适位置，单击确定多边形填充的第一条边上的起点。

② 移动光标，单击确定多边形第一条边的终点，同时也作为第二条边的起点。

③ 重复上述操作，直到最后一条边放置完成。

④ 此时可以继续放置其他多边形填充，也可以右击退出。

（3）设置多边形填充属性。

在放置多边形填充状态下按 Tab 键，或者单击放置完成的多边形填充，打开 Region（区域）属性设置面板，如图 7-34 所示。在 Region（区域）属性设置面板中，可以设置多边形填充所在的层面和所属网络等参数。

图 7-33　Fill（填充）属性设置面板

图 7-34　Region（区域）属性设置面板

7.3　在 PCB 编辑器中导入网络报表

在前面几节中，主要介绍了 PCB 设计过程中的一些基础知识。下面介绍如何完整地设计一块 PCB。

7.3.1　准备工作

1．准备电路原理图和网络报表

网络报表是电路原理图的精髓，是电路原理图和 PCB 连接的桥梁，可以说没有网络报表，就没有电路板的自动布线。网络报表的生成方法和步骤在第 4 章中已经详细介绍过，这里不再赘述。

2．新建一个 PCB 文件

在电路原理图所在项目中，新建一个 PCB 文件。进入 PCB 编辑环境，设置 PCB 设计环境，包括设置栅格大小和类型、光标类型、板层参数、布线参数等。大多数参数都可以采用系统默认设置，这些参数设置完成后，若符合用户个人习惯，以后无须修改。

3．规划电路板

规划电路板主要是确定电路板的边界，包括电路板的物理边界和电气边界。在需要放置固定孔的地方放上适当大小的焊盘。

4．装载元器件库

在导入网络报表之前，需要将电路原理图中所有元器件所在的库添加到当前库中，以保证电路原理图中指定的元器件封装形式能够在当前库中找到。

7.3.2　导入网络报表

在完成了前面的工作后，就可以将网络报表中的信息导入 PCB，为电路板的元器件布局和布线做准备。导入网络报表的具体步骤如下。

（1）在电路原理图编辑环境下，依次选择菜单栏中的"设计"→"Update ISA Bus and Address Decoding.PcbDoc"（更新 PCB 文件）命令；或者在 PCB 编辑环境下，依次选择菜单栏中的"设计"→"Import Changes From ISA Bus and Address Decoding.PrjPcb"（从项目文件更新）命令。

（2）执行以上命令后，系统弹出"工程变更指令"对话框，如图 7-35 所示。

"工程变更指令"对话框中显示当前对电路进行的修改内容，左边为"修改"列表，右边为对应修改的"状态"，主要的修改包括 Add Components、Add Nets、Add Components Classe Memb 和 Add Rooms。

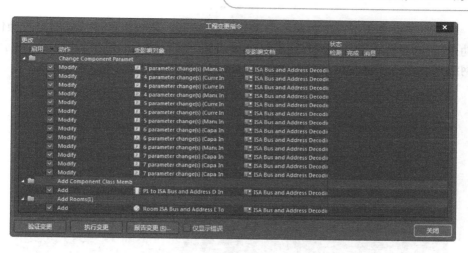

图 7-35　"工程变更指令"对话框

（3）单击"工程变更指令"对话框中的 验证变更 按钮，系统将检查所有的更改是否都有效，若有效，则在右边的"检测"栏对应位置打钩；若有错误，则"检测"栏中将显示红色错误标识。一般的错误产生原因包括元器件封装定义不正确而使系统无法找到给定的封装、在设计 PCB 时没有添加对应的集成库。这时需要返回电路原理图编辑环境中，对有错误的元器件进行修改，直到修改完所有的错误为止，即"检测"栏中全为正确内容。

（4）若用户需要输出变化报告，可以单击"工程变更指令"对话框中的 报告变更 (R)... 按钮，系统弹出如图 7-36 所示的"报告预览"对话框，在该对话框中可以打印输出变化报告。

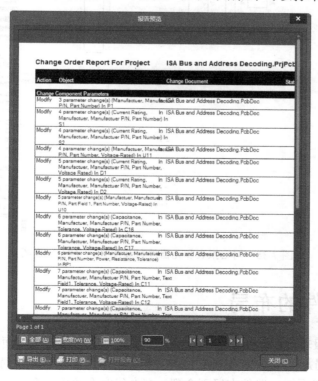

图 7-36　"报告预览"对话框

（5）单击"工程变更指令"对话框中 执行变更 按钮，系统将执行所有的更改操作，如果执行成功，"状态"区域的"完成"列表栏将被勾选，执行更改的结果如图 7-37 所示。此时，系统将网络报表和元器件封装加载到 PCB 图中，如图 7-38 所示。

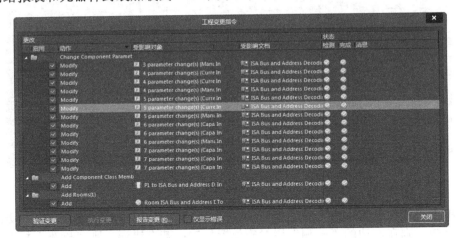

图 7-37 执行更改的结果

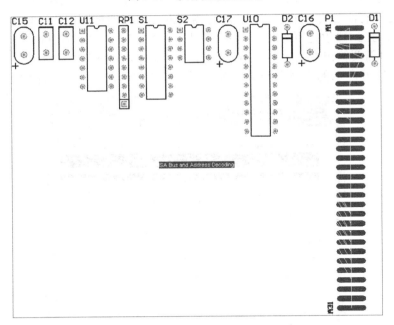

图 7-38 网络报表和元器件封装加载完成的 PCB 图

7.4 元器件的布局

在导入了网络报表后，所有元器件的封装已经加载到 PCB 上，下面需要对这些元器件进行布局。合理的布局是实现 PCB 正确布线的关键。若单面板元器件布局不合理，将无法完成 PCB 布线操作。若双面板元器件布局不合理，在布线时会放置很多过孔，使电路板导线变得非常复杂。

Altium Designer 20 提供了两种元器件布局方法：一种是自动布局；另一种是手动布局。这两种布局方法各有优劣，用户应根据不同的电路设计需要选择合适的布局方法。

7.4.1　自动布局

自动布局适用于元器件比较多的情况。Altium Designer 20 提供了强大的自动布局功能，在设置了合理的布局规则参数后，采用自动布局将大大提高电路板的设计效率。

在 PCB 编辑环境下，依次选择菜单栏中的"工具"→"器件摆放"命令，打开"器件摆放"命令子菜单，其中包含了与自动布局有关的命令，如图 7-39 所示。

- "按照 Room 排列"（空间内排列）命令：用于在指定的空间内部排列元器件。选择该命令后，光标变为十字形，在要排列元器件的空间区域内单击，元器件就可以自动排列到该空间内部。
- "在矩形区域排列"命令：用于将选中的元器件排列到矩形区域内。在使用该命令前，需要先将要排列的元器件选中。此时光标变为十字形，在要放置元器件的区域内单击，确定矩形区域的一角，移动光标至矩形区域的另一角再次单击。确定矩形区域后，系统会自动将已选择的元器件排列到该矩形区域。
- "排列板子外的器件"命令：用于将选中的元器件排列在 PCB 的外部。在使用该命令前，需要先将要排列的元器件选中，之后系统自动将选中的元器件排列到 PCB 以外的右下角区域。
- "依据文件放置"命令：用于导入自动布局文件进行布局。
- "重新定位选择的器件"命令：重新进行自动布局。
- "交换器件"命令：用于交换选中的元器件在 PCB 的位置。

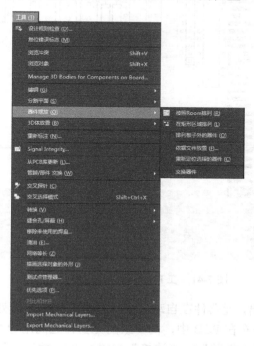

图 7-39　"器件摆放"命令子菜单

1. 在 Room 区域内排列元器件

单击选中封装所在的 Room，Room 边界显示白色方块，拖动该方块将选中的边界大小调整为电气边界大小，如图 7-40 所示。

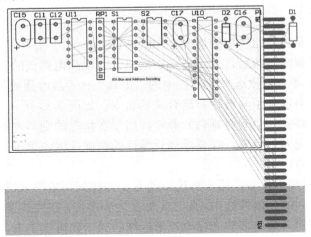

图 7-40　调整 Room 边界

选中要布局的元器件，依次选择菜单栏中的"工具"→"器件摆放"→"按照 Room 排列"命令，光标变为十字形，在编辑区绘制矩形区域即可在选择的矩形区域中自动布局。由于自动布局需要经过大量计算，因此需要耗费一定时间。在 Room 区域内自动布局结果如图 7-41 所示。

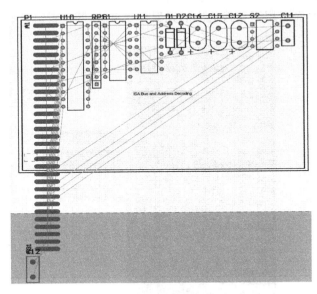

图 7-41　在 Room 区域内自动布局结果

从图 7-41 中可以看出，元器件在自动布局后不再按照种类排列在一起，而按照自动布局的类型初步分成若干组分布在 PCB 中，同一组的元器件之间用导线建立连接将更加容易。

依次选择菜单栏中的"视图"→"连接"→"全部隐藏"命令可以隐藏电路板中的所有

飞线，这样方便显示。

由于自动布局的结果并不是完美的，还存在很多不合理的地方，因此还需要对自动布局进行手动调整。

2．在矩形区域内排列元器件

选中要布局的元器件，依次选择菜单栏中的"工具"→"器件摆放"→"在矩形区域排列"命令，光标变为十字形，在编辑区绘制矩形区域即可在选择的矩形区域中自动布局。在矩形区域内自动布局结果如图 7-42 所示。

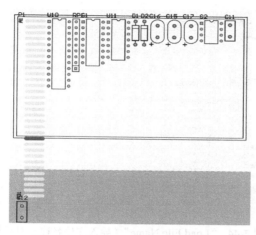

图 7-42　在矩形区域内自动布局结果

3．排列板子外的元器件

在大规模的电路设计中，自动布局涉及大量计算，执行起来往往要花费很长时间。这时用户可以进行分组布局，为防止元器件过多影响排列，可将局部元器件排列到板子外。先排列板子内的元器件，最后排列板子外的元器件。

选中需要排列到外部的元器件，依次选择菜单栏中的"工具"→"器件摆放"→"排列板子外的器件"命令，系统会自动将选中的元器件放置到板子边框外侧，如图 7-43 所示。

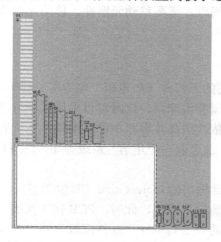

图 7-43　放置到板子边框外侧的元器件

4．导入自动布局文件进行布局

在对元器件进行布局时，还可以采用导入自动布局文件来完成布局，这种布局的实质是导入自动布局策略。依次选择菜单栏中的"工具"→"器件摆放"→"依据文件放置"命令，弹出如图 7-44 所示的"Load File Name"（导入文件名称）对话框，从中选择自动布局文件（后缀名为".PIk"），单击"打开"按钮即可导入此文件进行自动布局。

导入自动布局文件进行布局的方法在常规设计中比较少见，这里导入的并不是每一个元器件自动布局的位置，而是一种自动布局的策略。

图 7-44　"Load File Name"（导入文件名称）对话框

在使用系统的自动布局功能时，虽然布局的速度和效率都很高，但是布局的结果并不完美。在很多情况下必须对布局结果进行调整，即采用手动布局，按用户的要求进行进一步设计。

7.4.2　手动布局

在系统自动布局完成后，对元器件布局进行手动调整。

1．调整元器件位置

在手动调整元器件的布局时，需要移动元器件。移动元器件的方法前面已经做过介绍，这里不再赘述。

2．排列相同元器件

在 PCB 上，经常将相同的元器件（如电阻、电容等）排列、放置在一起，若 PCB 上的相同元器件较多，依次单独调整很麻烦，这时可以采用以下方法。

（1）查找相似元器件。依次选择菜单栏中的"编辑"→"查找相似对象"命令，光标变成十字形，在 PCB 图纸上单击选取一个电容，系统弹出"查找相似对象"对话框，如图 7-45 所示。

在"查找相似对象"对话框中的 Object kind（对象类型）栏中选择"Same"（相似），单击"应用"按钮，再单击"确定"按钮，此时，PCB 图中所有电容都处于选中状态。

（2）依次选择菜单栏中的"工具"→"器件摆放"→"排列板子外的器件"命令，所有电容自动排列到 PCB 外。

（3）依次选择菜单栏中的"工具"→"器件摆放"→"在矩形区域排列"命令，光标变成十字形，在 PCB 外绘制出一个矩形区域，此时所有的电容都自动排列到该矩形区域内，手动稍微调整，如图 7-46 所示。

（4）单击工具栏中的 ▓▓（清除当前过滤器）按钮，取消电容的屏蔽选择状态，对其他元器件进行相同操作。

（5）操作全部完成后，将 PCB 外面的元器件移到 PCB 内。

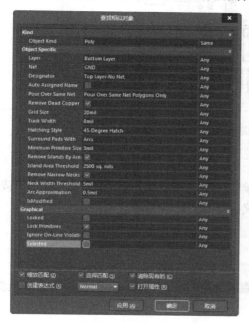

图 7-45　"查找相似对象"对话框

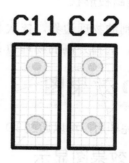

图 7-46　排列电容

3. 修改元器件标注

双击要调整的元器件标注，打开对应的 Parameter（参数）属性设置面板，如图 7-47 所示。

图 7-47　Parameter（参数）属性设置面板

手动调整后的元器件的布局如图 7-48 所示。

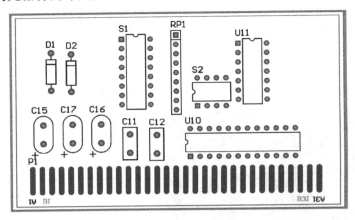

图 7-48　手动调整后的元器件的布局

4．设置电路板形状

选中已绘制的物理边界，依次选择菜单栏中的"设计"→"板子形状"→"按照选择对象定义"命令，选择外侧的物理边界，定义电路板。

7.5　3D 效果图

手动布局完毕后，可以通过 3D 效果图直观地查看布局效果，以检查手动布局是否合理。

7.5.1　3D 效果图显示

在 PCB 编辑器内，依次选择菜单栏中的"视图"→"切换到 3 维模式"命令，系统将会显示该 PCB 的 3D 效果图。按住 Shift 键显示旋转图标，在方向箭头上按住鼠标右键即可旋转电路板，如图 7-49 所示。

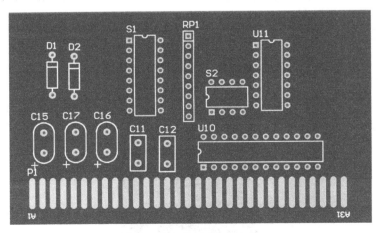

图 7-49　PCB 的 3D 效果图

单击 PCB 编辑环境主菜单右下角的 Panels 按钮，弹出快捷菜单，选择"PCB"命令，打开 PCB 面板，如图 7-50 所示。

图 7-50　PCB 面板

1. 浏览区域

浏览区域在 PCB 面板中，显示类型为 "3D Model"，该区域列出了当前 PCB 文件内的所有 3D 模型，选择其中一个元器件的 3D 模型进行显示，如图 7-51 所示。

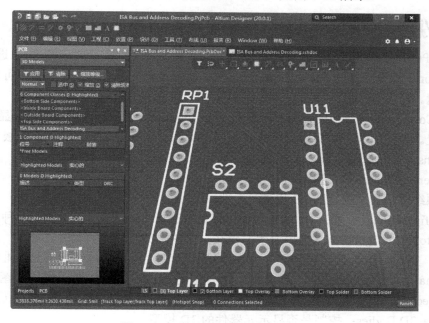

图 7-51　显示某个元器件 3D 模型

对于网络和元器件，有 Normal（正常）、Mask（遮挡）和 Dim（变暗）3 种显示方式，用户可通过 PCB 面板中的下拉列表进行选择。

- Normal（正常）：高亮显示用户选择的网络或元器件，其他网络或元器件的显示方式不变。
- Mask（遮挡）：高亮显示用户选择的网络或元器件，其他元器件和网络以遮挡方式显示（灰色），这种显示方式更为直观。
- Dim（变暗）：高亮显示用户选择的网络或元器件，其他元器件或网络按色阶变暗显示。

对于显示的控制，有 3 个选项，即选中、缩放和清除现有的。

- 选中：若勾选该复选框，在高亮显示的同时选中用户选定的网络或元器件。
- 缩放：若勾选该复选框，系统会自动将网络或元器件所在区域完整地显示在用户可视区域内。如果被选网络或元器件在图中所占区域较小，则会放大显示。
- 清除现有的：若勾选该复选框，系统会自动清除用户选定的网络或元器件。

2．显示区域

显示区域用于控制 3D 效果图中模型材质的显示方式，如图 7-52 所示。

图 7-52　3D 效果图中模型材质的显示方式

3．预览框区域

将光标移动到预览框区域，单击并按住鼠标左键不放，移动光标，3D 效果图将跟随光标移动。

7.5.2　View Configuration（视图设置）面板

单击 PCB 编辑环境主菜单右下角的 Panels 按钮，弹出快捷菜单，选择"View Configuration"命令，打开 View Configuration（视图设置）面板，在该面板中可以设置电路板基本环境。

View Configuration（视图设置）面板的 View Options（视图选项）选项卡中显示 3D 面板的基本设置。不同模式下的面板显示略有不同，下面重点介绍 3D 模式下的面板参数设置。View Options（视图选项）选项卡如图 7-53 所示。

（1）General Settings（通用设置）选项组。

该选项组用于显示配置和 3D 主体。

- Configuration（设置）：可以在其下拉列表中选择 3D 视图模式，共 11 种，默认选择 Custom Configuration（通用设置）模式，如图 7-54 所示。
- 3D：控制电路板 3D 模式开关，作用同菜单命令"视图"→"切换到 3 维模式"。
- Signal Layer Mode：控制 3D 模型中信号层的显示模式。3D 视图模式如图 7-55 所示。
- Projection：投影显示模式，包括 Orthographic（正射投影）和 Perspective（透视投影）。
- Show 3D Bodies：控制是否显示元器件的 3D 模型。

图 7-53　View Options（视图选项）选项卡

图 7-54　视图模式

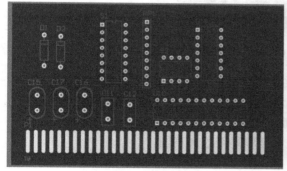

（a）打开单层模式

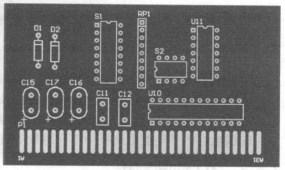

（b）关闭单层模式

图 7-55　3D 视图模式

（2）3D Settings（3D 设置）选项组。

● Board thickness（Scale）：通过拖动滑动块设置电路板的厚度，按比例显示。

● Colors：用于设置电路板颜色模式，包括 Realistic（逼真）和 By Layer（随层）。

（3）Mask and Dim Settings（屏蔽和调光设置）选项组。

该选项组用于进行对象的屏蔽、调光和高亮设置。

● Dimmed Objects（屏蔽对象）：用于设置对象屏蔽程度。

● Highlighted Objects（高亮对象）：用于设置对象高亮程度。

● Masked Objects（调光对象）：用于设置对象调光程度。

在 Configuration（设置）下拉列表中选择 Altium Standard 2D，或者执行菜单命令"视图"→

"切换到 2 维模式"，切换到 2D 模式。2D 模式下的 View Options（视图选项）选项卡如图 7-56 所示。

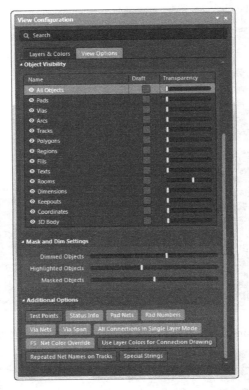

图 7-56　2D 模式下的 View Options（视图选项）选项卡

（4）Additional Options（附加选项）选项组。

该选项组共有 11 种控件，允许配置各种显示设置，如 Net Color Override（网络颜色覆盖）。

（5）Object Visibility（对象可视化）选项组。

该选项组用于设置电路板中不同对象的透明度和是否添加草图。

7.5.3　3D 动画制作

使用动画制作功能可以生成电路板中指定零件点到点运动的简单动画。本节介绍通过拖动时间栏并旋转缩放电路板生成基本动画的方法。

单击 PCB 编辑环境主菜单右下角的 Panels 按钮，弹出快捷菜单，选择"PCB 3D Movie Editor"（PCB 3D 动画编辑器）命令，打开 PCB 3D Movie Editor 面板，如图 7-57 所示。

（1）Movie Title（动画标题）区域。

在 3D Movie（3D 动画）下拉列表中选择"New"（新建）命令，或者单击"New"按钮，在该区域创建 PCB 文件的 3D 动画，默认动画名称为"PCB 3D Video"。

（2）PCB 3D Video（动画）区域。

在该区域创建动画关键帧。在 Key Frame（关键帧）下拉列表中依次选择"New"（新建）→ "Add"（添加）命令，或者依次单击"New"（新建）→ "Add"（添加）按钮，创建第一个动画关键帧，电路板默认位置如图 7-58 所示。

（3）依次单击"New"（新建）→"Add"（添加）按钮，继续添加动画关键帧，将时间设置为3s，按住鼠标滚轮并滚动，在视图中对视图进行缩放，如图7-59所示。

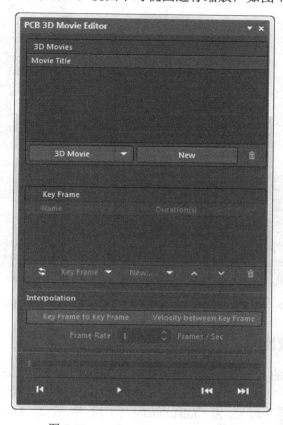

图7-57　PCB 3D Movie Editor 面板

图7-58　电路板默认位置

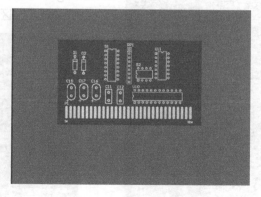

图7-59　缩放后的视图

（4）依次单击"New"（新建）→"Add"（添加）按钮，继续添加动画关键帧，将时间设置为3s，按住 Shift 键和鼠标右键，对视图进行旋转，如图7-60所示。

（5）动画设置面板如图7-61所示，单击其中的 ▷ 按钮演示动画。

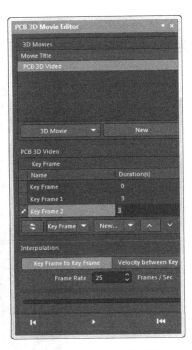

图 7-60　旋转后的视图

图 7-61　动画设置面板

7.5.4　3D 动画输出

依次选择菜单栏中的"文件"→"新的"→"Output Job 文件"命令，在 Project（工程）面板中的 Settings（设置）选项组中显示输出文件，系统提供的默认名称为 Job1.OutJob，将其另存为 ISA Bus and Address Decoding.OutJob，如图 7-62 所示。

在右侧工作区打开输出文件编辑区，如图 7-63 所示。

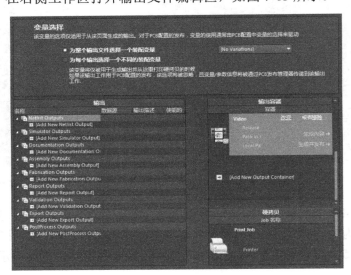

图 7-62　新建输出文件

图 7-63　输出文件编辑区

（1）"变量选择"选项组：用于设置输出文件中变量的保存模式。

（2）"输出"选项组：用于显示不同的输出文件类型。

① 加载输出文件。单击需要添加的文件类型"Documentation Outputs"（文档输出）的"Add New Documentation Output"（添加新文档输出），弹出如图7-64所示的快捷命令菜单，选择"PCB 3D Video"命令，选择默认的PCB文件作为输出文件依据或重新选择文件。加载的输出文件如图7-65所示。

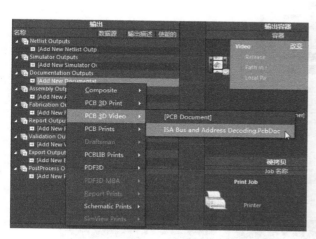

图7-64　快捷命令菜单

图7-65　加载的输出文件

② 在加载的输出文件上右击，弹出如图7-66所示的快捷菜单，选择"配置"命令，弹出如图7-67所示的"PCB 3D 视频"对话框，单击"确定"按钮，关闭该对话框，采用默认输出视频配置。

图7-66　快捷菜单

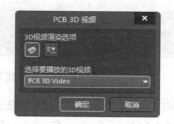

图7-67　"PCB 3D 视频"对话框

③ 单击"PCB 3D 视频"对话框中的▦（视图设置）按钮，弹出如图7-68所示的"视图设置"对话框，在该对话框中可以设置电路板的板层显示与物理材料。

④ 单击添加的文件右侧的单选按钮，建立加载文件与输出容器的联系，如图7-69所示。

图 7-68 "视图配置"对话框

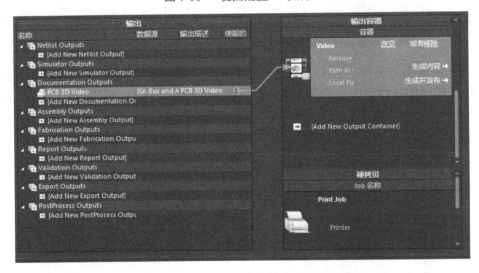

图 7-69 建立加载文件与输出容器的联系

（3）"输出容器"选项组：用于设置加载的输出文件的保存路径。

① 在"Add New Output Container"（添加新输出）选项下单击，弹出如图 7-70 所示的添加输出文件快捷菜单，选择添加的文件类型。

② 在 Video 选项组中单击"改变"选项，弹出如图 7-71 所示的"Video Settings"（视频设置）对话框，在该对话框中显示了预览文件的位置。

单击"高级"选项，展开"高级"选项组，如图 7-72 所示。在"类型"下拉列表中选择"Video(FFmpeg)"，在"格式"下拉列表中选择"FLV(Flash Video)(*.flv)"，将大小设置为704×576。

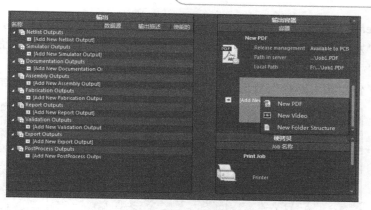

图 7-70　添加输出文件快捷菜单

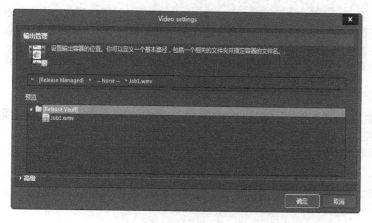

图 7-71　"Video Settings"（视频设置）对话框

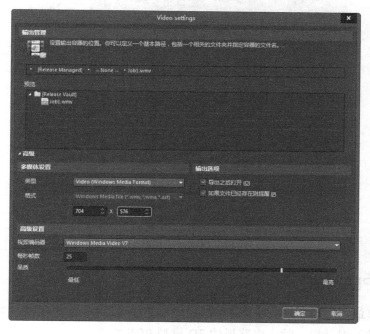

图 7-72　"高级"选项组

③ 在"Release Managed"（发布管理）选项组设置发布的视频生成位置，如图 7-73 所示。

- 若选择"发布管理"单选按钮，则将发布的视频保存在系统默认路径。
- 若选择"手动管理"单选按钮，则手动选择视频保存路径。
- 若勾选"使用相对路径"复选框，则默认发布的视频与 PCB 文件同路径。

图 7-73 设置发布的视频生成位置

④ 单击"生成内容"按钮，在设置的路径下生成视频文件，利用视频播放器打开视频文件，如图 7-74 所示。

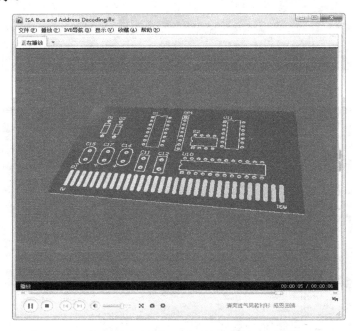

图 7-74 利用视频播放器打开视频文件

7.5.5 3D PDF 输出

依次选择菜单栏中的"文件"→"导出"→"PDF 3D"命令，弹出如图 7-75 所示的"Export File"（输出文件）对话框，输出电路板的 3D 模型 PDF 文件。

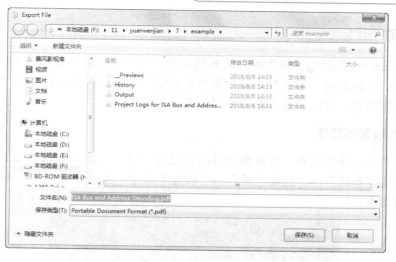

图 7-75 "Export File"（输出文件）对话框

单击"保存"按钮，弹出如图 7-76 所示的"Export 3D"对话框，在该对话框中可以选择 PDF 文件显示的视图并进行页面设置（如设置输出文件中的对象），单击 Export 按钮输出 PDF 文件，如图 7-77 所示。

图 7-76 "Export 3D"对话框

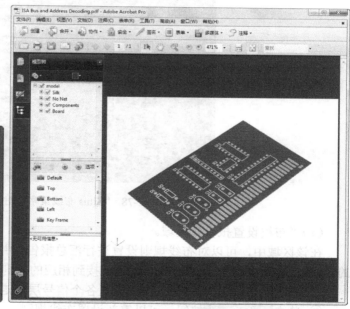

图 7-77 PDF 文件

7.6 PCB 的布线

当 PCB 布局完成后，用户就可以进行 PCB 的布线了。PCB 布线可以采取两种方式：自动布线和手动布线。

7.6.1　自动布线

Altium Designer 20 提供了强大的自动布线功能，适用于元器件数目较多的情况。

在进行自动布线之前，用户首先要设置布线规则，使系统按照布线规则进行自动布线。对于布线规则的设置，前面已经详细介绍过，此处不再赘述。

1．自动布线策略设置

在进行自动布线操作之前，首先要对自动布线策略进行设置。在 PCB 编辑环境中，依次选择菜单栏中的"布线"→"自动布线"→"设置"命令，系统弹出如图 7-78 所示的"Situs 布线策略"对话框。

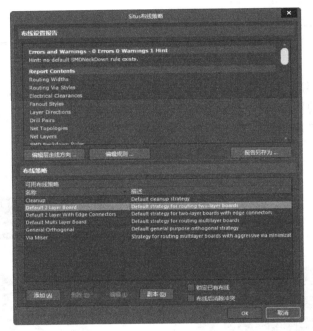

图 7-78　"Situs 布线策略"对话框

（1）"布线设置报告"区域。

在该区域中，可以对布线规则设置进行汇总报告，并进行规则编辑。该区域列出了详细的布线规则，并以超链接的方式将列表链接到相应的规则设置栏，可以对布线规则进行修改。

① 单击 [编辑层走线方向 ...] 按钮，可以设置各个信号层的走线方向。

② 单击 [编辑规则 ...] 按钮，可以重新设置布线规则。

③ 单击 [报告另存为 ...] 按钮，可以将规则报告导出保存。

（2）"布线策略"区域。

在该区域中，系统提供了 6 种默认的布线策略：Cleanup（优化布线策略）、Default 2 Layer Board（双面板默认布线策略）、Default 2 Layer With Edge Connectors（带边界连接器的双面板默认布线策略）、Default Multi Layer Board（多层板默认布线策略）、General Orthogonal（普通直角布线策略）及 Via Miser（过孔最少化布线策略）。单击 [添加 (A)] 按钮，可以添加新的布线策略。一般情况下均采用系统默认设置。

2．自动布线操作

在进行自动布线之前，需要先了解自动布线子菜单。执行菜单命令"布线"→"自动布线"，系统弹出自动布线子菜单，如图 7-79 所示。

（1）全部：用于对整个 PCB 的所有网络进行自动布线。

（2）网络：用于对指定的网络进行自动布线。执行该命令后，光标将变成十字形，选中需要布线的网络并单击，系统会进行自动布线。

（3）网络类：用于对指定的网络类进行自动布线

（4）连接：用于对指定的焊盘进行自动布线。执行该命令后，光标将变成十字形，单击，系统会进行自动布线。

（5）区域：用于对指定的区域自动布线。执行该命令后，光标将变成十字形，此时可以选择一个需要布线的焊盘的矩形区域。

图 7-79　自动布线子菜单

（6）Room：用于在指定的 Room 空间内进行自动布线。

（7）元器件：用于对指定的元器件进行自动布线。执行该命令后，光标将变成十字形，选中需要布线的元器件，单击，系统会对该元器件进行自动布线。

（8）器件类：用于对指定的元器件类进行自动布线。

（9）选中对象的连接：用于对选取的元器件的所有连线进行自动布线。在执行该命令前，首先要选取需要进行布线的元器件。

（10）选择对象之间的连接：用于为选取的多个元器件之间进行自动布线。

（11）设置：用于打开自动布线设置对话框。

（12）停止：用于终止自动布线。

（13）复位：用于对进行过布线操作的 PCB 进行重新布线。

（14）Pause：用于对正在进行的布线操作进行中断。

依次选择菜单栏中的"布线"→"自动布线"→"全部"命令，系统弹出"Situs 布线策略"对话框，此对话框与如图 7-78 所示的"Situs 布线策略"对话框基本相同。在 Routing Strategies 区域选择 Default 2 Layer Board（双面板默认布线策略），然后单击"Route All"（布线所有）按钮，系统开始自动布线。

在自动布线过程中，会出现 Messages（信息）面板，显示当前自动布线信息，如图 7-80 所示。

图 7-80　Messages（信息）面板中显示的当前自动布线信息

自动布线完成后的 PCB 如图 7-81 所示。

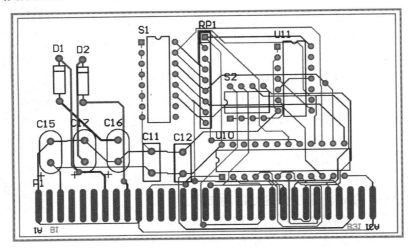

图 7-81　自动布线完成后的 PCB

除此之外，用户还可以根据前面介绍的命令对电路板进行局部自动布线操作。

7.6.2　手动布线

当 PCB 上元器件数量不多、连接不复杂，或者在自动布线完成后需要对元器件布线进行修改时，都可以采用手动布线方式。

在手动布线之前，也要对布线规则进行设置，手动布线与自动布线的布线规则设置方法相同。

在手动调整布线的过程中，经常要删除一些不合理的导线，Altium Designer 20 提供了以命令方式删除导线的方法。

依次选择菜单栏中的"布线"→"取消布线"命令，弹出取消布线命令菜单，如图 7-82 所示。

图 7-82　取消布线命令菜单

- 全部：用于取消所有的布线。
- 网络：用于取消指定网络的布线。
- 连接：用于取消指定的连接，一般用于两个焊盘之间 。
- 器件：用于取消指定元器件之间的布线。
- Room：用于取消指定 Room 空间内的布线。

将布线取消后，依次选择菜单栏中的"放置"→"走线"命令，或者单击布线工具栏中的 （交互式布线连接）按钮，启动绘制导线命令，重新进行手动布线。

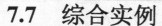

7.7　综合实例

本节将通过两个简单的实例来介绍 PCB 的布局设计。通过本章前面的学习，相信用户已基本掌握 PCB 的设计方法，能够完成基本的 PCB 设计。

7.7.1　停电报警器电路设计

本例要设计的是一种无源型停电报警器电路，该报警器不需要备用电池，当 220V 交流电网停电时，它就会发出"嘟——嘟——"的报警声。本例将完成停电报警器电路原理图和PCB 的设计。

 绘制步骤

（1）创建工程文件与电路原理图文件。

在 Altium Designer 20 主界面中，依次选择菜单栏中的"文件"→"新的"→"项目"命令，新建一个 PCB 工程文件，然后将其保存为"停电报警器电路.PrjPcb"。依次选择菜单栏中的"文件"→"新的"→"原理图"，新建一张电路原理图，将其保存为"停电报警器电路.SchDoc"。

（2）设置电路原理图工作环境。

① 单击 Components 面板右上角的 ■ 按钮，弹出快捷菜单，选择"File-based Libraries Preferences"（库文件参数）命令，打开"Available File-based Libraries"（可用库文件）对话框，在其中加载需要的元器件库。本例中需要加载的元器件库为安装路径 AD20\Library\Texas Instruments 中的 TI Logic Gate 1.IntLib、Miscellaneous Devices.IntLib 和 Miscellaneous Connectors.IntLib，如图 7-83 所示。

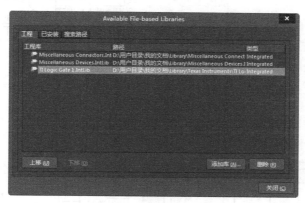

图 7-83　加载需要的元器件库

② 打开 Properties（属性）面板，在其中设置电路原理图的工作环境。

（3）绘制电路原理图。

打开 Components 面板，在其中浏览电路原理图需要的所有元器件，并将其放置在图纸上，如图 7-84 所示。

按照电路原理图中元器件的大概位置摆放元器件。用拖动的方法来改变元器件的位置，如果需要改变元器件的方向，则可以按空格键。元器件布局结果如图 7-85 所示。

依次选择菜单栏中的"放置"→"线"命令，或者单击布线工具栏中的 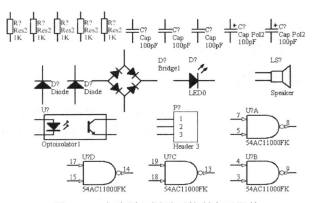（放置线）按钮，完成整个电路原理图的布线。电路原理图布线后的效果如图 7-86 所示。

图 7-84　电路原理图需要的所有元器件

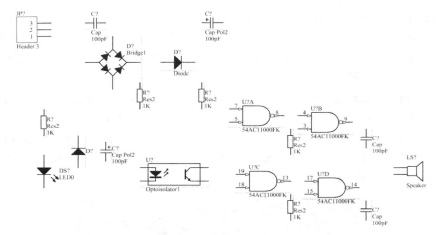

图 7-85　元器件布局结果

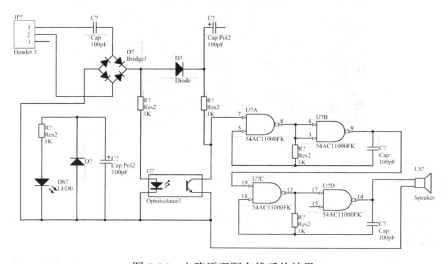

图 7-86　电路原理图布线后的效果

单击布线工具栏中的 ▇（GND 端口）按钮，移动光标到需要放置接地符号的位置处单击，放置接地符号，如图 7-87 所示。

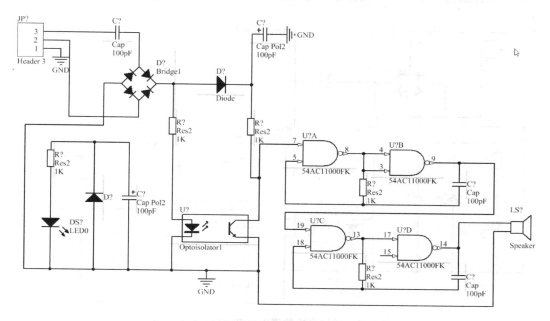

图 7-87　放置接地符号

双击每个元器件，编辑这些元器件的编号、参数值等，设置完元器件属性后的电路原理图如图 7-88 所示。

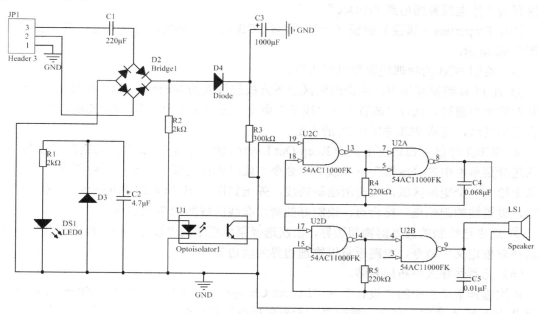

图 7-88　设置完元器件属性后的电路原理图

单击布线工具栏中的 Net（放置网络标签）按钮，移动光标到目标位置，单击将网络标签放置到图纸上。

保存所有配置，整个停电报警器的电路原理图便绘制完成了，如图 7-89 所示。

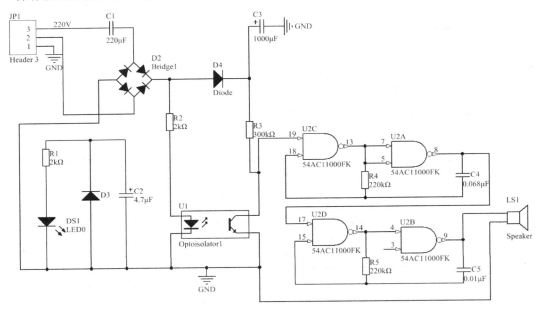

图 7-89　绘制完成的停电报警器的电路原理图

（4）创建 PCB 文件。

依次选择菜单栏中的"文件"→"新的"→"PCB"命令，新建一个 PCB 文件，然后将其保存为"停电报警器电路.PcbDoc"。

打开 Properties（属性）面板（一），设置 PCB 的工作环境，包括尺寸、各种栅格等，如图 7-90 所示。

（5）绘制 PCB 的物理边界和电气边界。

① 在 PCB 编辑环境中，单击编辑区左下方板层选项的 Mechanical1（机械层 1）选项，将其设置为当前层。执行"放置"→"线条"命令，光标变成十字形，沿 PCB 边界绘制一个闭合矩形区域，完成 PCB 物理边界的设定。

② 单击工作区主窗口左下角的 Keep-Out Layer（禁止布线层）选项，切换到禁止布线层。依次选择菜单栏中的"放置"→"线条"命令，此时光标变成十字形，用绘制导线的方法在图纸上绘制一个矩形区域，双击所绘制的线，弹出如图 7-91 所示的 Properties（属性）面板（二），设置线的起始点、终止点，绘制好的禁止布线区域如图 7-92 所示。

③ 选中已绘制的最外侧物理边界，依次选择菜单栏中的"设计"→"板子形状"→"按照选择对象定义"命令，电路板将以物理边界为板边界。

（6）元器件导入与布局封装。

依次选择菜单栏中的"设计"→"Import Changes From 停电报警器.PrjPcb"（从停电报警器.PrjPcb 输入变化）命令，弹出"工程变更指令"对话框，如图 7-93 所示。在"工程变更指令"对话框中单击"验证变更"按钮对所有的元器件封装进行检查，在全部元器件封装检查通过后，单击"执行变更"按钮将所有的元器件封装加载到 PCB 文件中，如图 7-94 所示。单击"关闭"按钮退出"工程变更指令"对话框。

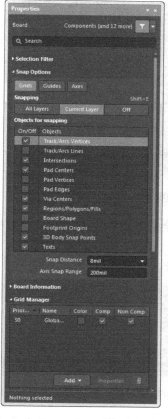

图 7-90　Properties（属性）面板（一）

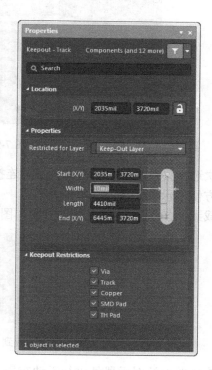

图 7-91　Properties（属性）面板（二）

图 7-92　绘制好的禁止布线区域

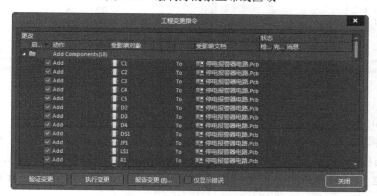

图 7-93　"工程变更指令"对话框

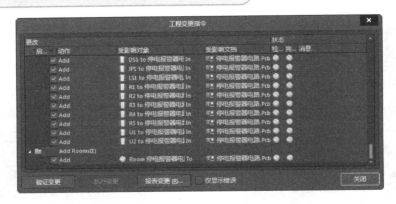

图 7-94　执行变更

依次选择菜单栏中的"视图"→"连接"→"全部隐藏"命令，隐藏电路板中的所有飞线，以方便显示。

加载到 PCB 文件中的元器件封装如图 7-95 所示。

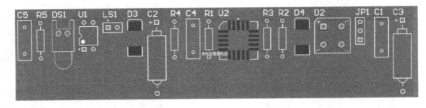

图 7-95　加载到 PCB 文件中的元器件封装

用拖动的方法对元器件进行手动布局。为了使 5 个电阻摆放整齐，可以将这 5 个电阻的封装全部选中，单击应用工具工具栏中的 排列工具 按钮，弹出下拉菜单，选择 以顶对齐器件（以顶对齐器件）选项和 使器件水平间距相等（使器件水平间距相等）选项，使 5 个电阻件上对齐，水平间距相等。布局完成后的 PCB 如图 7-96 所示。

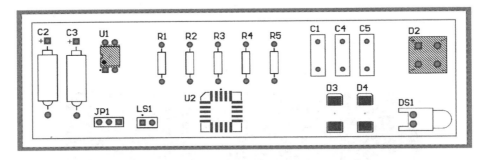

图 7-96　布局完成后的 PCB

（7）PCB 布线。

在 PCB 编辑环境中，单击编辑区左下方板层选项的 Top Layer（顶层）选项，切换到顶层，然后单击布线工具栏中的 交互式布线连接（交互式布线连接）按钮，光标变成十字形，移动光标到 C1 的焊盘 2 上，单击确定导线的起点，绘制出一条直线到元器件 JP1 的焊盘 3 处，先单击确定导线的转折点，再单击确定导线的终止点，如图 7-97 所示。

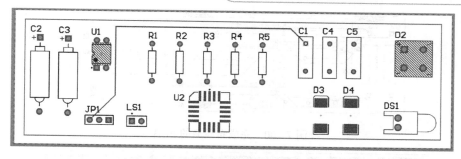

图 7-97　在顶层绘制一条导线

双击绘制的导线，弹出如图 7-98 所示的 Track（轨迹）属性设置面板，在其中将导线的线宽设置为 30mil 并单击 a（锁定）按钮，此外还要确定导线所在的板层为 Top Layer（顶层）。

（8）用上述方法手动绘制电源线和地线，并将已经绘制的导线全部锁定。

（9）对其余导线进行自动布线。

依次选择菜单栏中的"布线"→"自动布线"→"全部"命令，弹出如图 7-99 所示"Situs 布线策略"对话框，在该对话框中选择 Default 2 Layer Board（默认的双面板）布线规则，单击"Route All"（所有线路）按钮进行自动布线。

（10）在进行布线时，在 Messages（信息）面板中会给出自动布线信息。

完成布线后的 PCB 如图 7-100 所示，Messages（信息）面板中的自动布线信息如图 7-101 所示。

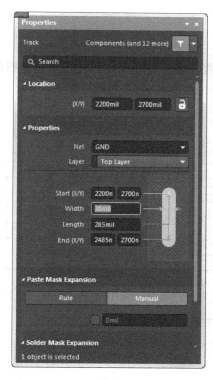

图 7-98　Track（轨迹）属性设置面板

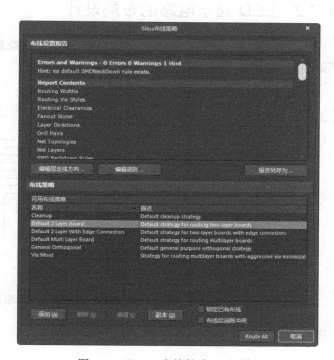

图 7-99　"Situs 布线策略"对话框

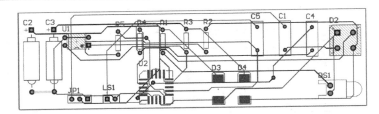

图 7-100   完成布线后的 PCB

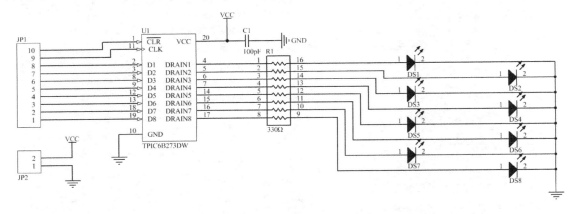

图 7-101   Messages（信息）面板中的自动布线信息

依次选择菜单栏中的"工程"→"Compile PCB Project"（编译 PCB 工程）命令，对整个设计工程进行编译。

7.7.2 LED 显示电路的布局设计

本例需要完成如图 7-102 所示的 LED 显示电路原理图的设计、网络报表生成、电路板外形尺寸设定，并实现元器件的自动布局及手动调整。

图 7-102   LED 显示电路原理图

 绘制步骤

1. 新建项目并创建电路原理图文件

（1）启动 Altium Designer 20，依次选择菜单栏中的"文件"→"新的"→"项目"命令，弹出"Create Project"（新建工程）对话框，在该对话框中显示工程文件类型，默认选择 Local Projects 选项及 Default（默认）选项，在 Project Name（工程名称）文本框中输入文件名称"LED 显示电路"，创建一个 PCB 项目文件。

（2）依次选择菜单栏中的"文件"→"保存工程为"命令，将新建的 PCB 项目文件另存为"LED 显示电路.PrjPCB"。

（3）在 Projects（工程）面板的项目文件上右击，弹出快捷菜单，依次选择"添加新的到工程"→"Schematic"命令，新建一个电路原理图文件，并自动切换到电路原理图编辑环境。

（4）用保存项目文件的方法将该电路原理图文件另存为"LED 显示原理图.SCHDOC"。

（5）在电路原理图编辑环境下，依次选择菜单栏中的"设计"→"工程的网络表"→"Protel"命令，生成 LED 显示电路原理图的网络报表，如图 7-103 所示。

（7）在 Projects（工程）面板的项目文件上右击，弹出快捷菜单，依次选择"添加新的到工程"→"PCB"命令，新建一个 PCB 文件，并自动切换到 PCB 编辑环境，将 PCB 文件另存为"LED 显示电路.PcbDoc"。

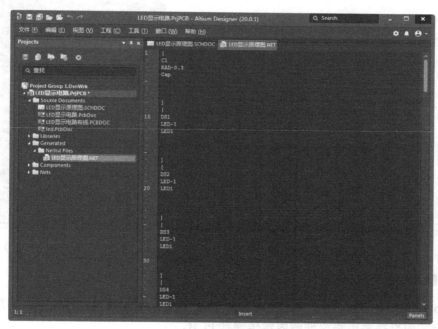

图 7-103　LED 显示电路原理图的网络报表

2．规划电路板

（1）在机械层绘制一个大小为 2000mil×1500mil 的矩形框作为电路板的物理边界，然后切换到禁止布线层。在物理边界绘制一个大小为 1900mil×1400mil 的矩形框作为电路板的电气边界。两边界之间的间距为 50mil。

（2）放置电路板的安装孔。在电路板四角的适当位置放置 4 个内外径均为 3mm 的焊盘充当安装孔。电路板外形如图 7-104 所示。

（3）设置图纸区域的栅格参数。打开 Properties（属性）面板，在该面板中，按如图 7-105 所示的参数设置电路板工作窗口中的栅格参数。

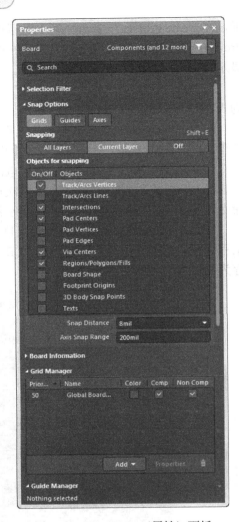

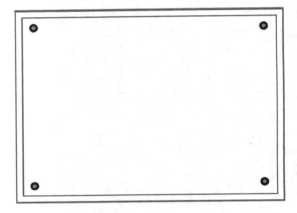

图 7-104　电路板外形　　　　　　　　图 7-105　Properties（属性）面板

3．加载网络报表与元器件

Altium Designer 20 实现了真正的双向同步设计，在 PCB 的设计过程中，用户可以不生成网络报表，而直接将电路原理图内容传输到 PCB。

（1）在电路原理图编辑环境下，依次选择菜单栏中的"设计"→"Update PCB Document LED 显示原理图.PcbDoc"（更新 PCB 文件）命令，系统将弹出"工程变更指令"对话框。

（2）在"工程变更指令"对话框中，单击"验证变更"按钮，系统会逐项检查所提交修改的有效性，并在"状态"栏的"检测"选项中显示装入的元器件是否正确，正确的标识为 ，错误的标识为 。如果出现错误，那么一般找不到元器件对应的封装。这时应该打开相应的电路原理图，检查元器件封装名称是否正确或添加相应的元器件封装库。

（3）若元器件封装和网络都正确，单击"执行变更"按钮，"工程变更指令"对话框变为如图 7-106 所示的状态。此时工作区已经自动切换到 PCB 编辑状态，单击"关闭"按钮，关闭"工程变更指令"对话框。加载了网络报表与元器件封装的电路板如图 7-107 所示。

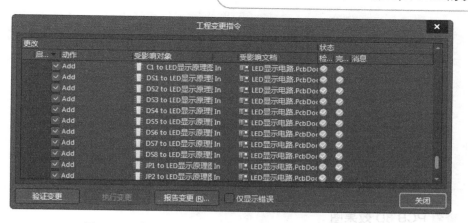

图 7-106　执行更新命令后的"工程变更指令"对话框

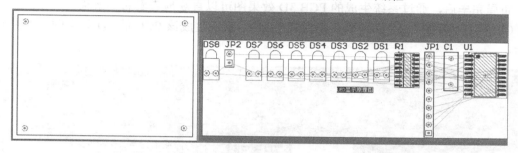

图 7-107　加载了网络报表与元器件封装的电路板

4．元器件布局

加载了网络报表及元器件封装之后，必须将这些元器件按一定规律与次序排列在电路板中，此时可利用元器件布局功能来完成元器件布局。

（1）二极管的预布局。将 8 个二极管移至电路板边缘，如图 7-108 所示。

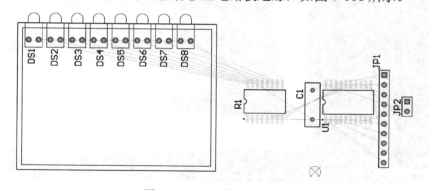

图 7-108　二极管的预布局

（2）调整元器件布局。利用移动元器件、旋转元器件、排列元器件、调整元器件标注和剪切/复制元器件等命令，将滤波电容尽量移至元器件 U1 附近，然后将插接件 JP1 和 JP2 移至电路板边缘。

为方便调整后的电路板显示，取消连线网络。依次选择菜单栏中的"视图"→"连接"→"全部隐藏"命令，取消连线网络显示。手动调整元器件布局后的 PCB 布局如图 7-109 所示。

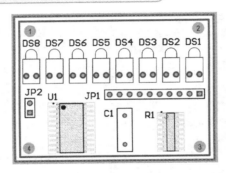

图 7-109　手动调整元器件布局后的 PCB 布局

5．查看 PCB 3D 效果图

布局完毕后，通过系统生成的 PCB 3D 效果图可以直观地查看布局效果。

（1）执行"视图"→"切换到 3 维模式"命令，系统生成该 PCB 的 3D 效果图，如图 7-110 所示。

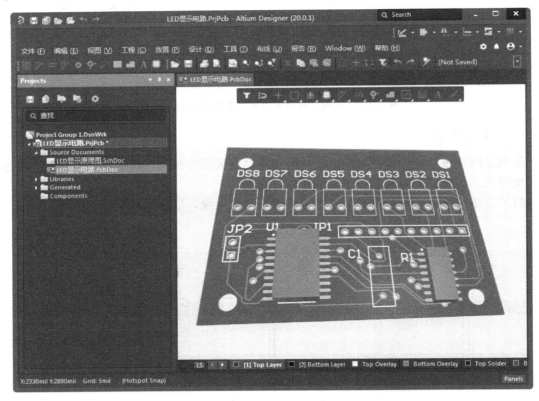

图 7-110　PCB 3D 效果图

（2）打开 PCB 3D Movie Editor（PCB 3D 动画编辑器）面板，在 3D Movie（3D 动画）下拉列表中选择"New"（新建）命令，创建 PCB 文件的 3D 模型动画 PCB 3D Video，创建关键帧，电路板中的关键帧位置如图 7-111 所示。

（3）动画设置面板如图 7-112 所示，单击其中的 ▷ 按钮演示动画。

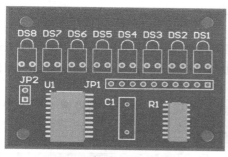

（a）关键帧 1 位置

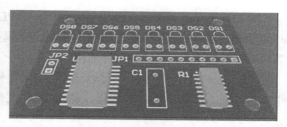

（b）关键帧 2 位置

（c）关键帧 3 位置

图 7-111　电路板中的关键帧位置

图 7-112　动画设置面板

6. 导出 PDF 图

依次选择菜单栏中的"文件"→"导出"→"PDF 3D"命令，弹出如图 7-113 所示的"Export File"（输出文件）对话框，输出电路板的 3D 模型 PDF 文件，单击"保存"按钮，弹出如图 7-114 所示的"Export 3D"对话框。

在"Export 3D"对话框中可以选择 PDF 文件显示的视图、进行页面设置（如设置输出文件中的对象），单击 Export 按钮，输出 PDF 文件，如图 7-115 所示。

图 7-113 "Export File"（输出文件）对话框   图 7-114 "Export 3D"对话框

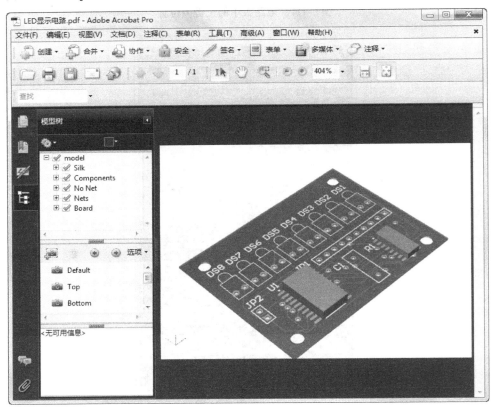

图 7-115 PDF 文件

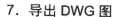

7. 导出 DWG 图

依次选择菜单栏中的"文件"→"导出"→"DXF/DWG"命令，弹出如图 7-116 所示的"Export File"（输出文件）对话框，输出电路板的 3D 模型 DXF 文件，单击"保存"按钮，弹出如图 7-117 所示"输出到 AutoCAD"对话框。

在"输出到 AutoCAD"对话框中还可以选择 DXF 文件导出的 AutoCAD 版本、格式、单位、孔、元器件、线的输出格式。

图 7-116 "Export File"（输出文件）对话框

图 7-117 "输出到 AutoCAD"对话框

单击"确定"按钮关闭"输出到 AutoCAD"对话框，输出"*.DWG"格式的 AutoCAD 文件。弹出"Information"（信息）对话框，单击"OK"按钮，关闭该对话框，显示完成输出，在 AutoCAD 中打开输出文件"LED 显示电路.DWG"，如图 7-118 所示。

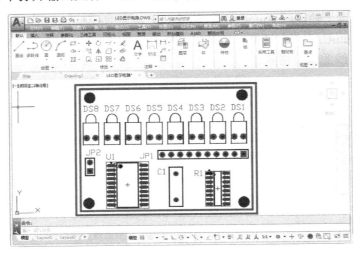

图 7-118　在 AutoCAD 中打开输出文件"LED 显示电路.DWG"

8．导出视频文件

（1）依次选择菜单栏中的"文件"→"新的"→"Output Job 文件"命令，在 Project（工程）面板中的 Settings（设置）栏下保存输出文件"LED 显示电路.OutJob"。

（2）在"输出"选项下加载视频文件，并创建位置链接，单击"输出容器"选项下的"生成内容"按钮，在文件设置的路径下生成视频文件，利用视频播放器打开该视频软件，如图 7-119 所示。

图 7-119　利用视频播放器打开视频文件

9. 自动布线

依次选择菜单栏中的"布线"→"自动布线"→"全部"命令，弹出"Situs 布线策略"对话框，在该对话框中选择 Default 2 Layer Board（默认的双面板）布线规则，然后单击"Route All"（所有线路）按钮进行自动布线，如图 7-120 所示。

在布线时，在 Messages（信息）面板中显示自动布线信息，如图 7-121 所示。完成布线后的 PCB 如图 7-122 所示。

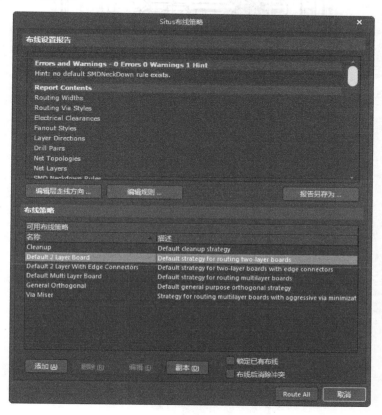

图 7-120　"Situs 布线策略"对话框

图 7-121　Messages（信息）面板中显示的自动布线信息

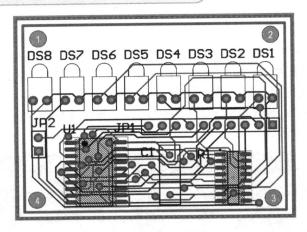

图 7-122   完成布线后的 PCB

第 8 章

PCB 高级编辑

8

在 PCB 设计的最后阶段，要通过设计规则检查来进一步确认 PCB 设计的正确性。在完成了 PCB 工程的设计后，就可以进行各种文件的整理和汇总。本章主要介绍 PCB 设计规则及 PCB 的输出。读者通过学习本章内容，应能更加系统地认识 Altium Designer 20。

8.1　PCB 设计规则

对于 PCB，Altium Designer 20 提供了 10 种不同的设计规则，这些设计规则涉及 PCB 设计过程中导线的放置、布线方法、元器件放置、布线规则、元器件移动和信号完整性等各个方面。Altium Designer 20 系统根据这些规则进行自动布局和自动布线。布线能否成功和布线质量的高低在很大程度上取决于设计规则的合理性，同时也依赖于用户的设计经验。

对于不同的电路需要采用不同的设计规则，若用户设计的是双面板，很多规则可以采用系统默认值，系统默认值就是针对双面板进行设置的。

8.1.1　设计规则概述

在 PCB 编辑环境中，依次选择菜单栏中的"设计"→"规则"命令，系统弹出"PCB 规则及约束编辑器"对话框，如图 8-1 所示。

"PCB 规则及约束编辑器"对话框左侧显示的是设计规则的类型，共 10 种，包括 Electrical（电气设计规则）、Routing（布线设计规则）、SMT（表面贴片元器件设计规则）、Mask（阻焊层设计规则）、Plane（内电层设计规则）、Testpoint（测试点设计规则）、Manufacturing（生产制造规则）、High Speed（高速电路设计规则）、Placement（元器件布局规则）及 Signal Integrity（信号完整性规则）等，右边显示对应规则的属性设置。

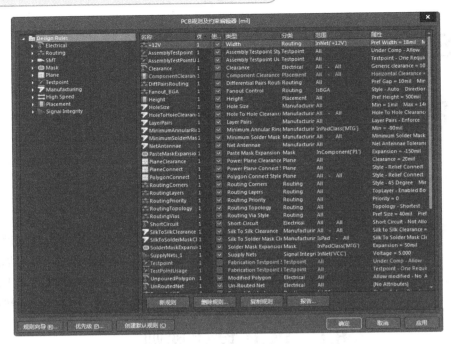

图 8-1　"PCB 规则及约束编辑器"对话框

在左侧列表栏内，单击鼠标右键，系统弹出一个右键菜单，如图 8-2 所示。

图 8-2　右键菜单

右键菜单中各项命令的作用如下。

（1）新规则：用于建立新的设计规则。

（2）重复的规则：用于建立重复的设计规则。

（3）删除规则：用于删除所选的设计规则。

（4）报告：用于生成 PCB 规则报表，将当前规则以报表文件的方式给出。

（5）Export Rules（导出报告）：用于将当前设计规则导出，以".rul"为后缀名导出。

（6）Import Rules（导入报告）：用于导入设计规则。

此外，在"PCB 规则及约束编辑器"对话框的左下角还有两个按钮。

规则向导(R)...：用于启动规则向导，为 PCB 设计添加新的设计规则。

优先级(P)...：用于设置设计规则的优先级别，单击该按钮，弹出"编辑规则优先级"对话框，如图 8-3 所示。

在"编辑规则优先级"对话框中列出了同一类型的所有规则，规则越靠上，其优先级别越高。选中需要修改优先级别的规则后，单击该对话框左下角的 增加优先级(I) 按钮可以提高该规则的优先级；单击 降低优先级(D) 按钮可以降低该规则的优先级。

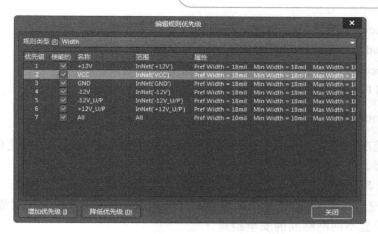

图 8-3　"编辑规则优先级"对话框

8.1.2　电气设计规则

在"PCB 规则及约束编辑器"对话框的左侧列表框中单击"Electrical"选项，打开电气设计规则列表，如图 8-4 所示。

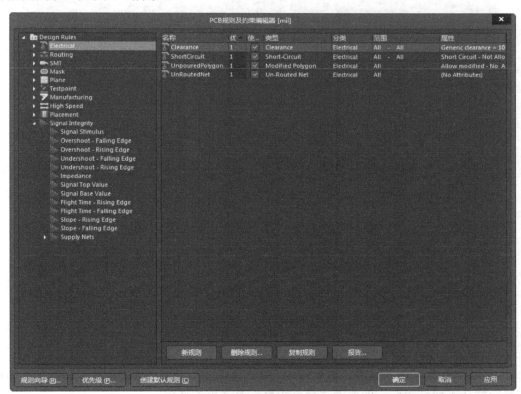

图 8-4　电气设计规则列表

单击"Electrical"选项前面的下拉按钮，在弹出的下拉列表中包括以下 5 个选项。

● Clearance 选项：用于设置安全距离。

- Short-Circuit 选项：用于设置短路规则。
- Un-Routed Net 选项：用于设置未布网络规则。
- Un-Connected Pin 选项：用于设置未连接管脚规则。
- Modified Polygon 选项：用于设置平面区域规则。

1．Clearance 选项

安全距离是在布置铜膜导线时，元器件焊盘与焊盘之间、焊盘与导线之间、导线与导线之间的最小距离。

在如图 8-5 所示的安全距离设置对话框中有两个匹配对象区域：Where The First object Matches（优先应用对象）和 Where The Second objects matches（其次应用对象）。用户可以在这两个区域中设置不同网络间的安全距离。

在"约束"选项区域中的"最小间距"文本框中可以输入安全距离的值，系统默认值为 10mil。

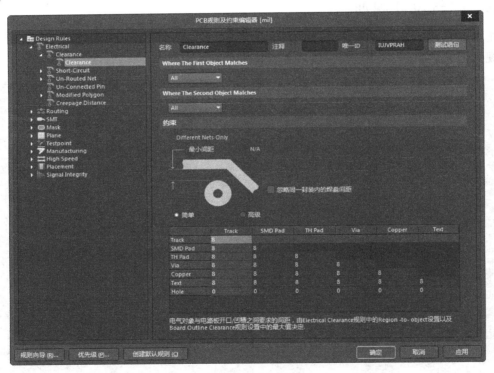

图 8-5　安全距离设置对话框

2．Short-Circuit 选项

Short-Circuit 选项用于设置是否允许电路中有导线交叉。短路规则设置对话框如图 8-6 所示，系统默认不允许短路，即取消"允许短路"复选框的选定。

3．Un-Routed Net 选项

Un-Routed Net 选项用于检查网络布线是否成功，如果不成功，那么仍将保持用飞线连接，如图 8-7 所示。

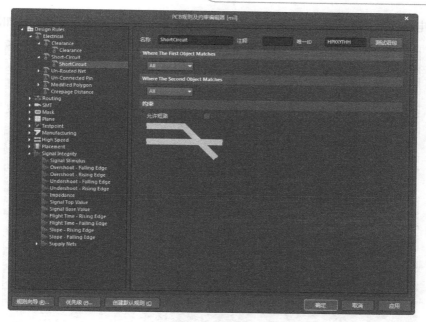

图 8-6 短路规则设置对话框

图 8-7 未布线网络规则设置对话框

4. Un-Connected Pin 选项

Un-Connected Pin 选项用于检查指定网络的所有元器件的管脚是否都连接到网络, 对于未连接的管脚给予提示, 显示为高亮状态, 系统默认无对应规则, 一般不设置。

5. Modified Polygon 选项

Modified Polygon 选项用于设置在对电路板进行铺通操作时, 平面区域是否可以修改或变形。根据电路板具体情况选择是否勾选"允许隐藏显示""允许修改"复选框，如图 8-8 所示。

图 8-8　修改平面区域规则设置对话框

8.1.3　布线设计规则

在"PCB 规则及约束编辑器"对话框的左侧列表框中单击"Routing（线路）"选项，打开布线设计规则列表，如图 8-9 所示。

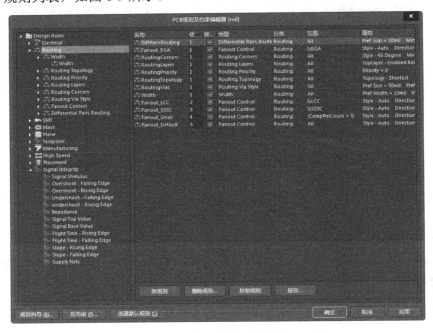

图 8-9　布线设计规则列表

单击"Routing 选项"前面的下拉按钮，在弹出的下拉列表中包括以下几个选项。

- Width 选项：用于设置导线宽度规则。
- Routing Topology 选项：用于设置布线拓扑规则。
- Routing Priority 选项：用于设置布线优先级别规则。
- Routing Layers 选项：用于设置板层布线规则。
- Routing Corners 选项：用于设置拐角布线规则。
- Routing Via Style 选项：用于设置过孔布线规则。
- Fanout Control 选项：用于设置扇出式布线规则。
- Differential Pairs Routing 选项：用于设置差分对布线规则。

1. Width 选项

导线的宽度有 3 个可选项，分别是"最大宽度""首选宽度""最小宽度"，首选宽度是系统在放置导线时默认采用的宽度，如图 8-10 所示。系统对导线宽度的默认值为 10mil，单击每个选项可以直接输入数值进行修改。

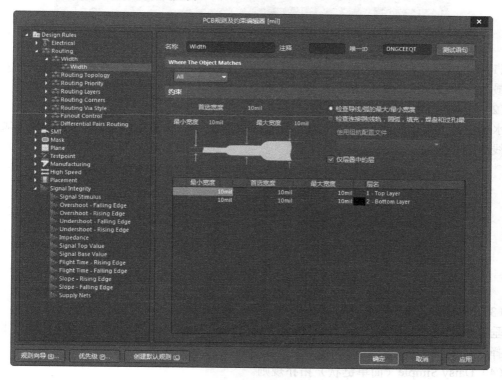

图 8-10　导线宽度规则设置对话框

2. Routing Topology 选项

布线拓扑规则定义采用的是布线的拓扑逻辑约束。Altium Designer 20 中常用的布线拓扑逻辑约束为统计最短逻辑规则，用户可以根据具体设计选择不同的布线拓扑规则，如图 8-11 所示。

Altium Designer 20 提供了以下几种布线拓扑规则。

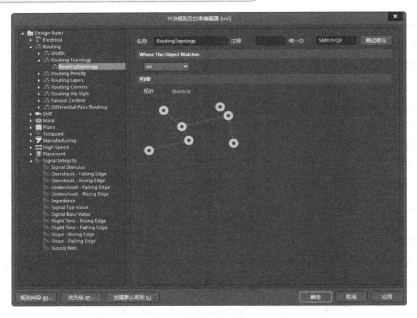

图 8-11　布线拓扑规则设置对话框

（1）Shortest（最短）拓扑规则。

最短拓扑规则如图 8-12 所示，表示在布线时连接所有节点连线的总长度最短。

（2）Horizontal（水平）拓扑规则。

水平拓扑规则如图 8-13 所示，表示连接节点的水平连线的总长度最短，即尽可能选择水平走线。

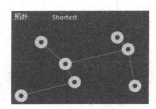

图 8-12　最短拓扑规则

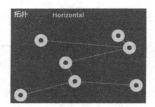

图 8-13　水平拓扑规则

（3）Vertical（垂直）拓扑规则。

垂直拓扑规则如图 8-14 所示，表示连接所有节点的垂直方向连线的总长度最短，即尽可能选择垂直走线。

（4）Daisy Simple（简单链状）拓扑规则。

简单链状拓扑规则如图 8-15 所示，表示使用链式连通法则，从一点到另一点连通所有的节点，并使连线总长度最短。

（5）Daisy-MidDriven（链状中点）拓扑规则。

链状中点拓扑规则如图 8-16 所示，表示选择一个中间点为源点，以该点为中心向左右连通所有的节点，并使连线最短。

（6）Daisy-Balanced（链状平衡）拓扑规则。

链状平衡拓扑规则如图 8-17 所示，表示先选择一个源点，然后将所有的中间节点平均分组，并将所有的组都连接在源点上，同时使连线最短。

（7）Starburst（星形）拓扑规则。

星形拓扑规则如图 8-18 所示，表示也是选择一个源点，以星形方式去连接其他节点，并使连线最短。

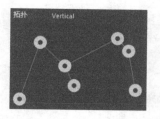

图 8-14　垂直拓扑规则

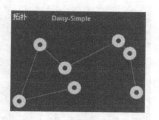

图 8-15　简单链状拓扑规则

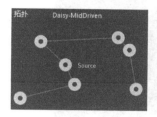

图 8-16　链状中点拓扑规则

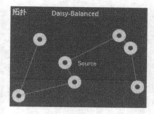

图 8-17　链状平衡拓扑规则

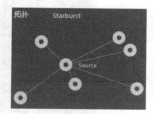

图 8-18　星形拓扑规则

3．Routing Priority 选项

Routing Priority 选项用于设置布线的优先级。布线优先级的可设置范围为 0～100，数值越大，优先级越高，如图 8-19 所示。

图 8-19　布线优先级规则设置对话框

4．Routing Layers 选项

Routing Layers 选项用于设置自动布线过程中允许布线的层面，这里设计的是双面板，允许两面都布线，如图 8-20 所示。

图 8-20　板层布线规则设置对话框

5．Routing Corners 选项

Routing Corners 选项用于设置 PCB 走线采用的拐角方式，如图 8-21 所示。

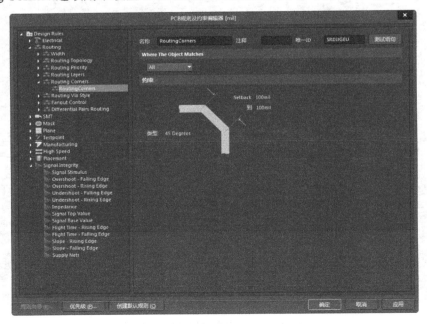

图 8-21　拐角布线规则设置对话框

布线的拐角有 45°拐角、90°拐角和圆形拐角 3 种类型，如图 8-22 所示。"Setback"文本框用于设置拐角的长度，"到"文本框用于设置拐角的大小。

图 8-22　拐角类型

6．Routing Via Style 选项

Routing Via Style 选项用于设置布线过程中过孔的尺寸。

在如图 8-23 所示的过孔布线规则设置对话框中可以设置"过孔直径"和"过孔孔径大小"，包括"最大""最小""优先" 3 个选项。在设置时需要注意过孔直径和通孔直径的差值不宜太小，否则将不利于制板加工，合理的差值应该在 10mil 以上。

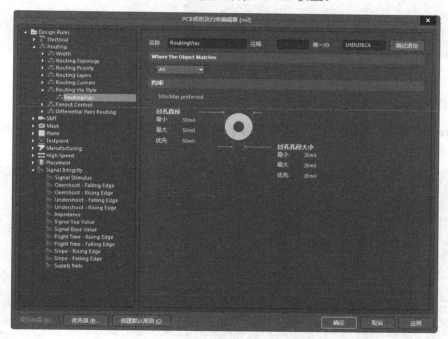

图 8-23　过孔布线规则设置对话框

7．Fanout Control 选项

Fanout Control 选项用于设置表面贴片元器件的布线方式。扇出式布线规则设置对话框如图 8-24 所示。

系统针对不同的贴片元器件提供了 5 种扇出式布线规则：Fanout-BGA、Fanout-LCC、Fanout-SOIC、Fanout-Small（针对管脚数小于 5 的贴片元器件）、Fanout-Default。每种扇出式布线规则的设置方法相同，在"约束"栏中提供了"扇出类型""扇出方向""方向指向焊盘""过孔放置模式"选项，用户可以根据具体电路中贴片元器件的特点进行设置。

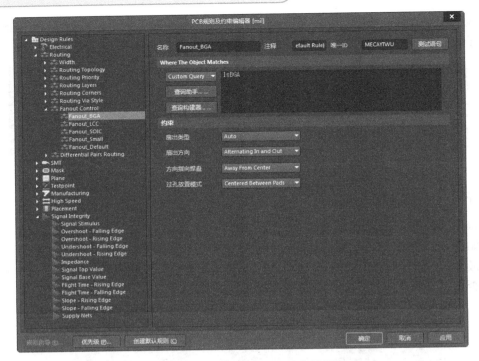

图 8-24　扇出式布线规则设置对话框

8．Differential Pairs Routing 选项

Differential Pairs Routing 选项用于设置差分信号的布线。差分信号布线规则设置对话框如图 8-25 所示。

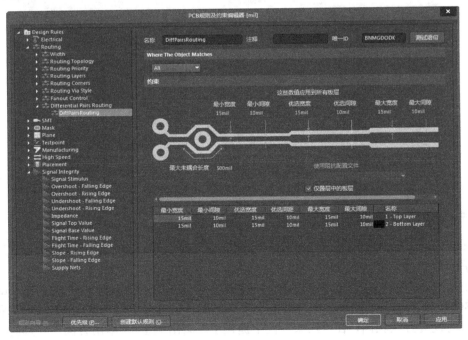

图 8-25　差分信号布线规则设置对话框

在差分信号布线规则设置对话框中可以设置在对差分信号布线时的"最小间隙""最大间隙""优选间隙""最大未耦合长度"等参数。在一般情况下，差分信号走线要尽量短且平行，长度尽量一致，且间隙尽量小一些。

8.1.4 阻焊层设计规则

Mask 选项用于设置焊盘到阻焊层的距离。

1. Solder Mask Expansion（阻焊层延伸量）选项

Solder Mask Expansion 选项用于设置从焊盘到阻焊层之间的延伸距离。在制作电路板时，阻焊层要裕留一部分空间给焊盘，这个空间用于防止阻焊层和焊盘相重叠，如图 8-26 所示。用户可以在阻焊层延伸量设置对话框的"顶层外扩""底层外扩"对应的文本框中设置延伸量的大小，系统默认值为 4mil。

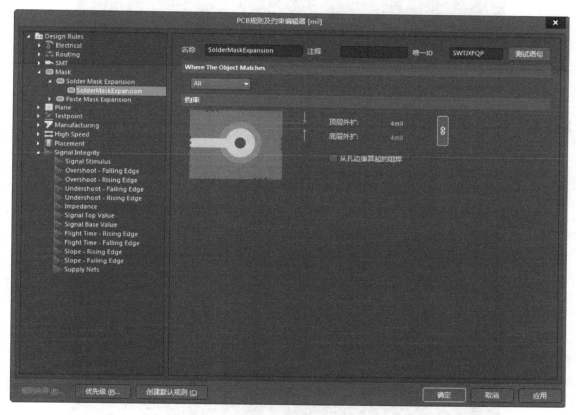

图 8-26 阻焊层延伸量设置对话框

2. Paste Mask Expansion（表面贴片元器件延伸量）选项

Paste Mask Expansion 选项用于设置表面贴片元器件的焊盘和焊锡层孔之间的距离。用户可以在如图 8-27 所示的表面贴片元器件延伸量设置对话框的"扩充"文本框中设置延伸量的大小。

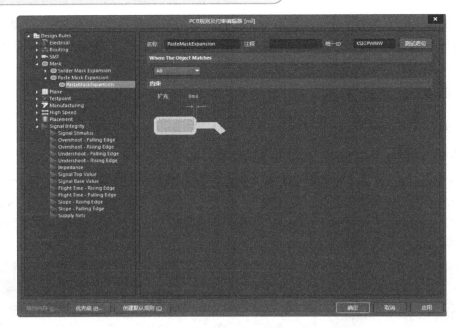

图 8-27　表面贴片元器件延伸量设置对话框

8.1.5　内电层设计规则

Plane（内电层设计规则）用于多层板设计。

1. Power Plane Connect Style（电源层连接方式）选项

用户可以在电源层连接方式设置对话框中设置过孔到电源层的连接方式，如图 8-28 所示。

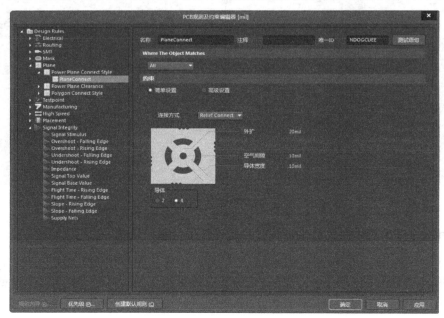

图 8-28　电源层连接方式设置对话框

在"约束"栏中，有以下 5 项设置项。

（1）连接方式：用于设置电源层和过孔的连接方式。在其下拉列表中有 3 个选项可供选择：Relief Connect（发散状连接）、Direct Connect（直接连接）和 No Connect（不连接）。PCB 多采用发散状连接方式。

（2）导体宽度：用于设置导通的导线宽度。

（3）导体：用于选择连通的导线的数目，有 2 条和 4 条 2 个选项。

（4）空气间隙：用于设置空气间隙的间隔宽度。

（5）外扩：用于设置从过孔到空气间隙的间隔的距离。

2. Power Plane Clearance（电源层安全距离）选项

Power Plane Clearance 选项用于设置电源层与穿过它的过孔之间的安全距离，即防止导线短路的最小距离。电源层安全距离设置对话框如图 8-29 所示，系统默认值为 20mil。

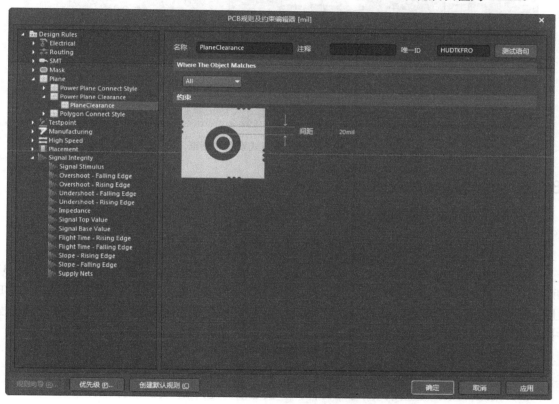

图 8-29　电源层安全距离设置对话框

3. Polygon Connect Style（覆铜连接方式）选项

Polygon Connect Style 选项用于设置多边形覆铜与焊盘之间的连接方式。

覆铜连接方式设置对话框（见图 8-30）中的"连接方式""导体""导体宽度"与电源层连接方式设置对话框中相同选项的设置意义相同。此外，还可以在该对话框中设置覆铜与焊盘之间的连接角度，有 90°和 45°两种角度可选。

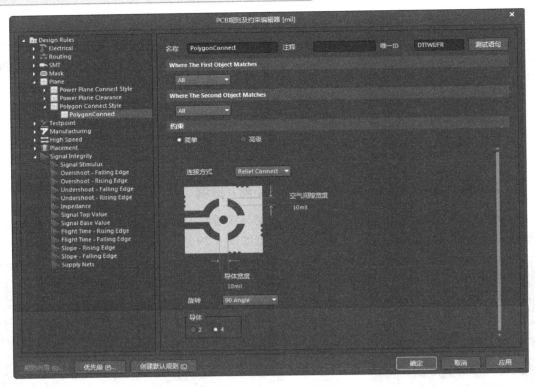

图 8-30　覆铜连接方式设置对话框

8.1.6　测试点设计规则

Testpoint 选项用于设置测试点的形状、用法等。

1. Fabrication Testpoint（装配测试点）选项

Fabrication Testpoint 选项用于设置测试点的形式。装配测试点风格设置对话框如图 8-31 所示，在该对话框中可以设置测试点的形式和其他各种参数。为了方便电路板的调试，在 PCB 上引入了测试点。测试点连接在某个网络上，其连接形式和过孔连接形式类似，在调试过程中可以通过测试点引出电路板上的信号。

装配测试点风格设置对话框的"约束"栏中有如下几个选项。

（1）尺寸：用于设置测试点的大小。有"最小的""最大的""首选的"3 个选项。

（2）间距：用于设置测试点与元器件体、板边沿、过焊盘、孔等的间距。

（3）栅格：用于设置测试点的栅格大小、位置间距等。系统默认栅格大小为 1mil。

（4）规则范围助手：用于设置焊盘与过孔范围。

（5）允许的面：用于设置将测试点放置在哪些层面上。有"顶层""底层"2 个选项。

（6）"允许元器件下测试点"复选框：该复选框用于设置测试点的尺寸，以及是否允许在元器件底部生成测试点。

2. Fabrication Test point Usage（装配测试点使用规则）选项

Fabrication Test point Usage 选项用于设置测试点的使用参数。装配测试点使用规则设置对话框如图 8-32 所示，在该对话框中可以设置是否允许使用测试点，以及在同一网络上是否允许使用多个测试点。

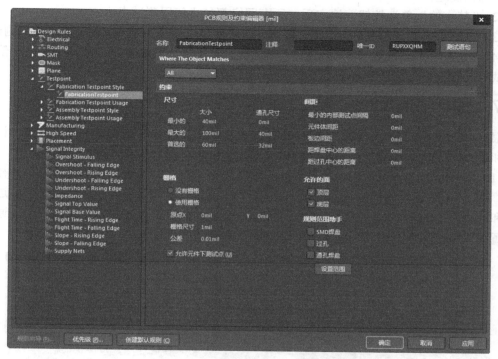

图 8-31　装配测试点风格设置对话框

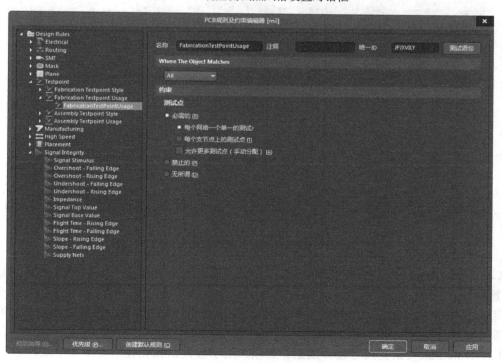

图 8-32　装配测试点使用规则设置对话框

（1）"每个网络一个单一的测试"复选框：选定后，每一个目标网络都使用一个测试点，默认勾选该复选框。

（2）"禁止的"单选按钮：选定后，所有网络都禁止使用测试点。

（3）"无所谓"单选按钮：选定后，每一个网络既可以使用测试点，也可以不使用测试点。

（4）"允许更多测试点（手动分配）"复选框：选定后，系统将允许在一个网络上使用多个测试点。默认不勾选该复选框。

8.1.7　生产制造规则

根据 PCB 制作工艺来设置 Manufacturing 选项的相关参数，该选项主要用于线设计规则检查和批处理设计规则检查，包括 9 种设计规则选项，下面对前 4 种进行介绍。

（1）Minimum Annular Ring（最小环孔限制规则）选项：用于设置环状对象内外径间距下限，图 8-33 为该规则的设置界面。在进行 PCB 设计时，如果引入的环状对象（如过孔）内径和外径之间的差很小，那么工艺上可能无法实现，此时的设计实际上是无效的。通过该项设置可以检查出所有工艺无法实现的环状物，默认值为 10mil。

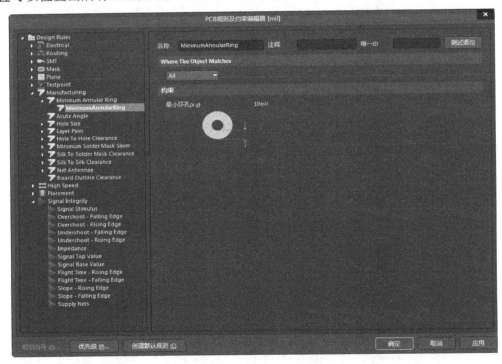

图 8-33　Minimum Annular Ring（最小环孔限制规则）设置界面

（2）Acute Angle（锐角限制规则）选项：用于设置锐角走线角度限制，图 8-34 为该规则的设置界面。在进行 PCB 设计时，如果没有规定走线角度最小值，则可能出现拐角很小的走线，工艺上可能无法实现，此时的设计实际上是无效的。通过该项设置可以检查出所有工艺无法实现的锐角走线，默认值为 90°。

（3）Hole Size（钻孔尺寸设计规则）选项：用于设置钻孔孔径的上限和下限，图 8-35 为该规则的设置界面。与设置环状对象内外径间距下限类似，过小的钻孔孔径可能在工艺上无法实现，从而导致设计无效。通过设置通孔孔径的范围可以防止 PCB 设计出现类似错误。

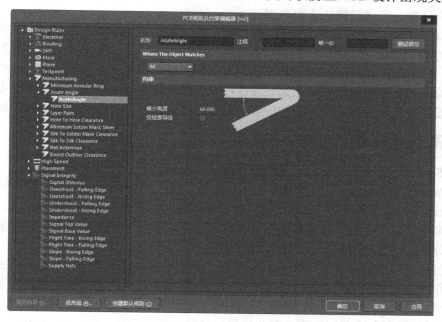

图 8-34　Acute Angle（锐角限制规则）设置界面

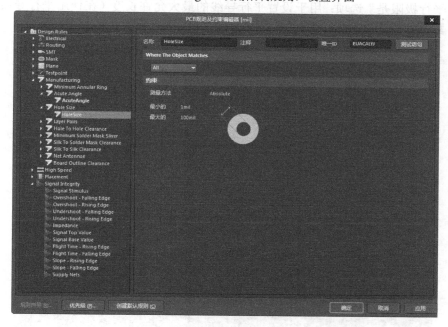

图 8-35　Hole Size（钻孔尺寸设计规则）设置界面

　　① "测量方法"选项：测量孔径尺寸的方法有 Absolute（绝对值）和 Percent（百分数）两种。默认设置为 Absolute（绝对值）。

　　② "最小的"选项：用于设置孔径的最小值。Absolute（绝对值）方式的默认值为 1mil，Percent（百分数）方式的默认值为 20%。

③ "最大的" 选项：用于设置孔径的最大值。Absolute（绝对值）方式的默认值为 100mil，Percent（百分数）方式的默认值为 80%。

（4）Layer Pairs（工作层对设计规则）选项：用于检查使用的 Layer-Pairs（工作层对）是否与当前的 Drill-Pairs（钻孔对）匹配。Layer-Pairs（工作层对）是由板上的过孔和焊盘决定的，是指一个网络的起始层和终止层。该项规则除了可以应用于在线设计规则检查和批处理设计规则检查，还可以应用于交互式布线过程中。相关设置界面中的 "加强层对设定" 复选框用于设置是否强制执行此项规则的检查，若勾选该复选框，将始终执行该项规则的检查。

8.1.8 高速电路设计规则

High Speed 选项用于设置高速电路设计规则，包括以下 7 种设计规则选项。

（1）Parallel Segment（平行导线间距限制规则）选项：用于设置平行导线间距限制规则，图 8-36 为该规则的设置界面。在高速 PCB 的设计中，为了保证信号传输的正确，需要采用差分线对来传输信号，与单根线传输信号相比可以获得更好的效果。在该规则设置界面中可以设置差分线对的各项参数，包括差分线对的层、间距和长度等。

① "层检查" 选项：用于设置两段平行导线所在的工作层面属性，有 Same Layer（位于同一个工作层）和 Adjacent Layers（位于相邻的工作层）两种选择，默认设置为 Same Layer（位于同一个工作层）。

② "平行间距" 选项：用于设置两段平行导线之间的距离，默认值为 10mil。

③ "平行极限是" 选项：用于设置平行导线的最大允许长度（在使用平行导线间距限制规则时），默认值为 10000mil。

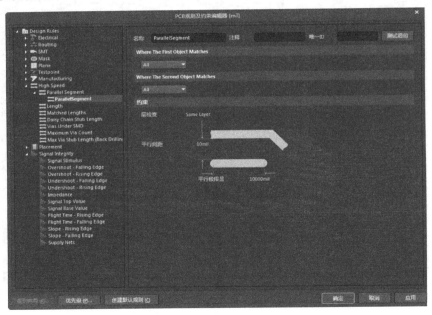

图 8-36 Parallel Segment（平行导线间距限制规则）设置界面

（2）Length（网络长度限制规则）选项：用于设置传输高速信号导线的长度，图 8-37 为该规则的设置界面。在高速 PCB 的设计中，为了保证阻抗匹配和信号质量，对导线长度也有一定的要求。在该规则设置界面中可以设置导线的下限和上限。

① "最小的"选项：用于设置网络最小允许长度值，默认值为0mil。

② "最大的"选项：用于设置网络最大允许长度值，默认值为100000mil。

（3）Matched Lengths（匹配网络传输导线的长度规则）选项：用于设置匹配网络传输导线的长度，图 8-38 为该规则的设置界面。在高速 PCB 的设计中通常需要对部分网络的导线进行匹配布线。在该规则设置界面中可以设置匹配走线的各项参数。

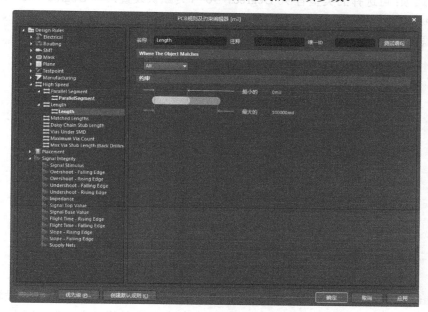

图 8-37　Length（网络长度限制规则）设置界面

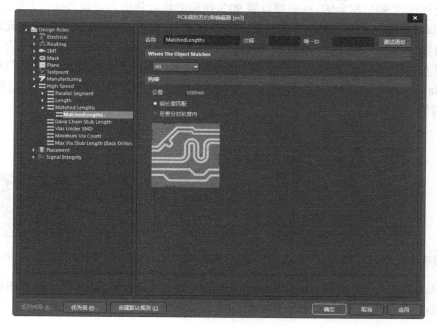

图 8-38　Matched Lengths（匹配网络传输导线的长度规则）设置界面

在高频电路的设计中要考虑传输导线的长度，传输导线太短会产生串扰等问题。该项规则定义了一个传输导线长度值，将设计中的导线长度与此长度进行比较，当出现小于此长度的导线时，依次选择菜单栏中的"工具"→"网络等长"命令，系统将自动延长导线的长度以满足此处的设置需求，默认值为 1000mil。也可以打开"使网络等长"对话框，在该对话框中对相关参数进行设置，如图 8-39 所示。

"类型"选项：可选择的类型有 90 Degrees（90°，为默认设置）、45 Degrees（45°）和 Rounded（圆形）3 种。其中，90 Degrees（90°）类型可添加的导线容量最大，45 Degrees（45°）类型可添加的导线容量最小。

"间隙"选项：默认值为 20mil。

"幅度"选项：用于定义添加导线的摆动幅度值，默认值为 200mil。

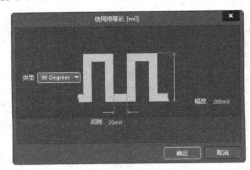

图 8-39 "使网络等长"对话框

（4）Daisy Chain Stub Length（菊花状布线主干导线长度限制规则）：用于设置 90°拐角和焊盘的距离，图 8-40 为该规则的设置示意图。在高速 PCB 的设计中，为了减少信号的反射，通常是不允许出现 90°拐角的，在必须设置 90°拐角的场合将引入焊盘和拐角之间距离的限制。

（5）Vias Under SMD（SMD 焊盘下过孔限制规则）选项：用于设置表面安装元器件焊盘下是否允许出现过孔，图 8-41 为该规则的设置示意图。在 PCB 中，需要尽量减少在表面安装元器件焊盘中引入过孔，但是在特殊情况下（如中间电源层通过过孔向电源管脚供电）可以引入过孔。

（6）Maximum Via Count（最大过孔数量限制规则）选项：用于设置布线时过孔数量的上限，默认值为 1000。

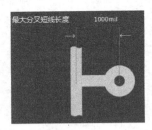

图 8-40 菊花状布线主干导线长度限制规则的设置示意图　图 8-41 SMD 焊盘下过孔限制规则的设置示意图

（7）Max Via Stub Length(Back Drilling)（最大过孔长度）选项：用于设置布线时背面钻孔的最大过孔长度，最大设置值为 15mil。

8.1.9　元器件布局规则

Placement 选项用于设置元器件布局的规则。在布线时可以引入元器件布局规则，这些规则一般只在对元器件布局有严格要求的设计中使用。

前面章节已对相关内容进行了详细介绍，这里不再赘述。

8.1.10　信号完整性规则

Signal Integrity 选项用于设置信号完整性所涉及的各项要求，如对信号上升沿、下降沿等的要求。这些设置会影响到电路的信号完整性仿真。

（1）Signal Stimulus（激励信号规则），图 8-42 为该规则设置示意图。激励信号的类型有 Constant Level（直流）、Single Pulse（单脉冲信号）、Periodic Pulse（周期性脉冲信号）3 种。

图 8-42　激励信号规则设置示意图

（2）Overshoot-Falling Edge（信号下降沿的过冲约束规则），图 8-43 为该规则设置示意图。

（3）Overshoot- Rising Edge（信号上升沿的过冲约束规则），图 8-44 为该规则设置示意图。

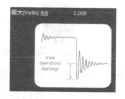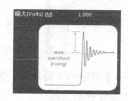

图 8-43　信号下降沿的过冲约束规则设置示意图　　　图 8-44　信号上升沿的过冲约束规则设置示意图

（4）Undershoot-Falling Edge（信号下降沿的反冲约束规则），图 8-45 为该规则设置示意图。

（5）Undershoot-Rising Edge（信号上升沿的反冲约束规则），图 8-46 为该规则设置示意图。

（6）Impedance（阻抗约束规则），图 8-47 为该规则设置示意图。

（7）Signal Top Value（信号高电平约束规则），对应选项用于设置信号高电平的最小值，图 8-48 为该规则设置示意图。

（8）Signal Base Value（信号基准约束规则），对应选项用于设置信号低电平的最大值，图 8-49 为该规则设置示意图。

（9）Flight Time-Rising Edge（信号上升沿的上升时间约束规则），图 8-50 为该规则设置示意图。

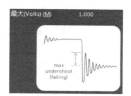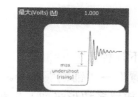

图 8-45　信号下降沿的反冲约束　　图 8-46　信号上升沿的反冲约束　　图 8-47　阻抗约束规则
　　　规则设置示意图　　　　　　规则设置示意图设置示意图

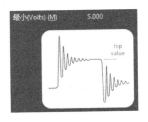
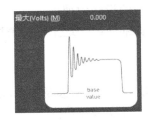
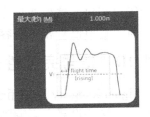

图 8-48　信号高电平约束规则设置示意图　　图 8-49　信号基准约束规则设置示意图　　图 8-50　信号上升沿的上升时间约束规则设置示意图

（10）Flight Time-Falling Edge（信号下降沿的下降时间约束规则），图 8-51 为该规则设置示意图。

（11）Slope-Rising Edge（信号上升沿斜率约束规则），图 8-52 为该规则设置示意图。

（12）Slope-Falling Edge（信号下降沿斜率约束规则），图 8-53 为该规则设置示意图。

（13）Supply Nets，对应选项用于设置网络约束规则。

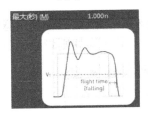
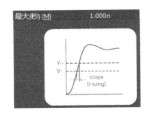
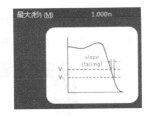

图 8-51　信号下降沿的下降时间约束规则设置示意图　　图 8-52　信号上升沿斜率约束规则设置示意图　　图 8-53　信号下降沿斜率约束规则设置示意图

PCB 设计规则只有一部分运用在元器件的自动布线中，而所有规则都运用在 PCB 的设计规则检查中。在对 PCB 进行手动布线时可能会违反设定的设计规则检查规则，在对 PCB 进行设计规则检查时将检测出所有违反这些规则的错误。

8.2　建立覆铜、补泪滴

在完成了 PCB 的布线后，为了加强 PCB 的抗干扰能力，还需要做一些后续工作，如建立覆铜、补泪滴等。

8.2.1　建立覆铜

1．启动建立覆铜命令

启动建立覆铜命令的方法有如下几种。

（1）依次选择菜单栏中的"放置"→"铺铜"命令。

（2）单击布线工具栏中的■（放置多边形平面）按钮。

（3）使用快捷键 P+G。

2．设置覆铜属性

启动建立覆铜命令后，系统弹出覆铜属性设置面板，如图 8-54 所示，在该面板中，各项参数的意义如下。

（1）Net（网络）下拉列表：用于设置覆铜所要连接的网络。

No Net（不连接网络）：不连接任何网络。

（2）Layer（层）下拉列表：用于设置覆铜所属的工作层。

（3）Fill Mode（填充模式）区域。

该区域用于选择覆铜的填充模式，有 3 个选项：Solid（Copper Regions）（实心填充），即覆铜区域全部用铜填充；Hatched（Tracks/Arcs）（影线化填充），即向覆铜区域填充栅格状的覆铜；None（Outlines Only）（无填充），即只保留覆铜边界，内部无填充。

① Solid（Copper Regions）：该模式需要设置的参数有 Remove Islands Less Than in Area（删除岛的面积限制值）、Arc Approximation（围绕焊盘的圆弧近似值）和 Remove Necks When Copper Width Less Than（删除凹槽的宽度限制值）。

② Hatched（Tracks/Arcs）：该模式需要设置的参数有 Track Width（栅格线的宽度）、Grid Size（栅格大小）、Surround Pads With（围绕焊盘的形状）及 Hatch Mode（栅格的类型）等，如图 8-55 所示。

③ None（Outlines Only）：该模式需要设置的参数有 Track Width（覆铜边界线宽度）和 Surround Pads With（围绕焊盘的形状）等，如图 8-56 所示。

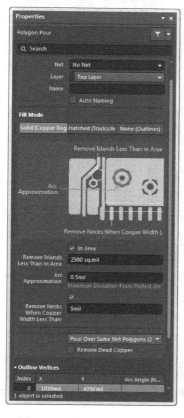

图 8-54　覆铜属性设置面板

图 8-55　Hatched（Tracks/Arcs）模式参数设置

（4）网络选项区域。

① Don't Pour Over Same Net Objects（覆铜不与同网络的对象相连）：用于设置覆铜的内部填充不与同网络的对象相连。

② Pour Over Same Net Polygons Only（覆铜只与同网络的边界相连）：用于设置覆铜的内部填充只与覆铜边界线及同网络的焊盘相连。

③ Pour Over All Same Net Objects（覆铜与同网络的任何对象相连）：用于设置覆铜的内部填充与同网络的所有对象相连。

④ Remove Dead Copper（删除孤立的覆铜）复选框：若勾选该复选框，则可以删除没有连接到指定网络对象上的封闭区域内的覆铜。

设置好参数以后，按 Enter 键，光标变成十字形，此时可以放置覆铜的边界线。放置覆铜边界线的方法与放置多边形填充的方法相同。在放置覆铜边界线时，可以通过按空格键切换拐角模式，有直角、45°角、90°角和任意角 4 种模式。

下面对完成布线的电路建立覆铜，在覆铜属性设置面板中，选择 Hatched（Tracks/Arcs）（影线化填充）模式、45° 栅格，将 Layer（层面）设置为 Top Layer，且勾选 Remove Dead Copper（删除孤立的覆铜）复选框，如图 8-57 所示。

图 8-56　None（Outlines Only）模式参数设置

图 8-57　设置覆铜属性

设置完成后，按 Enter 键，光标变成十字形。沿 PCB 的电气边界线绘制出一个封闭的矩形，系统将在矩形框中自动建立顶层的覆铜。采用同样的方式，为 PCB 的 Bottom Layer（底层）建立覆铜。建立覆铜后的 PCB 如图 8-58 所示。

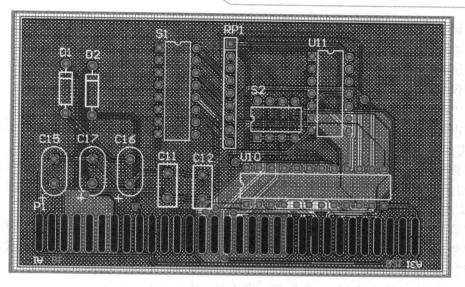

图 8-58　建立覆铜后的 PCB

8.2.2　补泪滴

泪滴就是导线和焊盘连接处的过渡段。在 PCB 的制作过程中，为了使导线和焊盘连接得更牢固，通常需要补泪滴，以增加连接面积。

补泪滴的具体步骤如下。

（1）依次选择菜单栏中的"工具"→"滴泪"命令，弹出"泪滴"对话框，如图 8-59 所示。

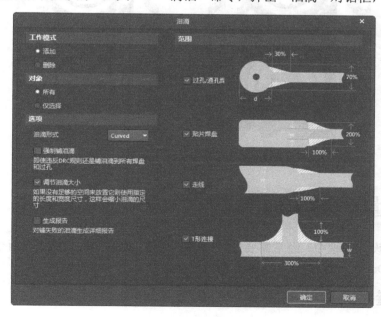

图 8-59　"泪滴"对话框

① "工作模式"选项组。

● "添加"单选按钮：用于添加泪滴。

- "删除"单选按钮：用于删除泪滴。
② "对象"选项组。
- "所有"单选按钮：若勾选该单选按钮，则对所有的对象添加泪滴。
- "仅选择"单选按钮：若勾选该单选按钮，则对选中的对象添加泪滴。
③ "选项"选项组。
- "泪滴形式"下拉列表：可以在其中选择 Curved（弧形）、Line（线），表示用不同的形式添加滴泪。
- "强制铺泪滴"复选框：若勾选该复选框，则强制对所有焊盘或过孔添加泪滴，这样可能导致在进行设计规则检查时出现错误信息。若不勾选此复选框，则不对安全间距太小的焊盘添加泪滴。
- "调节泪滴大小"复选框：若勾选该复选框，则在添加泪滴时自动调整滴泪的大小。
- "生成报告"复选框：若勾选该复选框，则在添加泪滴后自动生成一个有关添加泪滴操作的报表文件，同时该报表在工作窗口中显示。
（2）设置完毕后单击"确定"按钮，完成对象的泪滴添加操作。

补泪滴前后焊盘与导线连接的变化如图 8-60 所示。

图 8-60　补泪滴前后焊盘与导线连接的变化

8.3　测量距离

在 PCB 的设计过程中，经常需要进行距离的测量，如两点间的距离、两个元素之间的距离等。Altium Designer 20 提供了一些专门的测量命令，用于测量距离。

8.3.1　测量两元素间的距离

这里以测量两个焊盘之间的距离为例进行介绍，测量方法如下。

（1）依次选择菜单栏中的"报告"→"测量"命令，光标变成十字形，分别单击需要进行距离测量的两个焊盘，系统弹出两元素间距离信息对话框，如图 8-61 所示。

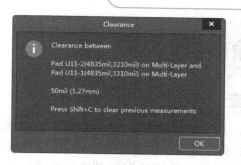

图 8-61　两元素间距离信息对话框

在两元素间距离信息对话框中，显示了两个焊盘之间的距离。

（2）单击"OK"按钮后，系统仍处于测量状态，可继续进行测量，也可单击鼠标右键退出测量状态。

8.3.2　测量两点间距

测量两点间距方法如下。

（1）依次选择菜单栏中的"报告"→"测量距离"命令，光标变成十字形，分别单击需要测量的两个点，系统弹出两点间距离信息对话框，如图 8-62 所示。

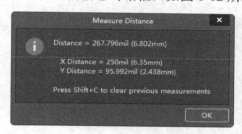

图 8-62　两点间距离信息对话框

在两点间距离信息对话框框中，显示了两点间的距离。

（2）单击"OK"按钮后，系统仍处于测量状态，可继续进行测量，也可单击鼠标右键退出测量状态。

8.3.3　测量导线长度

测量导线长度的方法如下。

首先选取需要进行长度测量的导线，然后依次选择菜单栏中的"报告"→"测量选中对象"命令，弹出长度信息对话框，如图 8-63 所示。在长度信息对话框中，显示了所选导线的长度。

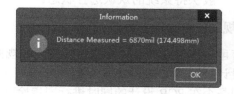

图 8-63　长度信息对话框

8.4 PCB 的输出

8.4.1 设计规则检查

电路板设计完成之后，为了保证设计工作的正确性，还需要进行设计规则检查，如检查元器件的布局、布线等是否符合所定义的设计规则。Altium Designer 20 提供了设计规则检查（Design Rule Check，DRC）功能，可以对 PCB 的完整性进行检查。

依次选择菜单栏中的"工具"→"设计规则检查"命令，弹出"设计规则检查器"对话框，如图 8-64 所示。

"设计规则检查器"对话框的左侧列表栏是设计项，右侧为具体的设计内容。

图 8-64 "设计规则检查器"对话框

1．Report Options（报告选项）标签页

该标签页用于设置生成的 DRC 报表的具体内容，由"创建报告文件""创建冲突""子网络细节""验证短路铜皮"等选项来决定。"停止检测"选项用于限定违反规则的最高选项数，以便停止报表的生成。一般保持系统的默认选择状态。

2．Rules To Check（规则检查）标签页

该标签页中列出了所有可进行检查的设计规则，这些设计规则都是在"PCB 规则和约束编辑器"对话框定义过的设计规则，如图 8-65 所示。

"在线"选项表示该规则是否在 PCB 设计的同时进行同步检查，即进行在线设计规则检查。

"批量"选项表示在运行设计规则检查时要进行检查的项目。

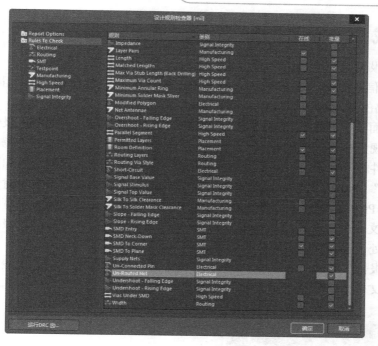

图 8-65 设计规则选项

在设置完要进行检查的规则后，在"设计规则检查器"对话框中单击 运行DRC (R)... 按钮，系统开始进行规则检查。此时系统会弹出 Messages（信息）对话框，在该对话框中列出了所有违反规则的信息项，包括违反的设计规则的种类、所在文件、错误信息、序号等。同时在 PCB 图中以绿色标志标出不符合设计规则的位置。用户可以返回 PCB 编辑状态下相应位置对错误的设计进行修改，修改完成后重新运行设计规则检查，直到没有错误为止。

设计规则检查完成后，系统将生成 DRC 报告，如图 8-66 所示。

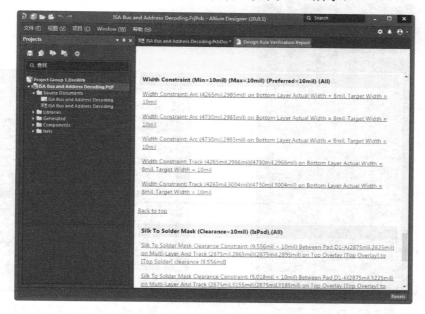

图 8-66 DRC 报告

8.4.2　生成 PCB 信息报表

PCB 信息报表用于对 PCB 的信息进行汇总报告，其生成方法如下。

打开 PCB 信息面板（见图 8-67），在 Board Information（板信息）选项组中，显示了 PCB 中元器件和网络的完整细节信息。

PCB 信息面板中汇总了 PCB 上的各类对象，如导线、过孔、焊盘等；报告了电路板的尺寸信息和设计规则检查违例数量，以及 PCB 上元器件的统计信息，包括元器件总数、各层放置数目和元器件标号列表；列出了电路板的网络统计，包括导入网络总数和网络名称列表。单击"Reports"（报告）按钮，系统将弹出如图 8-68 所示的"板级报告"对话框，通过该对话框可以生成 PCB 信息报表文件。在"板级报告"对话框的下拉列表中可以选择要包含在 PCB 信息报表文件中的内容。当勾选"仅选择对象"复选框时，PCB 信息报表中只列出当前电路板中已经处于选中状态下的对象信息。

在"板级报告"对话框中单击"报告"按钮，系统将生成 PCB 信息报表文件并自动在工作区内打开该文件。PCB 信息报表如图 8-69 所示。

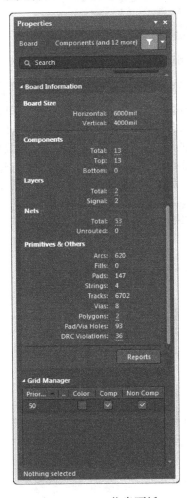

图 8-67　PCB 信息面板

图 8-68　"板级报告"对话框

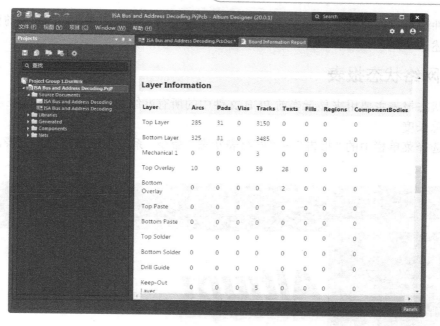

图 8-69 PCB 信息报表

8.4.3 元器件清单报表

依次选择菜单栏中的"报告"→"Bills of Materials"（材料报表）命令，系统弹出元器件清单报表设置对话框，如图 8-70 所示。

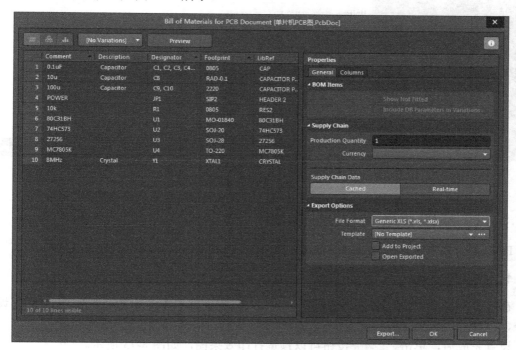

图 8-70 元器件清单报表设置对话框

元器件清单报表的设置与 4.3.2 节中的元器件报表的设置基本相同，请参考前面所讲，这里不再赘述。

8.4.4　网络状态报表

网络状态报表主要用来显示当前 PCB 文件中的所有网络信息，包括网络所在层面及网络中导线的总长度。

依次选择菜单栏中的"报告"→"网络表状态"命令，系统生成网络状态报表，如图 8-71 所示。

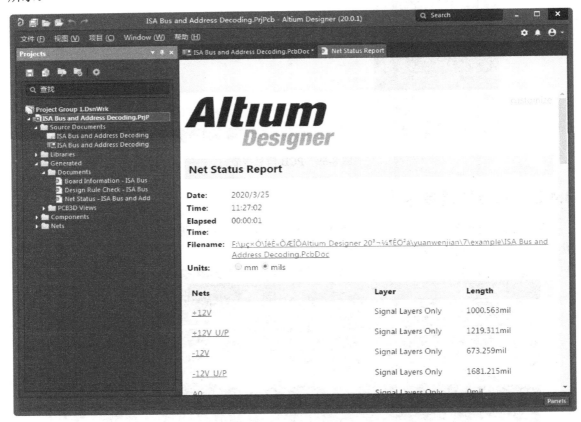

图 8-71　网络状态报表

8.4.5　PCB 图及报表的打印输出

PCB 设计完成以后，可以打印输出 PCB 图及相关报表，以便存档和加工制作等。

1. 打印 PCB 图

在打印 PCB 图之前，首先要进行页面设置。依次选择菜单栏中的"文件"→"页面设置"命令，打开"Composite Properties"（复合页面属性设置）对话框，如图 8-72 所示。

设置完成后，单击 预览 按钮可以预览打印效果图，如图 8-73 所示。

预览满意后，单击 打印 按钮即可将 PCB 图打印输出。

图 8-72　"Composite Properties"（复合页面属性设置）对话框

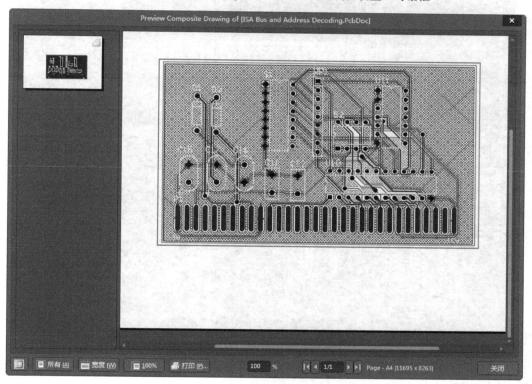

图 8-73　预览打印效果图

2. 打印报表

报表都是".html"格式的文件，保存后可以直接打印输出。

8.5　综合实例

通过电路板信息报表，可以了解电路板尺寸、电路板上的焊点、导孔的数量及元器件标号，通过网络状态可以了解电路板中每一条网络的长度。

8.5.1　电路板信息报表及网络状态报表

设计要求

　　打开 master.PcbDoc 的 PCB 图，如图 8-74 所示，完成电路板信息报表的制作。电路板信息报表的作用是为用户提供电路板的完整信息。

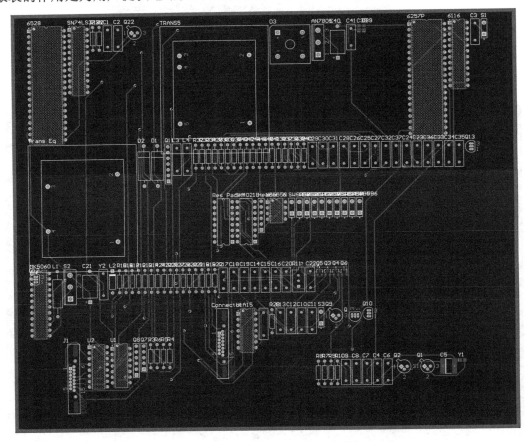

图 8-74　master.PcbDoc 的 PCB 图

绘制步骤

　　（1）打开 Board（板）属性设置面板（见图 8-75），在 Board Information（板信息）选项区域显示 PCB 文件中元器件和网络的完整细节信息，显示电路板的大小、各个元器件的数量、导线数、焊点数、导孔数、覆铜数和违反设计规则的数量等。

　　（2）单击"Reports"（报告）按钮，弹出如图 8-76 所示的"板级报告"对话框，勾选"仅选择对象"复选框，单击"报告"按钮，系统将生成 Board Information Report 的报表文件，并自动在工作区内打开该文件。PCB 信息报表如图 8-77 所示。

　　（3）依次选择菜单栏中的"报告"→"网络表状态"命令，生成以".html"为后缀的网络状态报表，如图 8-78 所示。

图 8-75 Board（板）属性设置面板

图 8-76 "板级报告"对话框

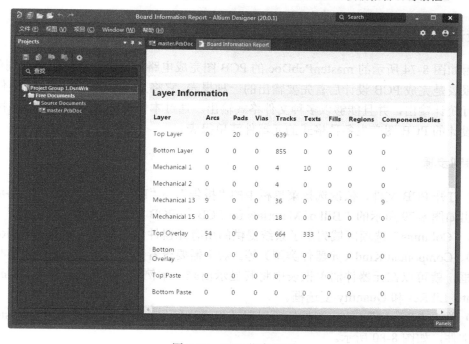

Layer Information

Layer	Arcs	Pads	Vias	Tracks	Texts	Fills	Regions	ComponentBodies
Top Layer	0	20	0	639	0	0	0	0
Bottom Layer	0	0	0	855	0	0	0	0
Mechanical 1	0	0	0	4	10	0	0	0
Mechanical 2	0	0	0	4	0	0	0	0
Mechanical 13	9	0	0	36	0	0	0	9
Mechanical 15	0	0	0	18	0	0	0	0
Top Overlay	54	0	0	664	333	1	0	0
Bottom Overlay	0	0	0	0	0	0	0	0
Top Paste	0	0	0	0	0	0	0	0
Bottom Paste	0	0	0	0	0	0	0	0

图 8-77 PCB 信息报表

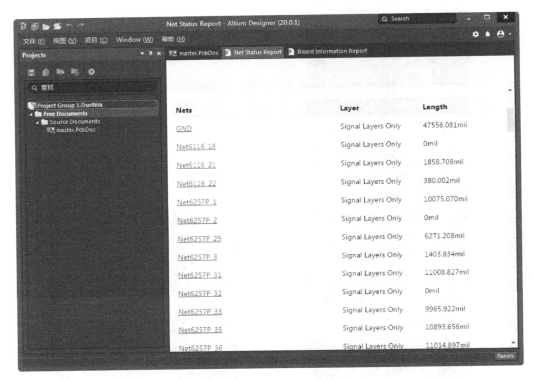

图 8-78　网络状态报表

8.5.2　电路板元器件清单报表

 设计要求

利用如图 8-74 所示的 master.PcbDoc 的 PCB 图完成电路板元器件清单报表的制作。元器件清单报表是完成 PCB 设计后首先要输出的一种报表，它将工程中使用的所有元器件的有关信息进行统计输出，并且能够以多种文件格式输出。通过本例的学习，读者应能掌握和熟悉根据所设计的 PCB 图产生各种格式的元器件清单报表。

 绘制步骤

（1）打开 PCB 文件，依次选择菜单栏中的"报告"→"Bill of Materials"（材料清单）命令，弹出如图 8-79 所示的"Bill of Materials for PCB"（PCB 元器件清单）对话框。

（2）"Columns"选项区域列出了系统提供的所有元器件属性信息，如 Description（元器件描述）、Component Kind（元器件类型）等。对于需要查看的有用信息，选中右边与之对应的复选框，就可以在元器件清单报表中将其显示出来。本例选中 Description、Designator、Footprint、LibRef 和 Quantity 复选框。

（3）单击"Export"（输出）按钮可以对该报表进行保存，默认文件名为"master.xls"，打开该文件，如图 8-80 所示。

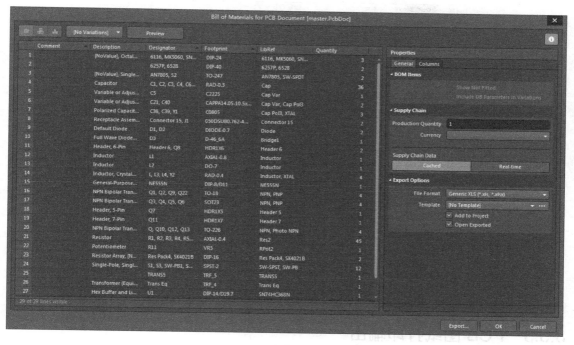

(a)

(b)

图 8-79　"Bill of Materials for PCB Document"（PCB 元器件清单）对话框

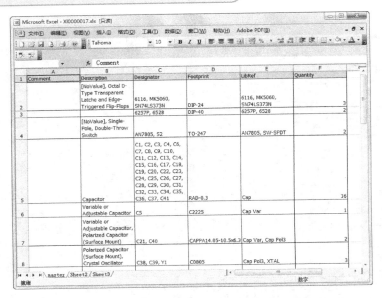

图 8-80　元器件清单报表

8.5.3　PCB 图纸打印输出

 设计要求

　　利用如图 8-74 所示的 master.PcbDoc 的 PCB 图完成 PCB 图纸打印输出操作。通过本例的学习，掌握和熟悉根据设计的 PCB 图纸对其进行打印输出的方法和步骤。在对打印机进行设置时，需要设置打印机类型、纸张大小、电路图纸。Altium Designer 20 提供了分层打印和叠层打印两种打印模式。

 绘制步骤

　　（1）打开 PCB 文件。
　　（2）依次选择菜单栏中的"文件"→"页面设置"命令，弹出如图 8-81 所示的"Composite Properties"对话框。

图 8-81　"Composite Properties"对话框

（3）在"打印纸"设置栏设置纸张尺寸为 A4，并将打印方式设置为"水平"。

（4）在"颜色设置"设置栏选中"灰的"单选按钮。

（5）在"缩放比例"选项区域选择"Fit Document on Page"（缩放到适合图纸大小），其余各项不用设置。

（6）单击"高级"按钮，打开如图 8-82 所示的"PCB 打印输出属性"对话框。

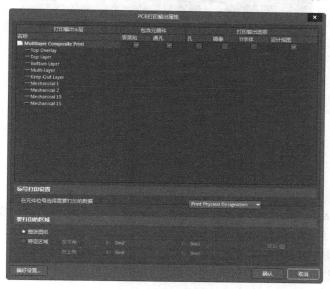

图 8-82　"PCB 打印输出属性"对话框

（7）在"PCB 打印输出属性"对话框中，显示了如图 8-74 所示的 PCB 图中所用到的板层。右击图 8-83 中相关板层，弹出快捷菜单，选择相应的命令，就可以在打印时添加或删除板层，如图 8-83 所示。

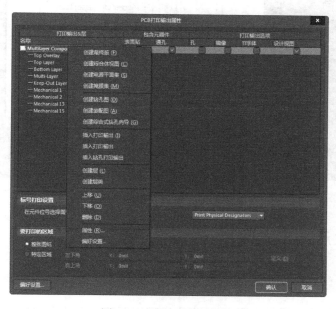

图 8-83　添加或删除板层

（8）单击图 8-83 中的"偏好设置"按钮，打开如图 8-84 所示的"PCB 打印设置"对话框，在该对话框中可以设置打印颜色、字体。

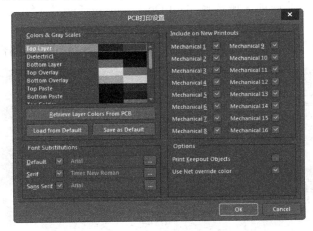

图 8-84 "PCB 打印设置"对话框

（9）单击如图 8-81 所示的"Composite Properties"对话框中的"预览"按钮，可以预览打印效果图，如图 8-85 所示。

（10）若对打印效果不满意，可以重新设置纸张和打印机。

（11）设置完成后，单击"打印"按钮进行打印。

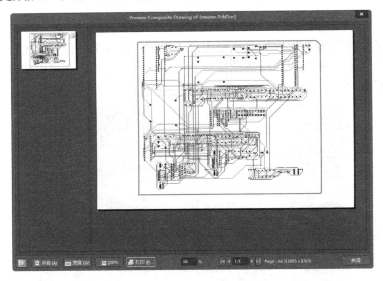

图 8-85 预览打印效果图

8.5.4 输出生产加工文件

 设计要求

PCB 设计的目的就是提供实际 PCB 生产过程需要的相关数据文件。

利用如图 8-74 所示的 master.PcbDoc 的 PCB 图完成生产加工文件的制作。需要完成的内容包括信号布线层、丝印层、阻焊层、助焊层和钻孔的数据的输出。通过本例的学习，读者应能掌握生产加工文件的输出，为生产部门实现 PCB 的生产加工提供相关文件。

 绘制步骤

（1）打开 PCB 文件。

（2）依次选择菜单栏中的"文件"→"制造输出"→"Gerber Files"（Gerber 文件）命令，系统弹出"Gerber 设置"对话框，如图 8-86 所示。

（3）在"通用"选项卡中的"单位"栏中单击"英寸"单选按钮，在"格式"栏中单击"2:3"单选按钮，如图 8-86 所示。

（4）"Gerber 设置"对话框中的"层"选项卡如图 8-87 所示，在该选项卡中选择输出的层，可以一次性选中需要输出的所有层。

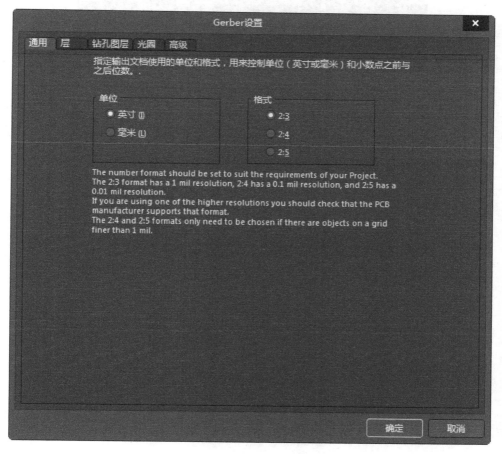

图 8-86　"Gerber 设置"对话框

（5）在"层"选项卡中单击"绘制层"右边的下拉按钮，勾选"包括未连接的中间层焊盘"复选框，如图 8-88 所示。

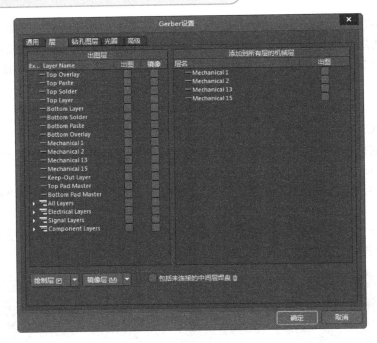

图 8-87 "Gerber 设置"对话框中的"层"选项卡

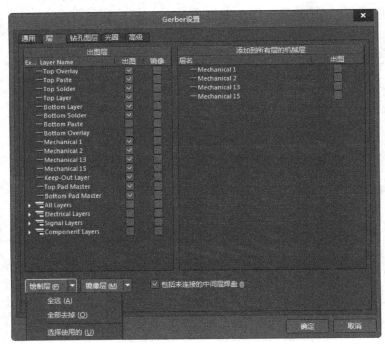

图 8-88 选择输出顶层布线层

（6）打开"钻孔图层"选项卡，在该选项卡中的"钻孔图"选项区域内勾选"Top Layer-Bottom Layer"（顶层-底层）复选框，单击"配置钻孔符号"按钮，在弹出的"钻孔符号"对话框中将"符号尺寸"设置为 50mil，如图 8-89 所示。

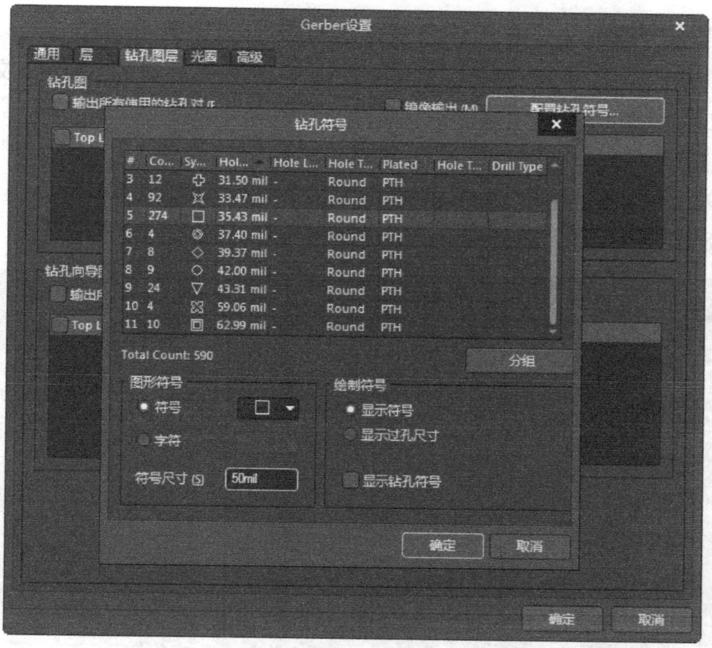

图 8-89 “钻孔图层”选项卡

（7）打开“光圈”选项卡，勾选“嵌入的孔径（RS274X）”复选框，系统将在输出生产加工数据时，自动产生 D 码文件，如图 8-90 所示。

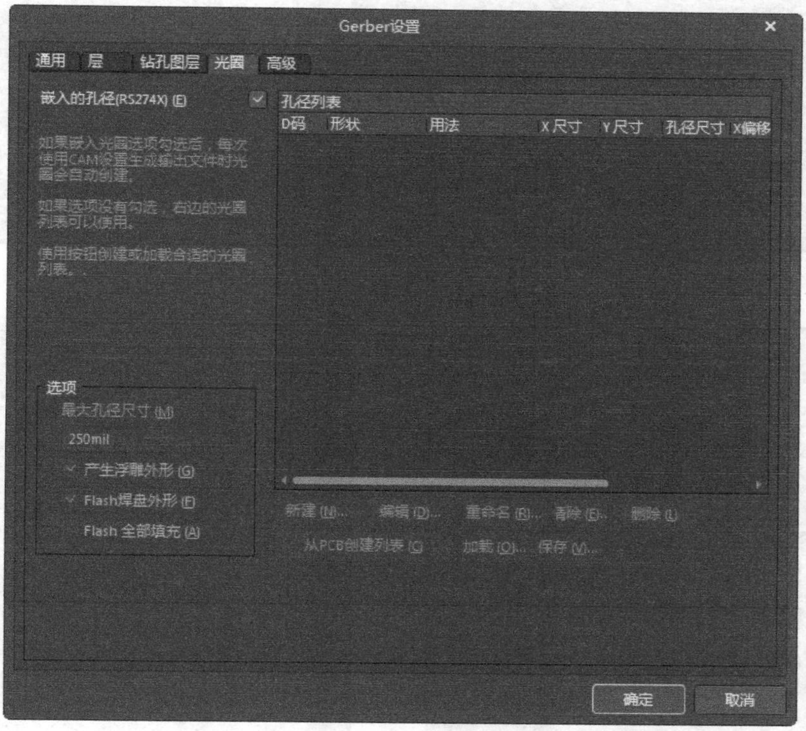

图 8-90 “光圈”选项卡

（8）打开"高级"选项卡，采用系统默认设置，如图 8-91 所示。

（9）单击"高级"选项卡中的 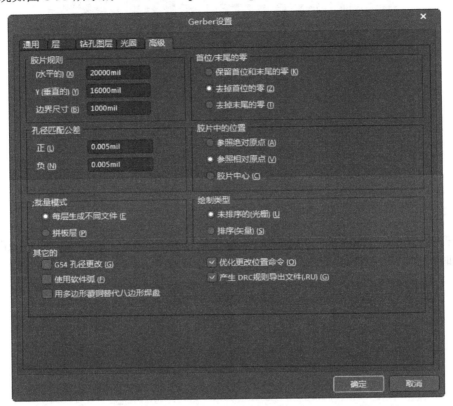 确定 按钮，则得到系统输出的 Gerber 文件，同时系统输出各层的 CAM 文件和钻孔文件，共 14 个文件。

（10）打开生成的 CAM 文件，依次选择菜单栏中的"文件"→"导出"→"Gerber"命令，出现如图 8-92 所示的"输出 Gerber"对话框，单击"RS-274-X"按钮，再单击"设置"按钮，出现如图 8-93 所示的"Gerber Export Settings"对话框。

图 8-91 "高级"选项卡

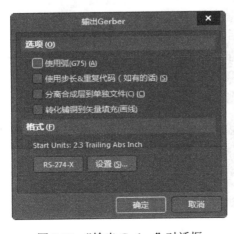

图 8-92 "输出 Gerber"对话框

图 8-93 "Gerber Export Settings"对话框

（11）在"Gerber Export Settings"对话框中，采用系统的默认设置，单击 确定 按钮，在弹出的对话框中，可以对需要输出的 Gerber 文件进行选择。

（12）单击 确定 按钮，系统将输出所有选中的 Gerber 文件。

（13）在 PCB 编辑界面，依次选择菜单栏中的"文件"→"制造输出"→"NC Drill Files"（NC 钻孔文件）命令，输出 NC 钻孔文件，这里不再赘述。

第 9 章

电路仿真

9

本章主要介绍 Altium Designer 20 的电路仿真功能，并通过实例对具体的电路仿真过程进行详细讲解。

9.1 电路仿真的基本概念

Altium Designer 20 内置功能强大的电路仿真器，使用户能方便地进行电路仿真。一般来讲，进行电路仿真的主要目的是判断电路中某些参数设置是否合理。例如，电容值、电阻值的大小是否会直接影响波形的上升周期、下降周期；变压器的匝数比是否会影响输出功率等。在仿真电路原理图的过程中，尤其应该注意元器件的标称值是否准确。

9.2 电路仿真的基本步骤

下面介绍 Altium Designer 20 电路仿真的具体操作步骤。

1．编辑仿真电路原理图

在绘制仿真电路原理图时，图中所使用的元器件都必须具有仿真属性。如果某个元器件不具有仿真属性，那么在仿真时会出现错误信息。对仿真元器件的属性进行修改，需要增加一些具体的参数设置，如三极管的放大倍数、变压器的原边和副边的匝数比等。

2．设置仿真激励源

仿真激励源就是输入信号，可以使电路开始工作。仿真常用的激励源有直流源、脉冲信号源及正弦信号源等。

放置好仿真激励源之后，就需要根据实际电路的要求修改其属性参数。例如，激励源的电压/电流幅度、脉冲宽度、上升沿和下降沿的宽度等。

3．放置节点网络标号

这些节点网络标号放置在需要测试的电路位置上。

4. 设置仿真方式及参数

不同的仿真方式需要设置不同的参数，显示的仿真结果也不同。用户要根据具体电路的仿真要求设置合理的仿真方式。

5. 执行仿真命令

将以上设置完成后，依次选择菜单栏中的"设计"→"仿真"→"Mixed Sim"（混合仿真）命令，启动仿真。若仿真电路原理图中没有错误，则系统将给出仿真结果，并将结果保存在后缀名为*.sdf 的文件中；若仿真电路原理图中有错误，则系统自动中断仿真，同时弹出Messages（信息）面板，显示仿真电路原理图中的错误信息。

6. 分析仿真结果

用户可以在后缀名为*.sdf 的文件中查看、分析仿真的波形和数据。若对仿真结果不满意，可以修改仿真电路原理图中的参数，再次进行仿真，直到满意为止。

9.3 常用电路仿真元器件

Altium Designer 20 的主要仿真电路元器件有分离元器件、特殊元器件等。下面详细介绍这些仿真元器件。

1. 分离元器件

Altium Designer 20 为用户提供了一个常用分离元器件集成库，即 Miscellaneous Devices.Int Lib，该库包含了常用的元器件，如电阻、电容、电感、三极管等，这些元器件大部分都具有仿真属性，可以用于仿真。

（1）电阻。

Altium Designer 20 在分离元器件集成库中为用户提供了 3 种具有仿真属性的电阻，分别为固定电阻、可变电阻、Res Semi 半导体电阻，它们的仿真参数都可以手动设置。对于固定电阻，只需要设置一个电阻值仿真参数；对于可变电阻，需要设置的参数有电阻的总阻值、仿真使用的阻值占总阻值的比例；对于 Res Semi 半导体电阻，需要设置的参数有电阻阻值、电阻长度、电阻宽度及环境温度。

下面以 Res Semi 半导体电阻为例，介绍电阻仿真参数的设置。

双击仿真电路原理图上的 Res Semi 半导体电阻，打开电阻属性设置面板，如图 9-1 所示。

双击 Models（模型）选项组中的"Simulation"，弹出"Sim Model-General/Resistor (Semiconductor)"对话框，选中"Resistor(Semiconductor)"如图 9-2 所示。单击电阻属性设置面板中的"Parameters"选项，切换到 Parameters（参数）选项卡，如图 9-3 所示。

在 Parameters（参数）选项卡中，各参数的意义如下。

① Value（值）：用于设置 Res Semi 半导体电阻的阻值。

② Length（长度）：用于设置 Res Semi 半导体电阻的长度。

③ Width（宽度）：用于设置 Res Semi 半导体电阻的宽度。

④ Temperature（温度）：用于设置 Res Semi 半导体电阻的温度系数。

图 9-1　电阻属性设置面板

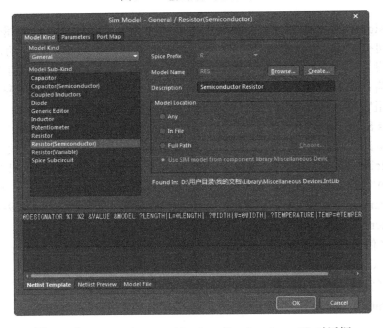

图 9-2　"Sim Model-General/Resistor(Semiconductor)"对话框

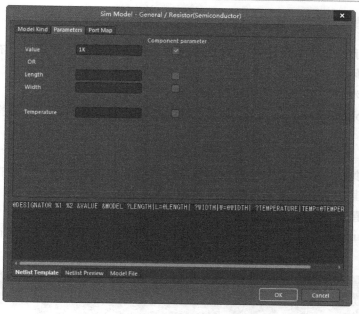

图 9-3　Parameters（参数）选项卡

提示： 电阻的单位为 Ω，在对电路原理图进行仿真分析过程中，不识别 Ω 符号，添加该符号后进行仿真会弹出错误报告。因此当电路原理图需要进行仿真时，在绘制过程中电阻参数值不添加 Ω 符号，其余电路原理图添加 Ω 符号。

（2）电容。

分离元器件集成库提供了两种类型的电容：Cap 无极性电容和 Cap Pol2 有极性电容。这两种电容的仿真参数设置对话框是一样的，如图 9-4 所示。

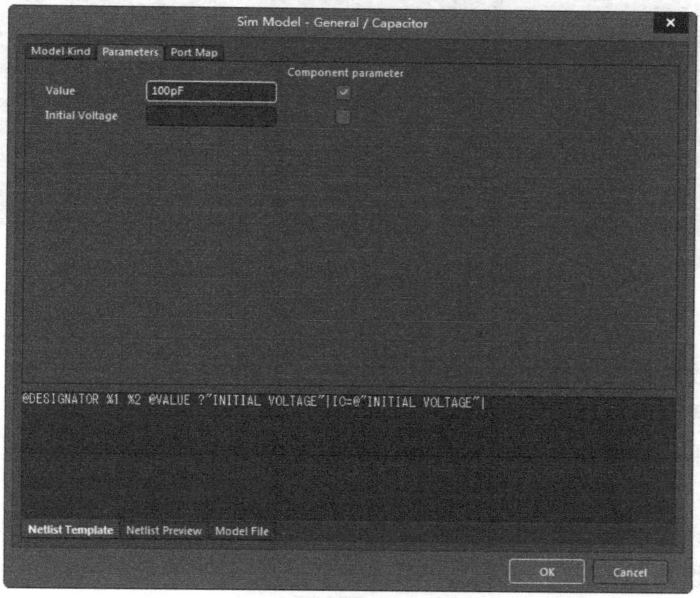

图 9-4　电容仿真参数设置对话框

① Value（值）：用于设置电容值。

提示：对于电容的单位 μF，在对电路原理图进行仿真分析过程中，不识别 μ 符号，添加该符号后进行仿真会弹出错误报告。因此当电路原理图需要进行仿真时，在绘制过程中将电容参数值替换为 uF，其余电路原理图添加 μF。

② Initial Voltage（初始电压）：用于设置电路初始工作时刻电容两端的电压，系统默认值为 0V。

（3）电感。

分离元器件集成库提供了多种具有仿真属性的电感（Inductor），它们的仿真参数设置对话框是一样的，其中包含两个基本参数，如图 9-5 所示。

① Value（值）：用于设置电感值。

② Initial Current（初始电流）：用于设置电路初始工作时刻流入电感的电流，系统默认值为 0A。

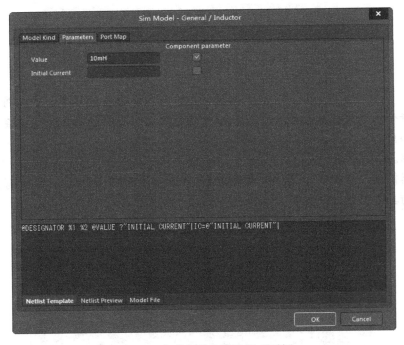

图 9-5　电感仿真参数设置对话框

（4）晶振。

晶振仿真参数设置对话框如图 9-6 所示。

晶振仿真对话框中需要设置的晶振仿真参数有以下 4 项。

① FREQ：用于设置晶振的振荡频率，可以在"值"列内修改设定值。

② RS：用于设置晶振的串联电阻值。

③ C：用于设置晶振的等效电容值。

④ Q：用于设置晶振的品质因数。

单击 添加 按钮可以添加晶振参数，单击 删除 按钮可以删除选中的晶振参数。

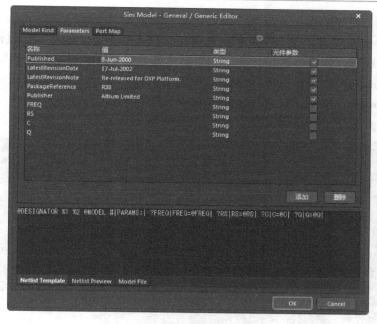

图 9-6 晶振仿真参数设置对话框

（5）保险丝。

保险丝可以防止芯片及其他元器件在过流工作时受到损坏。保险丝仿真参数设置对话框如图 9-7 所示。

① Resistance：用于设置保险丝的内阻值。

② Current：用于设置保险丝的熔断电流。

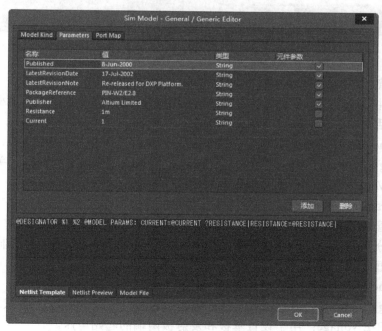

图 9-7 保险丝仿真参数设置对话框

（6）变压器。

分离元器件集成库提供了多种具有仿真属性的变压器，它们的仿真参数设置基本相同，这里以 Trans 普通变压器为例进行介绍。变压器仿真参数设置对话框如图 9-8 所示。

① Inductance A：用于设置感应线圈 A 的电感值。

② Inductance B：用于设置感应线圈 B 的电感值。

③ Coupling Factor：用于设置变压器的耦合系数。

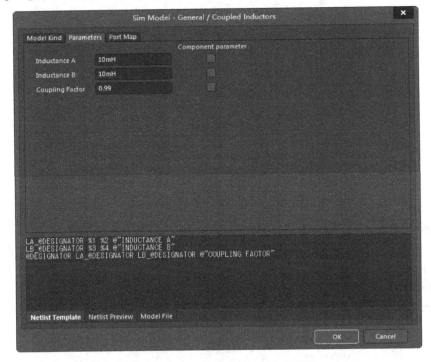

图 9-8　变压器仿真参数设置对话框

（7）二极管。

分离元器件集成库为用户提供了多种二极管，它们的仿真参数设置基本相同。二极管仿真参数设置对话框如图 9-9 所示。

① Area Factor：用于设置二极管的面积因子。

② Starting Condition：用于设置二极管的起始状态，一般设置为 OFF（关断）状态。

③ Initial Voltage：用于设置二极管两端的起始电压值。

④ Temperature：用于设置二极管的工作温度。

（8）三极管。

三极管可分为 NPN 型和 PNP 型两种类型，它们的仿真参数设置基本相同。三极管仿真参数设置对话框如图 9-10 所示。

① Area Factor：用于设置三极管的面积因子。

② Starting Condition：用于设置三极管的起始状态，一般设置为 OFF 状态。

③ Initial B-E Voltage：用于设置基极和发射极两端的起始电压。

④ Initial C-E Voltage：用于设置集电极和发射极两端的起始电压。

⑤ Temperature：用于设置三极管的工作温度。

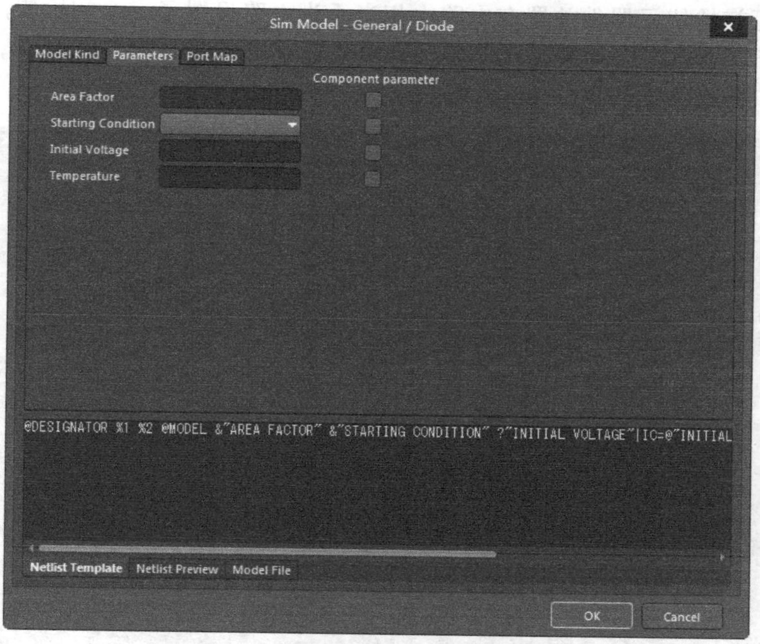

图 9-9　二极管仿真参数设置对话框

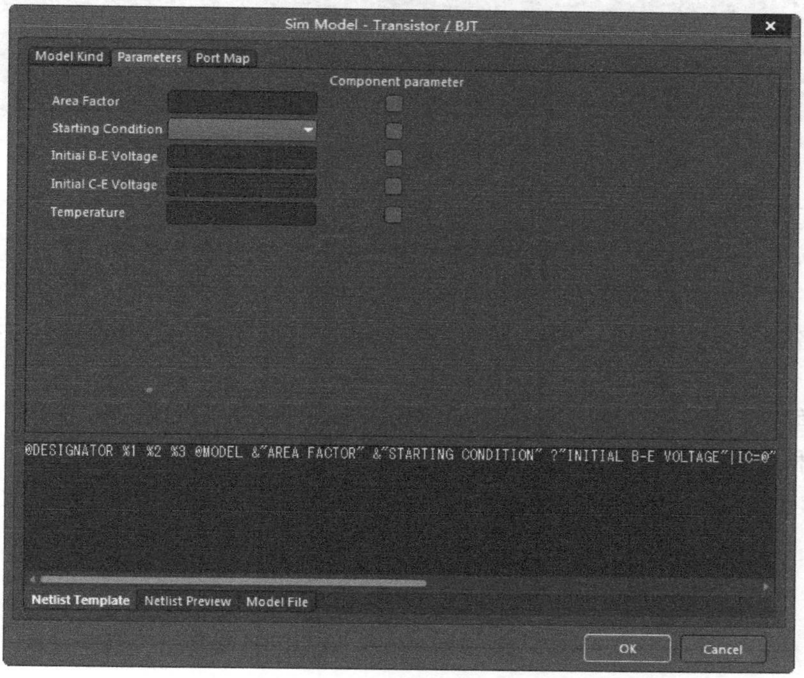

图 9-10　三极管仿真参数设置对话框

2．特殊元器件

（1）节点电压初始值元器件。

节点电压初始值（.IC）元器件是存放在 Simulation Sources.IntLib 元器件库内的特殊元器件。将节点电压初始值元器件放置在电路中相当于为电路设置了一个初始值，便于进行电路的瞬态特性分析。节点电压初始值元器件仿真参数设置对话框如图 9-11 所示，在该对话框中只有一个参数，即电压初始值（Initial Voltage）。

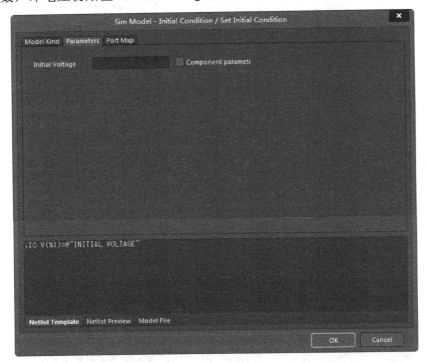

图 9-11　节点电压初始值元器件仿真参数设置对话框

（2）仿真数学函数元器件。

Altium Designer 20 电路仿真器还提供了若干仿真数学函数元器件。它们作为一种特殊的仿真元器件，主要用来对两路信号进行合成，以达到一定的仿真目的。仿真数学函数元器件可以完成电路中信号的加、减、乘、除等数学运算，也可以对一个节点信号进行各种变换，如正弦变换、余弦变换等。

仿真数学函数元器件存放在 Simulation Math Function.IntLib 集成库中。仿真数学函数元器件 ADDV 和 SUBV 分别可以对两路信号进行相加和相减，如图 9-12 所示。

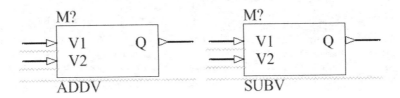

图 9-12　仿真数学函数元器件 ADDV 和 SUBV

仿真数学函数元器件的使用方法很简单，把相应的仿真数学函数元器件放置到仿真电路原理图中需要进行信号处理的地方即可，仿真参数不需要用户设置。

9.4　电源和仿真激励源

电源和仿真激励源存放在路径为 Altium\Library\Simulation 的文件中。

（1）Simulation Sources.IntLib：仿真激励源库，包括电流源、电压源等。

（2）Simulation Transmission Line.IntLib：特殊传输线库。

（3）Simulation Voltage Sources.IntLib：电压激励源库。

在进行仿真时，默认激励源是理想电源，也就是说，电压源的内阻为零，而电流源的内阻为无穷大。

9.4.1　直流电压源和直流电流源

Simulation Sources.IntLib 集成库提供了直流电压源 VSRC 和直流电流源 ISRC，如图 9-13 所示。

直流电压源和直流电流源在仿真电路原理图中分别为仿真电路提供不变的直流电压信号和直流电流信号。双击放置的直流电源，打开 Properties（属性）面板，在 Models（模型）栏中双击"Simulation"（仿真），在打开的对话框中单击"Parameters"选项，如图 9-14 所示。

图 9-13　直流电压源 VSRC 和直流电流源 ISRC

（1）Value：用于设置直流电源值。

（2）AC Magnitude：用于设置交流小信号分析的电压值。

（3）AC Phase：用于设置交流小信号分析的初始相位值。

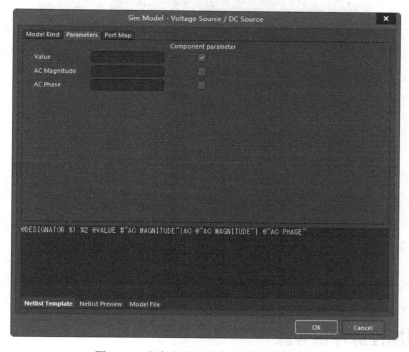

图 9-14　直流电源的仿真参数设置对话框

9.4.2 正弦信号激励源

正弦信号激励源包括正弦电压源 VSIN 和正弦电流源 ISIN，如图 9-15 所示。它们主要用来产生正弦电压和正弦电流，用于交流小信号分析和瞬态分析。

图 9-15 正弦电压源 VSIN 和正弦电流源 ISIN

正弦信号激励源的仿真参数设置对话框如图 9-16 所示，在该对话框中，需要设置的参数比较多，各项参数的具体意义如下。

（1）DC Magnitude：用于设置正弦信号的直流参数，它表示正弦信号的直流偏置，通常设置为 0。

（2）AC Magnitude：用于设置交流小信号分析的电压值，通常设置为 1V。

（3）AC Phase：用于设置交流小信号分析的初始相位值，通常设置为 0。

（4）Offset：用于设置正弦信号波上叠加的直流分量。

（5）Amplitude：用于设置正弦信号的振幅。

（6）Frequency：用于设置正弦信号的频率。

（7）Delay：用于设置正弦信号的初始延迟时间。

（8）Damping Factor：用于设置正弦信号的阻尼因子。当设置为正值时，正弦波的幅值随时间的变化而衰减；当设置为负值时，正弦波的幅值随时间的变化而递增。

（9）Phase：用于设置正弦波的初始相位。

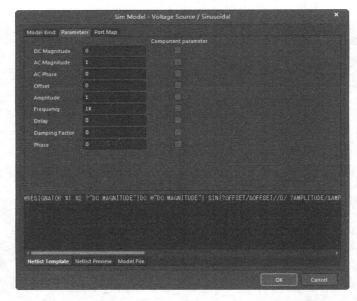

图 9-16 正弦信号激励源的仿真参数设置对话框

9.4.3 周期性脉冲信号源

周期性脉冲信号源包括脉冲电压源 VPULSE 和脉冲电流源 IPULSE，如图 9-17 所示。周

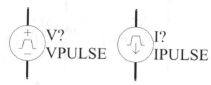

期性脉冲信号源用来产生周期性的连续脉冲电压和连续脉冲电流。

周期性脉冲信号源的仿真参数设置对话框如图 9-18 所示。

（1）DC Magnitude：用于设置脉冲信号的直流参数，通常设置为 0。

（2）AC Magnitude：用于设置交流小信号分析的电压值，通常设置为 1V。

图 9-17　脉冲电压源 VPULSE
和脉冲电流源 IPULSE

（3）AC Phase：用于设置交流小信号分析的初始相位值，通常设置为 0。

（4）Initial Value：用于设置脉冲信号的初始电压值或初始电流值。

（5）Pulsed Value：用于设置脉冲信号的电压幅值或电流幅值。

（6）Time Delay：用于设置脉冲信号从初始值变化到脉冲值的延迟时间。

（7）Rise Time：用于设置脉冲信号的上升时间。

（8）Fall Time：用于设置脉冲信号的下降时间。

（9）Pulse Width：用于设置脉冲信号的高电平宽度。

（10）Period：用于设置脉冲信号的周期。

（11）Phase：用于设置脉冲信号的初始相位。

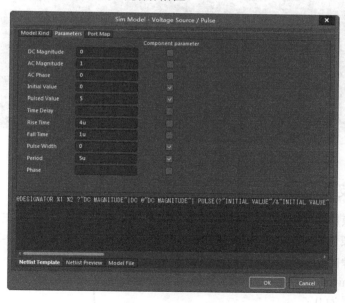

图 9-18　周期性脉冲信号源的仿真参数设置对话框

9.4.4　随机信号激励源

随机信号激励源用来提供随机信号，此信号是由若干条相连的直线组成的不规则信号。随机信号激励源包括两种：随机信号电压源 VPWL 和随机信号电流源 IPWL，如图 9-19 所示。

随机信号激励源的仿真参数设置对话框如图 9-20 所示。

图 9-19　随机信号电压源 VPWL
和随机信号电流源 IPWL

（1）DC Magnitude：用于设置随机信号激励源的直流参数，通常设置为 0。

（2）AC Magnitude：用于设置交流小信号分析的电压值，通常设置为 1V。

（3）AC Phase：用于设置交流小信号分析的初始相位值，通常设置为 0。

（4）时间/值对：用于设置在分段点处的时间值和电压值。单击 添加... 按钮可以增加一个分段点，单击 删除... 按钮可以删除一个所选的分段点。

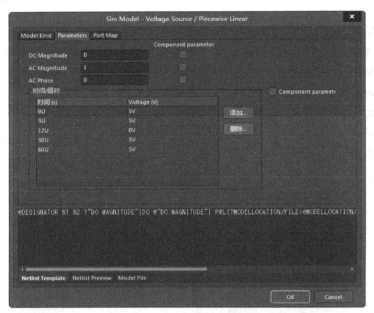

图 9-20　随机信号激励源的仿真参数设置对话框

9.4.5　调频波激励源

调频波激励源用来为仿真电路提供一个频率可变的仿真信号，一般在高频电路仿真时使用。调频波激励源包括调频电压源 VSFFM 和调频电流源 ISFFM，如图 9-21 所示。

调频波激励源的仿真参数设置对话框如图 9-22 所示。

（1）DC Magnitude：用于设置调频波激励源的直流参数，通常设置为 0。

（2）AC Magnitude：用于设置交流小信号分析的电压值，通常设置为 1V。

（3）AC Phase：用于设置交流小信号分析的初始相位值，通常设置为 0。

（4）Offset：用于设置叠加在调频信号上的直流分量。

图 9-21　调频电压源 VSFFM 和
调频电流源 ISFFM

（5）Amplitude：用于设置调频信号的载波幅值。

（6）Carrier Frequency：用于设置调频信号的载波频率。

（7）Modulation Index：用于设置调制系数。

（8）Signal Frequency：用于设置调制信号的频率。

图 9-22　调频波激励源的仿真参数设置对话框

9.4.6　指数函数信号激励源

指数函数信号激励源用于为仿真电路提供指数形状的电流信号或电压信号，常用于高频电路仿真。指数函数信号激励源包括指数电压源 VEXP 和指数电流源 IEXP，如图 9-23 所示。

指数函数信号激励源的仿真参数设置对话框如图 9-24 所示。

（1）DC Magnitude：用于设置指数函数信号激励源的直流参数，通常设置为 0。

（2）AC Magnitude：用于设置交流小信号分析的电压值，通常设置为 1V。

（3）AC Phase：用于设置交流小信号分析的初始相位值，通常设置为 0。

图 9-23　指数电压源 VEXP 和指数电流源 IEXP

（4）Initial Value：用于设置指数函数信号的初始幅值。

（5）Pulsed Value：用于设置指数函数信号的跳变值。

（6）Rise Delay Time：用于设置信号上升延迟时间。

（7）Rise Time Constant：用于设置信号上升时间。

（8）Fall Delay Time：用于设置信号下降延迟时间。

（9）Fall Time Constant：用于设置信号下降时间。

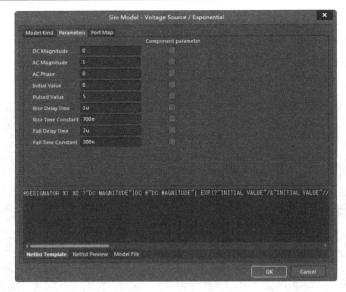

图 9-24　指数函数信号激励源的仿真参数设置对话框

9.5　设置仿真模式

Altium Designer 20 电路仿真器可以完成各种形式的信号分析。电路仿真器的分析设置对话框如图 9-25 所示。在电路仿真器的分析设置对话框中，用户可以通过通用参数设置页面指定仿真的范围和自动显示仿真的信号，每一项分析类型都可以在单独的设置界面内完成。

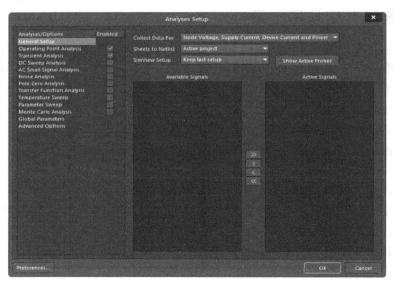

图 9-25　电路仿真器的分析设置对话框

Altium Designer 20 中允许的分析类型如下。

（1）Operating Point Analysis（静态工作点分析）。

（2）Transient Analysis（瞬态分析和傅里叶分析）。

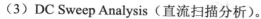

（3）DC Sweep Analysis（直流扫描分析）。

（4）AC Small Signal Analysis（交流小信号分析）。

（5）Noise Analysis（噪声分析）。

（6）Pole-Zero Analysis（零-极点分析）。

（7）Transfer Function Analysis（传递函数分析）。

（8）Monte Carlo Analysis（蒙特卡罗分析）。

（9）Parameter Sweep（参数扫描）。

（10）Temperature Sweep（温度扫描）。

（11）Global Parameters（全局参数分析）。

（12）Advanced Options（高级选项）。

在 Analyses/Options（分析/选项）高级参数设置界面内，用户可以定义高级参数的仿真属性，包括 SPICE 变量值、电路仿真器和仿真参考网络的综合方法。通常，如果没有深入了解 SPICE 仿真参数的功能，不建议用户为达到更高的仿真精度而改变高级参数属性。所有在电路仿真器的分析设置对话框中的定义将被用于创建一个 SPICE 网表（*.nsx），运行任何一个仿真均需要创建一个 SPICE 网表。如果在创建 SPICE 网表过程中出现任何错误或警告，电路仿真器的分析设置对话框将不会被打开，而是通过消息栏提示用户修改错误。仿真可以直接在一个 SPICE 网表文件窗口中运行，SPICE 网表文件允许用户编辑。如果用户修改了 SPICE 网表内容，则需要将 SPICE 网表文件另存为其他名称的网表文件，因为系统在运行仿真时，将自动修改并覆盖原 SPICE 网表文件。

9.5.1　设置通用参数

在电路原理图编辑环境中，依次选择菜单栏中的"设计"→"仿真"→"Mixed Sim"（混合仿真）命令，弹出电路仿真器的分析设置对话框，如图 9-25 所示。

在电路仿真器的分析设置对话框左侧的 Analyses/Options（分析/选项）栏中列出了需要设置的仿真参数和仿真模型，右侧显示了与当前所选项目对应的仿真模型的参数设置。电路仿真器的分析设置对话框的默认打开界面为 General Setup（通用设置），即通用参数设置页面。

（1）仿真数据结果可以在 Collect Data For（为了收集数据）下拉列表中指定。

① Node Voltage and Supply Current：保存每个节点电压和每个电源电流的数据。

② Node Voltage, Supply and Device Current：保存每个节点电压、电源、器件电流的数据。

③ Node Voltage, Supply Current, Device Current and Power：保存每个节点电压、电源电流、器件的电源和电流的数据。

④ Node Voltage, Supply Current and Subcircuit VARs：保存每个节点电压、来自每个电源的电流源、子电路变量中匹配的电压/电流的数据。

⑤ Active Signals：仅保存在 Active Signals 栏中列出的信号分析结果。

一般设置为 Active Signals，这样可以灵活选择所要观测的信号，也可以减少仿真的计算量，提高仿真效率。

（2）在 Sheets to Netlist（电路原理图网络报表）下拉列表中，可以指定仿真分析当前电路原理图或整个项目工程。

① Active sheet：当前的仿真电路原理图。

② Active project：当前的整个项目工程。

（3）在 SimView Setup 下拉列表中，用户可以设置仿真结果的显示。

① Keep last setup：按上一次仿真的设置保存和显示数据。

② Show Active Signals：按照 Active Signals 栏中列出的信号在仿真结果中显示。

（4）Available Signals（有用的信号）栏中列出了所有可供选择的观测信号，如果改变 Collect Data for 下拉列表的设置，那么该栏中的内容将随之变化。

（5）Active Signals（积极的信号）栏中列出了仿真结束后，能立即在仿真结果中显示的信号。在 Available Signals（有用的信号）栏中选择了某一信号后，单击 > 按钮可以为 Active Signals（积极的信号）栏添加显示信号；单击 < 按钮可以将不需要显示的信号移回 Available Signals（有用的信号）栏中；单击 >> 按钮可以将所有信号添加到 Active Signals（积极的信号）栏；单击 << 按钮可以将所有信号移回 Available Signals（有用的信号）栏。

9.5.2　静态工作点分析

静态工作点分析用于测定带有短路电感和开路电容电路的静态工作点。在使用该仿真方式时，用户不需要进行特定参数的设置，选中对应的复选框即可运行，如图 9-26 所示。

在测定瞬态初始化条件时，除了在 Transient/Fourier Analysis Setup 中使用 Use Initial Conditions 参数的情况，静态工作点分析优先于瞬态分析和傅里叶分析，同时，静态工作点分析优先于交流小信号、噪声和零-极点分析。为了保证测定的线性化，电路中所有非线性的小信号模型在静态工作点分析中将不考虑任何交流源的干扰因素。

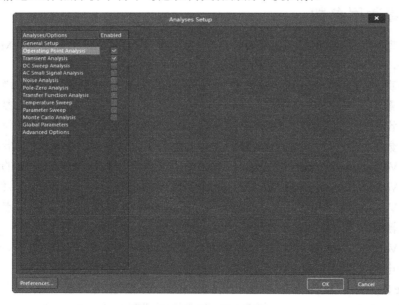

图 9-26　静态工作点分析

9.5.3　瞬态分析和傅里叶分析

瞬态分析是电路仿真中经常使用的仿真方式，在电路仿真器的分析设置对话框中选中 Transient Analysis 复选框即可显示瞬态分析和傅里叶分析参数设置界面，如图 9-27 所示。

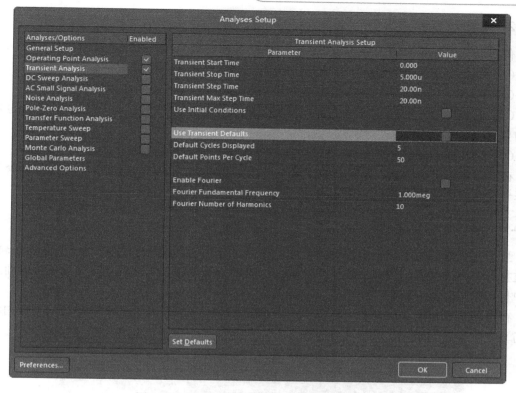

图 9-27　瞬态分析和傅里叶分析参数设置界面

1. 瞬态分析

瞬态分析用于在时域中描述瞬态输出变量的值。在未使用 Use Initial Conditions 参数时，对于固定偏置点，电路节点的初始值对计算偏置点和非线性元器件的小信号参数时节点初始值的影响也应考虑在内，因此有初始值的电容和电感也被看作电路的一部分而保留下来。

（1）Transient Start Time：在进行瞬态分析时设定的时间间隔的起始值，通常设置为 0。

（2）Transient Stop Time：在进行瞬态分析时设定的时间间隔的结束值，需要根据具体的电路来调整设置。

（3）Transient Step Time：在进行瞬态分析时设定的时间增量（步长）值。

（4）Transient Max Step Time：时间增量值的最大变化量。在默认状态下，其值可以是 Transient Step Time 或（Transient Stop Time−Transient Start Time）/50。

（5）Use Initial Conditions：若勾选该复选框，瞬态分析将从电路原理图定义的初始化条件开始。该项通常用于从静态工作点开始的瞬态分析。

（6）Use Transient Defaults：若勾选该复选框，将调用系统默认的时间参数。

（7）Default Cycles Displayed：在进行电路仿真时显示的波形的周期数量，该值由 Transient Step Time 决定。

（8）Default Points Per Cycle：每个周期内显示数据点的数量。

如果用户不确定具体输入的参数值，那么建议使用默认设置。在使用电路原理图定义的初始化条件时，需要确定在电路设计的每一个适当的元器件上已经定义了初始化条件，或者在电路中放置了 IC 元器件。

2．傅里叶分析

傅里叶分析是基于瞬态分析最后一个周期的数据完成的。

（1）Enable Fourier 复选框：若勾选该复选框，则在电路仿真时执行傅里叶分析。

（2）Fourier Fundamental Frequency：用于设置傅里叶分析中的基波频率。

（3）Fourier Number of Harmonics：傅里叶分析中的谐波数。每一个谐波频率均为基频的整数倍。

（4）"Set Defaults" 按钮：单击该按钮，可以将参数值恢复为默认值。

在执行傅里叶分析后，系统将自动创建一个后缀名为.sim 的数据文件，该文件包含了关于每一个谐波的幅度和相位的详细信息。

9.5.4 直流扫描分析

直流扫描分析用于分析直流转移特性，当输入在一定范围内变化时，输出一条曲线轨迹。通过执行一系列静态工作点分析，修改选定的电源信号电压，从而得到一条直流传输曲线。用户也可以同时指定两个工作电源。

在电路仿真器的分析设置对话框中选中 DC Sweep Analysis 复选框即可显示直流扫描分析仿真参数设置对话框，如图 9-28 所示。

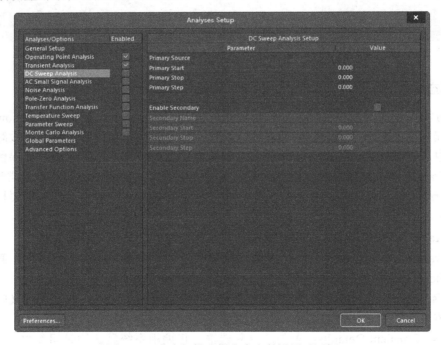

图 9-28　直流扫描分析仿真参数设置对话框

（1）Primary Source：电路中独立电源的名称。

（2）Primary Start：主电源的起始电压值。

（3）Primary Stop：主电源的停止电压值。

（4）Primary Step：在扫描范围内指定的步长值。

（5）Enable Secondary：在主电源基础上，执行对从电源值的扫描分析。

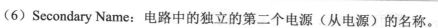

（6）Secondary Name：电路中的独立的第二个电源（从电源）的名称。

（7）Secondary Start：从电源的起始电压值。

（8）Secondary Stop：从电源的停止电压值。

（9）Secondary Step：在扫描范围内指定的步长值。

在直流扫描分析中必须设定一个主电源，而第二个电源为可选电源。通常第一个扫描变量（主电源）所覆盖的区间是内循环，第二个（从电源）扫描区间是外循环。

9.5.5　交流小信号分析

交流小信号分析用于在一定的频率范围内计算电路的频率响应。如果电路中包含非线性元器件，在计算频率响应之前就应该得到此元器件的交流小信号参数。在进行交流小信号分析之前，必须保证电路中至少有一个交流电源，即在激励源中的 AC 属性域中设置一个大于零的值。

在电路仿真器的分析设置对话框中选中 AC Small Signal Analysis 复选框即可显示交流小信号分析仿真参数设置界面，如图 9-29 所示。

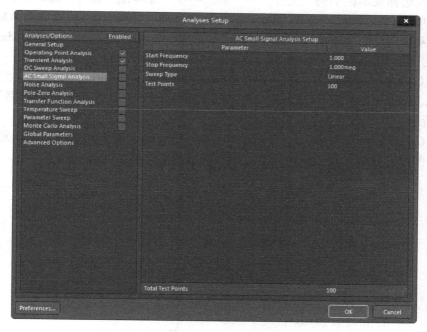

图 9-29　交流小信号分析仿真参数设置界面

（1）Start Frequency：用于设置交流小信号分析的起始频率。

（2）Stop Frequency：用于设置交流小信号分析的终止频率。

（3）Sweep Type：用于设置扫描方式，有以下 3 个选项。

- Linear：全部测试点均匀分布在线性化的测试范围内，是从起始频率开始到终止频率为止的线性扫描，适用于带宽较窄的情形。
- Decade：测试点以 10 的对数形式排列，适用于带宽特别宽的情形。
- Octave：测试点以 2 的对数形式排列，频率以倍频程方式进行对数扫描，适用于带宽较宽的情形。

（4）Test Points：在扫描范围内，交流小信号分析的测试点数目设置。

（5）Total Test Point：显示全部测试点的数量。

在执行交流小信号分析前，电路原理图中必须至少包含一个信号源并在 AC Magnitude 文本框中输入一个值。用这个信号源代替仿真期间的正弦波发生器。用于扫描的正弦波的幅度和相位需要在 SIM 模型中指定。

9.6　综合实例——使用仿真数学函数

本例使用相关的仿真数学函数对某一输入信号进行正弦变换和余弦变换，然后叠加输出。

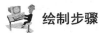 绘制步骤

（1）在 Altium Designer 20 主界面中，依次选择菜单栏中的"文件"→"新的"→"项目"命令，新建工程文件。

（2）依次选择菜单栏中的"文件"→"新的"→"原理图"命令，然后单击鼠标右键，弹出快捷菜单，选择"另存为"命令，将新建的电路原理图文件保存为"仿真数学函数.SchDoc"。

（3）在系统提供的集成库中，选择 Simulation Sources.IntLib 和 Simulation Math Function. IntLib，并对其进行加载。

（4）在 Component 面板中，打开 Simulation Math Function.IntLib 集成库，选择正弦变换函数 SINV、余弦变换函数 COSV 及电压相加函数 ADDV，将其分别放到电路原理图中，如图 9-30 所示。

（5）在 Component 面板中，打开 Miscellaneous Devices.IntLib 集成库，选择元器件 Res3，在电路原理图中放置两个接地电阻，并完成相应的电气连接，如图 9-31 所示。

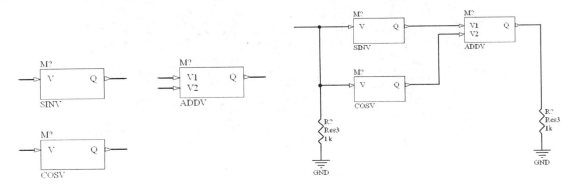

图 9-30　放置仿真数学函数　　　　　　　图 9-31　放置两个接地电阻并进行电气连接

（6）双击电阻，弹出电阻属性设置面板，将相应的电阻值设置为 1k 。

（7）双击每一个仿真数学函数对其进行参数设置，在弹出的 Properties（属性）面板中，只需要设置标识符，如图 9-32 所示。设置好的电路原理图如图 9-33 所示。

（8）在 Component 面板中，打开 Simulation Sources.IntLib 集成库，找到正弦电压源 VSIN，将其放置在电路原理图中，并进行接地连接，如图 9-34 所示。

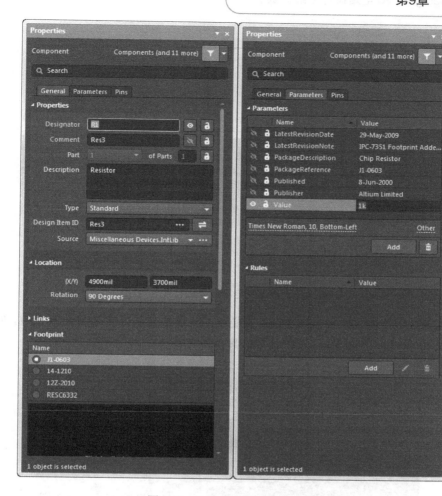

图 9-32　Properties（属性）面板

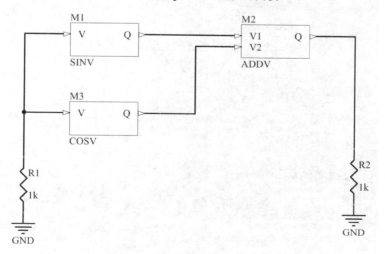

图 9-33　设置好的电路原理图

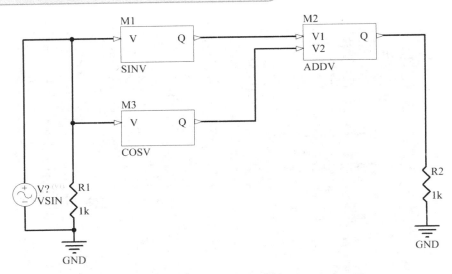

图 9-34　放置正弦电压源并进行接地连接

（9）双击正弦电压源，弹出相应的属性设置面板，设置其基本参数及仿真参数，如图 9-35 所示。这里将标识符设置为 V1，其他各项仿真参数值均采用系统的默认值。

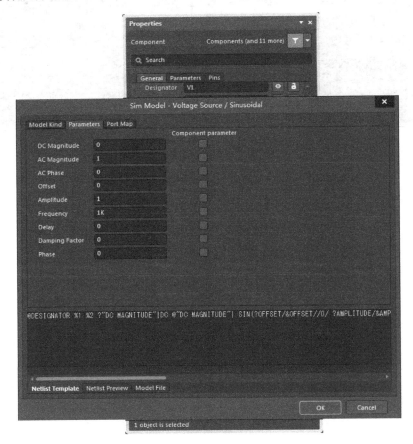

图 9-35　设置正弦电压源的参数

（10）单击"OK"按钮，得到的仿真电路原理图如图 9-36 所示。

（11）在仿真电路原理图中需要观测信号的位置并添加网络标签。在这里，我们需要观测的信号有 4 个，即输入信号、经过正弦变换后的信号、经过余弦变换后的信号及叠加后输出的信号。在相应的位置放置 4 个网络标签，即 INPUT、SINOUT、COSOUT、OUTPUT，如图 9-37 所示。

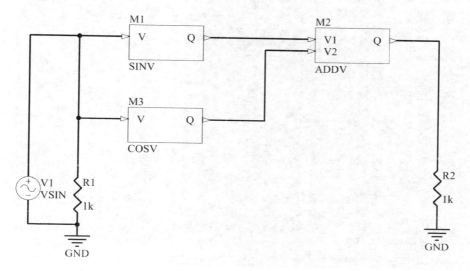

图 9-36 仿真电路原理图

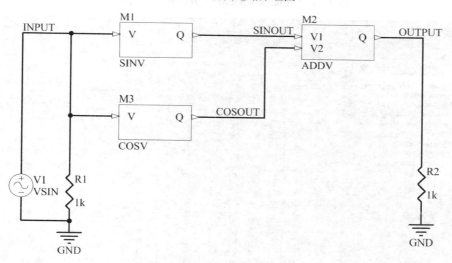

图 9-37 放置网络标签

（12）依次选择菜单栏中的"设计"→"仿真"→"Mixed Sim"（混合仿真）命令，在弹出的"Analyses Setup"（分析设置）对话框中设置通用参数，如图 9-38 所示。

（13）在完成了通用参数的设置后，在 Analyses/Options（分析/选项）列表框中勾选 Operating Point Analysis（工作点分析）复选框和 Transient Analysis（瞬态特性分析）复选框。Transient Analysis（瞬态特性分析）选项参数的设置如图 9-39 所示。

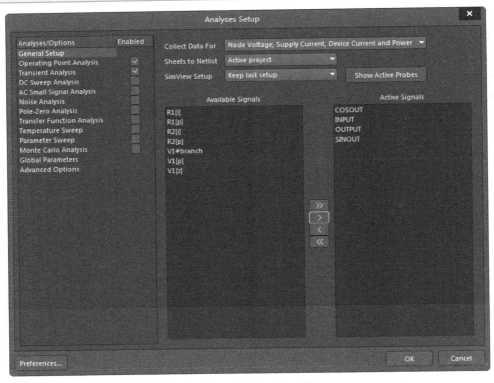

图 9-38 "Analyses Setup"（分析设置）对话框

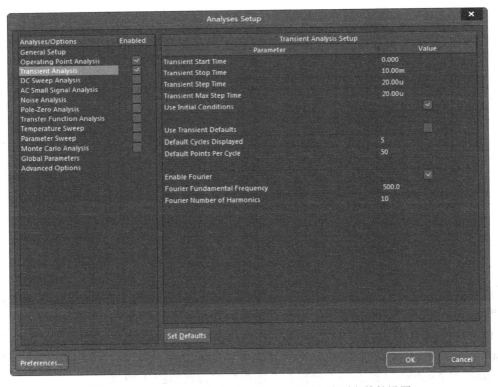

图 9-39 Transient Analysis（瞬态特性分析）选项参数的设置

（14）设置完毕后，单击"OK"按钮进行电路仿真。瞬态仿真分析结果如图 9-40 所示。

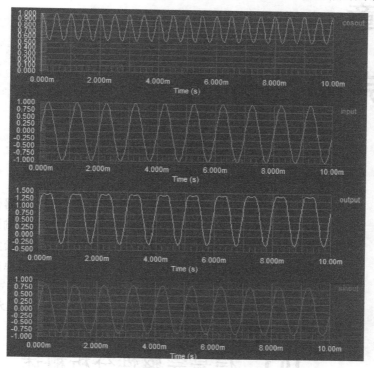

图 9-40　瞬态仿真分析结果

第 10 章

信号完整性分析

随着新工艺、新元器件的迅猛发展，高速元器件在电路设计中的应用日趋广泛。在高速电路系统中，数据的传输速率、时钟操作频率都非常高，而且由于功能的复杂多样，电路密集度也非常大。因此，高速电路设计的重点与低速电路设计的重点截然不同，在进行电路设计时，不仅应该考虑元器件的合理放置与导线的正确连接，还应该对信号的完整性（Signal Integrity, SI）进行充分考虑，否则，即使原理正确，系统可能也无法正常工作。

10.1 信号完整性分析概述

一个数字系统能否正确工作的关键在于信号时序是否准确。而信号时序与信号在传输线上的传输延迟及信号波形的失真程度等因素有着密切的联系。信号完整性差不是单一因素引起的，而是多种因素共同引起的。

10.1.1 信号完整性分析概念

信号完整性是指信号通过信号线传输后仍能保持完整，即仍能保持其正确的功能而未失真的一种特性。具体来说，信号完整性是指信号在电路中以正确的时序和电压做出响应的能力。若电路中的信号能够以正确的时序、要求的持续时间和电压幅度进行传送，并到达输出端，则说明该电路具有良好的信号完整性；若信号不能正常响应，则说明信号完整性出现了问题。

通过仿真可以证明，集成电路的切换速度过快、端接元器件的位置不正确、电路的连接不合理等都会引发信号完整性问题。常见的信号完整性问题主要有以下几种。

1. 传输延迟（Transmission Delay）

传输延迟说明数据或时钟信号没有在规定的时间内以一定的持续时间和电压幅度到达接收端。信号的传输延迟是由驱动过载、走线过长的传输线效应引起的，传输线上的等效电容、电感会使信号的数字切换产生延迟，影响集成电路的建立时间和保持时间。集成电路只能按照规定的时序来接收数据，延迟过长会导致集成电路无法正确判断数据，从而使电路的工作不正常甚至完全不能工作。

在高速电路的设计过程中，信号的传输延迟是一种无法完全避免的问题，因此引入了延迟容限的概念，即在保证电路能够正常工作的前提下，所允许的信号最大时序变化量。

2．串扰（Crosstalk）

串扰是没有电气连接的信号线之间感应电压和感应电流所导致的电磁耦合。这种耦合会使信号线具备天线功能，其容性耦合会引发耦合电流，感性耦合会引发耦合电压。耦合程度会随着时钟频率的升高和设计尺寸的缩小而增加。这是由于当信号线上有交变的信号电流通过时会产生交变磁场，处于该磁场中的其他信号线会产生感应电压信号。

PCB 工作层的参数、信号线的间距、驱动端和接收端的电气特性、信号线的端接方式等都会对串扰有一定的影响。

3．反射（Reflection）

反射就是传输线上的回波，一部分信号功率经传输线传递给负载，另一部分则向源端反射。在进行高速电路设计时，可将导线等效为传输线，而不再将其作为集总参数电路中的导线使用。如果阻抗匹配（源端阻抗、传输线阻抗与负载阻抗相等），则反射不会发生；若负载阻抗与传输线阻抗失配，就会导致接收端的反射。

布线的某些几何形状、不适当的端接、经过连接器的传输及中间电源层不连续等因素均会导致信号的反射。反射会导致传送信号出现严重的过冲（Overshoot）或反冲（Undershoot）现象，进而导致波形变形、逻辑混乱。

4．接地反弹（Ground Bounce）

接地反弹是指当电路中存在较大的电流时，会在电源与中间接地层之间产生大量噪声的现象。例如，大量芯片在同步切换时，会产生一个较大的瞬态电流，该电流从芯片与中间电源层间流过，芯片封装与电源间的寄生电感、电容、电阻会引发电源噪声，使得零电位层面上产生较大的电压波动（可能高达 2V），这足以造成其他元器件的误动作。

接地（分为数字接地、模拟接地、屏蔽接地等）层分割可能引起数字信号在传输到模拟接地区域时产生接地反弹。同样，电源层分割也可能出现类似的危害。负载容性的增大、阻性的减小、寄生参数的增大、芯片切换速度的加快、芯片同步切换数量的增加等都可能导致接地反弹增加。

除此之外，在高速电路的设计中还存在其他与电路功能本身无关的信号完整性问题，如电路板上的网络阻抗问题、电磁兼容性问题等。

因此，在实际制作 PCB 之前应进行信号完整性分析，以提高设计的可靠性，降低设计成本，这是非常重要和必要的。

10.1.2　信号完整性分析工具

Altium Designer 20 内置了一个高级的信号完整性分析器，能分析 PCB 设计并检查设计参数，测试过冲、反冲、线路阻抗和信号斜率。如果 PCB 上任何一个设计参数（由 DRC 指定的）有问题，都可以利用该信号完整性分析器对 PCB 进行反射或串扰分析，以确定问题所在。

Altium Designer 20 的信号完整性分析和 PCB 设计过程是无缝衔接的。信号完整性分析器提供了极其精确的板级分析，能检查整板的串扰、过冲、反冲、上升时间、下降时间和线路阻抗等问题。在 PCB 交付制造前，用最小的代价来解决高速电路设计产生的问题和 EMC/EMI（电磁兼容性/电磁抗干扰）问题等。

Altium Designer 20 信号完整性分析器的功能特性如下。

（1）设置简单，可以像在 PCB 编辑器中定义设计规则一样定义设计参数。

（2）进行设计规则检查可以快速定位不符合设计要求的网络。

（3）无须特殊的经验就可以从 PCB 中直接进行信号完整性分析。

（4）提供快速的反射分析和串扰分析。

（5）利用 I/O 缓冲器宏模型，无须额外的 SPICE 或模拟仿真知识。

（6）信号完整性分析的结果通过示波器显示。

（7）采用成熟的传输线特性算法和并发仿真算法。

（8）用电阻值和电容值对不同的终止策略进行假设分析，并且可以对逻辑块进行快速替换。

（9）提供了 IC 模型库，包括校验模型。

（10）宏模型逼近使仿真速度更快、仿真结果更精确。

（11）支持自动模型连接。

（12）支持 I/O 缓冲器宏模型的 IBIS2 工业标准子集。

（13）利用信号完整性宏模型可以快速自定义模型。

10.2　设置信号完整性分析规则

Altium Designer 20 中包含了许多信号完整性分析规则，这些规则用于在 PCB 设计中检测一些潜在的信号完整性问题。

在 Altium Designer 20 的 PCB 编辑环境中，依次选择菜单栏中的"设计"→"规则"命令，弹出"PCB 规则及约束编辑器"对话框，如图 10-1 所示。单击该对话框中 Design Rules（设计规则）前面的▶按钮，单击出现的下拉列表中的 Signal Integrity（信号完整性）选项，即可看到各种信号完整性分析选项，可以根据设计要求选择所需的规则。

"PCB 规则及约束编辑器"对话框中列出了 Altium Designer 20 提供的所有设计规则。若要在进行设计规则检查时使用这些规则，则需要在第一次使用这些规则之前，将相关规则作为新规则添加到实际使用的规则库中。在需要使用的规则上右击，在弹出的快捷菜单中选择"新规则"命令即可将该规则添加到实际使用的规则库中。如果需要多次使用该规则，那么可以为其建立多个新的规则，并用不同的名称区分。若要在实际使用的规则库中删除某个规则，则可以右击该规则，在弹出的快捷菜单中选择"删除规则"命令即可。在右键快捷菜单中选择"输出规则"命令可以将选中的规则从实际使用的规则库中导出。在右键快捷菜单中选择"输入规则"命令，系统将弹出如图 10-2 所示的"选择设计规则类型"对话框，在该对话框中可以从实际使用的规则库中导入所需的规则。在右键快捷菜单中选择"报告"命令，可以为该规则建立相应的报表文件并可以将其打印输出。

图 10-1 "PCB 规则及约束编辑器"对话框

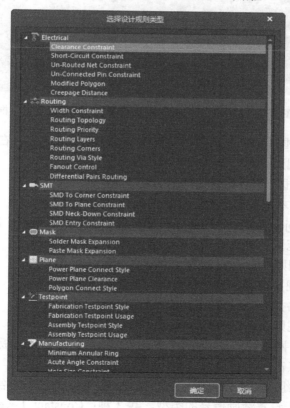

图 10-2 "选择设计规则类型"对话框

Altium Designer 20 中包含 13 条信号完整性分析规则,下面分别对其进行介绍。

1. Signal Stimulus（激励信号）规则

在"PCB 规则及约束编辑器"对话框内 Signal Integrity（信号完整性）选项上右击，在弹出的快捷菜单中选择"新规则"命令，生成 Signal Stimulus（激励信号）选项，单击该选项，弹出如图 10-3 所示的 Signal Stimulus（激励信号）规则的设置对话框，在该对话框中可以设置激励信号的各项参数。

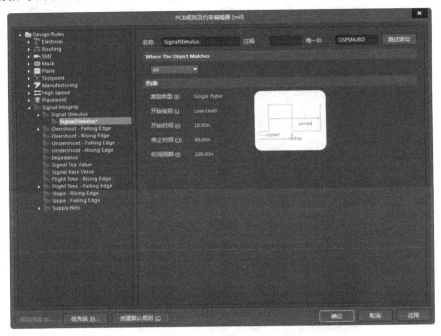

图 10-3　Signal Stimulus（激励信号）规则的设置对话框

（1）"名称"文本框：用于为该规则设置一个便于理解的名字。在进行设计规则检查时，若电路板布线违反该规则，则以该参数名称显示此错误。

（2）"注释"文本框：用于设置该规则的注释说明。

（3）"唯一 ID"文本框：用于为该参数提供一个随机的 ID 号。

（4）Where the Object Matches（优先匹配对象的位置）选项组：用于设置激励信号规则优先匹配对象的所属范围。共有 6 个选项，各选项的含义如下。

- All（所有）：规则在指定的 PCB 上都有效。
- Net（网络）：规则在指定的电气栅格中有效。
- Net Class（网络类）：规则在指定的网络类中有效。
- Layer（层）：规则在指定的某一电路板层上有效。
- Net and Layer（网络和层）：规则在指定的网络和指定的电路板层上有效。
- Custom Query（高级的查询）：高级设置选项。

（5）"约束"选项组：用于设置激励信号规则。共有 5 个选项，各选项含义如下。

- 激励类型：用于设置激励信号的类型，共 3 种：Constant Level（固定电平），表示激励信号为某个常数电平；Single Pulse（单脉冲），表示激励信号为单脉冲信号；Periodic Pulse（周期脉冲），表示激励信号为周期性脉冲信号。

- 开始级别：用于设置激励信号的初始电平，仅对 Single Pulse（单脉冲）和 Periodic Pulse（周期脉冲）有效。设置初始电平为低电平选择 Low Level，设置初始电平为高电平选择 High Level。
- 开始时间：用于设置激励信号高电平脉宽的起始时间。
- 停止时间：用于设置激励信号高电平脉宽的终止时间。
- 时间周期：用于设置激励信号的周期。

在设置激励信号的时间参数时，要注意添加单位，以免设置出错。

2．Overshoot-Falling Edge（信号下降沿的过冲）规则

信号下降沿的过冲规则定义了信号下降沿允许的最大过冲量，即信号下降沿低于信号基准值的最大阻尼振荡，系统默认的单位是 V。Overshoot-Falling Edge（信号下降沿的过冲）规则的设置对话框如图 10-4 所示。

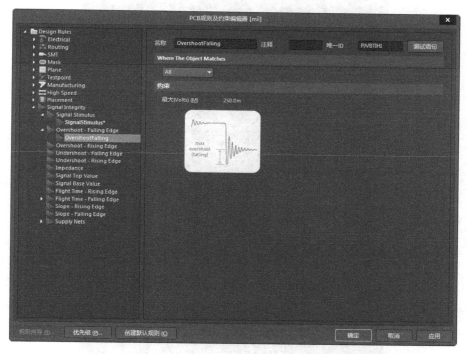

图 10-4　Overshoot-Falling Edge（信号下降沿的过冲）规则的设置对话框

3．Overshoot-Rising Edge（信号上升沿的过冲）规则

信号上升沿的过冲与信号下降沿的过冲是相对应的。信号上升沿的过冲规则定义了信号上升沿允许的最大过冲量，即信号上升沿高于信号高电平值的最大阻尼振荡，系统默认的单位是 V。Overshoot-Rising Edge（信号上升沿的过冲）规则的设置对话框如图 10-5 所示。

4．Undershoot-Falling Edge（信号下降沿的反冲）规则

信号反冲与信号过冲略有区别。信号下降沿的反冲规则定义了信号下降沿允许的最大反冲量，即信号下降沿高于信号基准值（低电平）的阻尼振荡，系统默认的单位是 V。Undershoot-Falling Edge（信号下降沿的反冲）规则的设置对话框如图 10-6 所示。

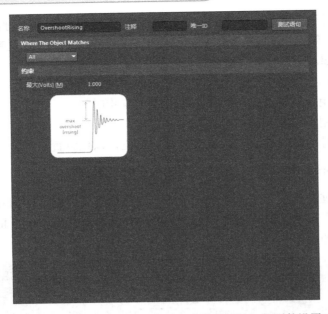

图 10-5   Overshoot-Rising Edge（信号上升沿的过冲）规则的设置对话框

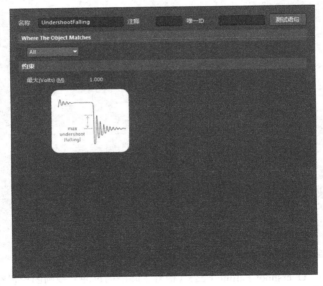

图 10-6   Undershoot-Falling Edge（信号下降沿的反冲）规则的设置对话框

5．Undershoot-Rising Edge（信号上升沿的反冲）规则

信号上升沿的反冲与信号下降沿的反冲是相对应的。信号上升沿的反冲规则定义了信号上升沿允许的最大反冲值，即信号上升沿低于信号高电平值的阻尼振荡，系统默认的单位是 V。Undershoot- Rising Edge（信号上升沿的反冲）规则的设置对话框如图 10-7 所示。

6．Impedance（阻抗约束）规则

阻抗约束规则定义了电路板上允许的电阻的最大值和最小值，系统默认的单位是 Ω。电阻值与阻抗和导体的几何外观及电导率、导体外的绝缘层材料、电路板的几何物理分布，以

及导体间在 Z 平面域的距离有关。导体外的绝缘层材料包括电路板的基本材料、工作层间的绝缘层材料及焊接材料等。

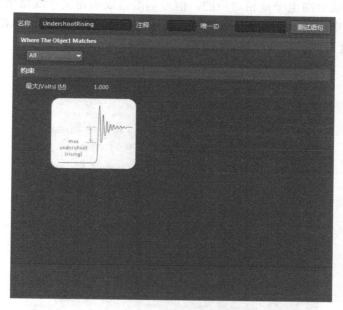

图 10-7 Undershoot-Rising Edge（信号上升沿的反冲）规则的设置对话框

7. Signal Top Value（信号高电平）规则

信号高电平规则定义了线路上信号在高电平状态下允许的最低稳定电压值，即信号高电平的最低稳定电压，系统默认的单位是 V。Signal Top Value（信号高电平）规则的设置对话框如图 10-8 所示。

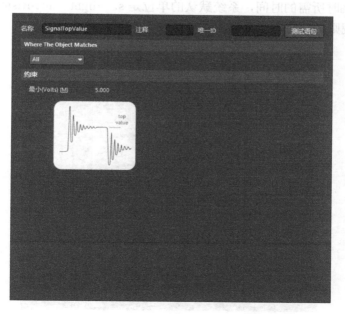

图 10-8 Signal Top Value（信号高电平）规则的设置对话框

8．Signal Base Value（信号基准值）规则

信号基准值与信号高电平是相对应的。信号基准值规则定义了线路上信号在低电平状态下允许的最高稳定电压值，即信号低电平的最高稳定电压，系统默认的单位是 V。Signal Base Value（信号基准值）规则的设置对话框如图 10-9 所示。

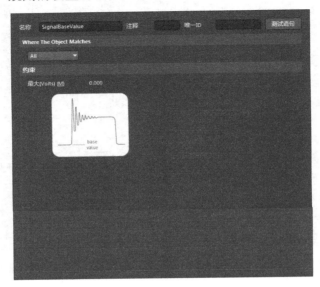

图 10-9   Signal Base Value（信号基准值）规则的设置对话框

9．Flight Time-Rising Edge（信号上升沿的上升时间）规则

信号上升沿的上升时间规则定义了信号上升沿允许的最大上升时间，即信号上升沿到达信号幅度值的 50% 时所需的时间，系统默认的单位是 s。Flight Time-Rising Edge（信号上升沿的上升时间）规则的设置对话框如图 10-10 所示。

图 10-10   Flight Time-Rising Edge（信号上升沿的上升时间）规则的设置对话框

10. Flight Time-Falling Edge（信号下降沿的下降时间）规则

信号下降沿的下降时间是由相互连接的电路单元引起的时间延迟，它实际是信号电压降低到门限电压（由高电平变为低电平）所需要的时间。该时间远小于在网络的输出端直接连接一个参考负载时信号电平降低到门限电压所需要的时间。

信号下降沿的下降时间与信号上升沿的上升时间是相对应的。信号下降沿的下降时间规则定义了信号下降沿允许的最大下降时间，即信号下降沿到达信号幅度值的50%时所需的时间，系统默认的单位是 s。Flight Time-Falling Edge（信号下降沿的下降时间）规则的设置对话框如图 10-11 所示。

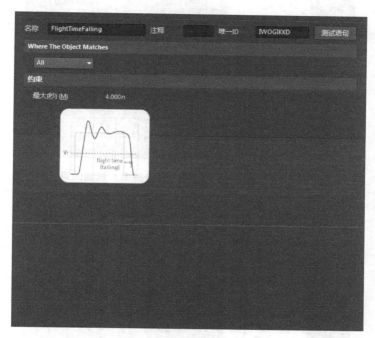

图 10-11　Flight Time-Falling Edge（信号下降沿的下降时间）规则的设置对话框

11. Slope-Rising Edge（上升沿斜率）规则

信号上升沿斜率规则定义了信号从门限电压上升到有效的高电平时允许的最大时间，系统默认的单位是 s。Slope-Rising Edge（信号上升沿斜率）规则的设置对话框如图 10-12 所示。

12. Slope-Falling Edge（信号下降沿斜率）规则

信号下降沿斜率与信号上升沿斜率是相对应的。信号下降沿斜率规则定义了信号从门限电压下降到有效的低电平时允许的最大时间，系统默认的单位是 s。Slope-Falling Edge（信号下降沿斜率）规则的设置对话框如图 10-13 所示。

13. Supply Nets（电源网络）规则

电源网络规则定义了电路板上的电源网络标号。信号完整性分析器需要了解电源网络标号的名称和电压值。

设置好完整性分析的各项规则后，只需要在工程文件中打开某个 PCB 文件，系统就可以根据信号完整性的规则设置对 PCB 进行板级信号完整性分析。

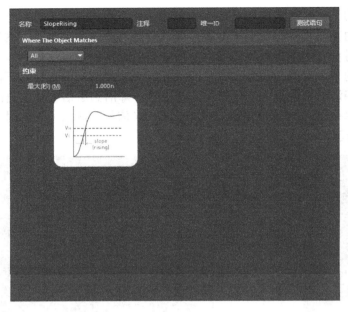

图 10-12　Slope-Rising Edge（信号上升沿斜率）规则的设置对话框

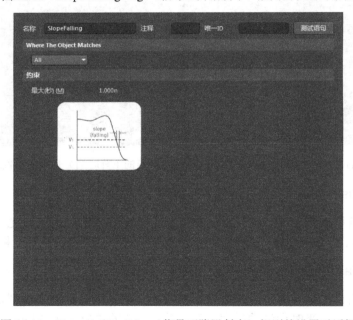

图 10-13　Slope-Falling Edge（信号下降沿斜率）规则的设置对话框

10.3　设定元器件的信号完整性模型

　　与第 9 章的电路原理图仿真过程类似，Altium Designer 20 的信号完整性分析也是建立在相关模型基础之上的，这种模型称为信号完整性模型，简称 SI 模型。

与封装模型、仿真模型一样，SI 模型也是元器件的一种外在表现形式。由于很多元器件的 SI 模型与相应的电路原理图符号、封装模型、仿真模型是由系统统一存放在集成库文件中的，因此需要对元器件的 SI 模型进行与仿真模型类似的设定。

元器件的 SI 模型可以在信号完整性分析之前设定，也可以在信号完整性分析的过程中设定。

10.3.1 在信号完整性分析之前设定元器件的 SI 模型

Altium Designer 20 提供了若干种可以设定 SI 模型的元器件，如 IC（集成电路）、Resistor（电阻）、Capacitor（电容）、Connector（连接器类）、Diode（二极管）和 BJT（双极性三极管）等。不同类型的元器件的设定方法也不相同。

单个无源元器件（如电阻、电容等）SI 模型的设定比较简单。

1. 设定无源元器件的 SI 模型

（1）在电路原理图中，双击放置的某一无源元器件，打开相应的元器件属性设置面板，这里打开第 9 章的仿真电路原理图文件，双击其中某个电阻。

（2）在元器件属性设置面板的 General（通用）选项卡中，单击 Models（模型）选项组的 Add（添加）的下拉按钮，在弹出的下拉列表中单击"Signal Integrity"（信号完整性）选项，如图 10-14 所示。

（3）系统弹出如图 10-15 所示的"Signal Integrity Model"（信号完整性模型）对话框，在 Type（类型）下拉列表中选择相应的类型。这里选择 Resistor（电阻器）选项，并在 Value（值）文本框中输入适当的电阻值。

若在元器件属性设置面板 Models（模型）选项组的 Type（类型）栏中，元器件的 Signal Integrity（信号完整性）模型已经存在，则双击该模型后，系统同样会弹出如图 10-15 所示的"Signal Integrity Model"（信号完整性模型）对话框。

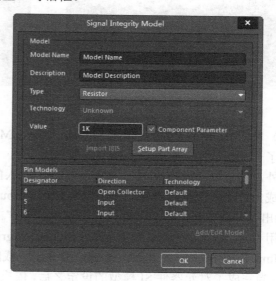

图 10-14 添加模型　　　　图 10-15 "Signal Integrity Model"（信号完整性模型）对话框

（4）单击"OK"按钮即可完成该无源元器件的 SI 模型的设定。

IC 元器件的 SI 模型的设定同样是在"Signal Integrity Model"（信号完整性模型）对话框中完成的。一般来说，只需要设定 IC 元器件内部结构特性就够了，如 CMOS、TTL 等。但是在一些特殊的应用中，为了更准确地描述管脚的电气特性，还需要进行一些额外的设定。

2. 新建管脚模型

"Signal Integrity Model"（信号完整性模型）对话框的 Pin Models（管脚模型）列表框列出了元器件的所有管脚。在这些管脚中，电源性质的管脚是不可编辑的。其他管脚可以直接完成简单功能的编辑，如图 10-16 所示。例如，将某一 IC 元器件的某一输入管脚的技术特性（如工艺类型）设定为 ASL（Advanced Schottky Logic，高级肖特基逻辑晶体管）。

如果需要进一步编辑，可以进行如下操作。

（1）在"Signal Integrity Model"（信号完整性模型）对话框中，单击"Add/Edit Model"（添加/编辑模型）按钮，系统将弹出"Pin Model Editor"（管脚模型编辑器）对话框，如图 10-17 所示。

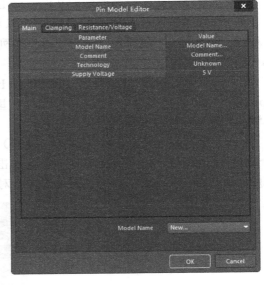

图 10-16 管脚编辑   图 10-17 "Pin Model Editor"（管脚模型编辑器）对话框

（2）单击"OK"按钮，返回"Signal Integrity Model"（信号完整性模型）对话框，这样就添加了一个新的输入管脚模型供用户选择。

另外，为了简化设定 SI 模型的操作并保证输入的正确性，对于 IC 元器件，一些公司提供了现成的管脚模型供用户使用，这就是 IBIS（Input/Output Buffer Information Specification，输入/输出缓冲器信息规范）文件，扩展名为".ibs"。

使用 IBIS 文件的方法很简单，在"Signal Integrity Model"（信号完整性模型）对话框中单击"Import IBIS"（输入 IBIS）按钮，打开已下载的 IBIS 文件就可以了。

（3）当完成了对元器件 SI 模型的设定之后，依次选择菜单栏中的"设计"→"Update PCB Document"（更新 PCB 文件）命令即可完成相应 PCB 文件的同步更新。

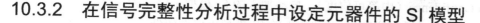

10.3.2　在信号完整性分析过程中设定元器件的 SI 模型

在信号完整性分析过程中设定元器件 SI 模型的具体操作步骤如下。

（1）打开需要执行信号完整性分析的工程文件。这里打开配套资源目录文件夹"X:\yuanwenjian\ch10\example"下一个简单的工程文件 SY.PrjPcb。打开的 SY.PcbDoc 工程文件如图 10-18 所示。

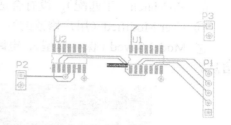

图 10-18　打开的 SY.PcbDoc 工程文件

（2）依次选择菜单栏中的"工具"→"Signal Integrity"（信号完整性）命令，弹出如图 10-19 所示的信号完整性分析器界面，系统开始运行信号完整性分析器。

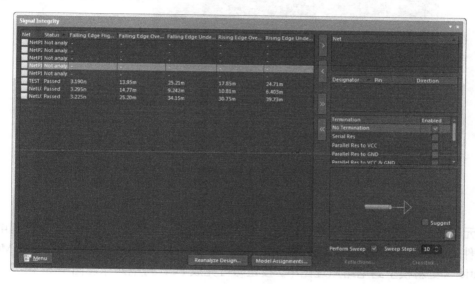

图 10-19　信号完整性分析器界面

（3）单击 Model Assignments... 按钮，系统将弹出元器件的 SI 模型参数设置对话框，显示所有元器件的 SI 模型设置情况，供用户参考或修改，如图 10-20 所示。

元器件的 SI 模型参数设置对话框的左侧第 1 列显示的是已经为元器件选定的 SI 模型，用户可以根据实际情况单击不合适的模型对其进行更改。

对于 IC 元器件，在对应的 Value/Type"列中显示了其制造工艺类型，该项参数对信号完整性分析的结果有较大影响。

在 Status（状态）列中显示了当前 SI 模型的状态。实际上，当依次选择菜单栏中的"工具"→"Signal Integrity"（信号完整性）命令开始运行信号完整性分析器时，系统已经为一些没有设定 SI 模型的元器件添加了 SI 模型，这里的状态信息表示的是这些自动加入的 SI 模型的可信程度，可供用户参考。状态信息一般有以下几种。

① Model Found（找到模型）：已经找到元器件的 SI 模型。

② High Confidence（高可信度）：自动加入的 SI 模型是高度可信的。

③ Medium Confidence（中等可信度）：自动加入的 SI 模型可信度为中等。

④ Low Confidence（低可信度）：自动加入的 SI 模型可信度较低。

⑤ No Match（不匹配）：没有合适的 SI 模型类型。

⑥ User Modified（用户修改的）：用户已修改元器件的 SI 模型。

⑦ Model Saved（保存模型）：电路原理图中的对应元器件已经保存了与 SI 模型相关的信息。

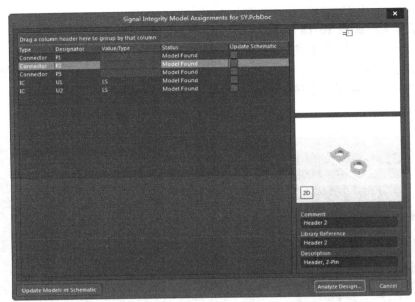

图 10-20　元器件的 SI 模型参数设置对话框

在元器件的 SI 模型参数设置对话框中完成需要的设定后，这个结果应该保存到电路原理图源文件中，以便下次使用。勾选要保存元器件右侧的复选框后，单击"Update Models in Schematic"（更新模型到电路原理图中）按钮即可完成 PCB 与电路原理图中 SI 模型的同步更新保存。保存后的 SI 模型状态信息均显示为 Model Saved（保存模型）。

10.4　设置信号完整性分析器

在对信号完整性分析的有关规则及元器件的 SI 模型设定有了初步了解以后，下面学习如何进行基本的信号完整性分析。这种分析需要使用的一种重要工具就是信号完整性分析器。

信号完整性分析可以分两步：第一步对所有可能需要进行分析的网络进行初步分析，从中可以了解到哪些网络的信号完整性最差；第二步筛选出一些信号进行进一步分析。这两步的具体实现都是在信号完整性分析器中进行的。

Altium Designer 20 提供了一个高级的信号完整性分析器，能精确地分析已完成布线的 PCB，可以测试网络阻抗、反冲、过冲、信号斜率等。首先启动信号完整性分析器，然后打开某一工程的某一 PCB 文件，依次选择菜单栏中的"工具"→"Signal Integrity"（信号完整性）命令，这样就可以运行信号完整性分析器。

信号完整性分析器界面如图 10-21 所示。

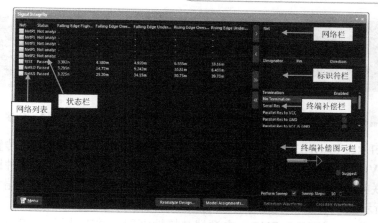

图 10-21　信号完整性分析器界面

1．Net（网络）列表

网络列表中列出了 PCB 文件中所有可能需要进行分析的网络。在进行信号完整性分析之前，可以选中需要进一步分析的网络，单击 ▶ 按钮将其添加到右侧的网络栏中。

2．Status（状态）栏

状态栏用于显示对某个网络进行信号完整性分析后的状态，包括以下 3 种状态。

（1）Passed（通过）：表示分析通过，没有问题。

（2）Not analyzed（无法分析）：表示由于某种原因而无法对该信号进行分析。

（3）Failed（失败）：表示分析失败。

3．Designator（标识符）栏

标识符栏用于显示在网络栏中选定的网络所连接元器件的管脚及信号的方向。

4．Termination（终端补偿）栏

在 Altium Designer 20 中对 PCB 进行信号完整性分析时，还需要对线路上的信号进行终端补偿测试，其目的是测试传输线中信号的反射与串扰，以便使 PCB 中的线路信号达到最优。

在终端补偿栏中，系统提供了 8 种信号终端补偿方式，相应的图示显示在终端补偿图示栏中。

（1）No Termination（无终端补偿）：直接进行信号传输，对终端不进行补偿，是系统的默认补偿方式。无终端补偿方式图示如图 10-22 所示。

（2）Serial Res（串阻补偿）：在点对点的连接方式中，直接串入一个电阻，以降低外部电压信号的幅值。合适的串阻补偿可以使信号正确传输到接收端，消除接收端的过冲现象。串阻补偿方式图示如图 10-23 所示。

（3）Parallel Res to VCC（电源 VCC 端并阻补偿）：在电源 VCC 端并联的电阻与传输线阻抗是相匹配的，对于线路的信号反射来说，这是一种比较好的补偿方式。由于电源 VCC 端并联的电阻上会有电流通过，因此将增加电源的消耗，导致低电平阈值升高。该阈值会根据电阻值的变化而变化，有可能会超出在数据区定义的操作条件。电源 VCC 端并阻补偿方式图示如图 10-24 所示。

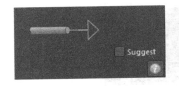  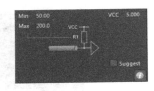

图 10-22　无终端补偿方式图示　　图 10-23　串阻补偿方式图示　图 10-24　电源 VCC 端并阻补偿方式图示

（4）Parallel Res to GND（接地端并阻补偿）：在接地端并联的电阻与传输线阻抗是相匹配的，与电源 VCC 端并阻补偿方式类似，这也是补偿线路信号反射的一种比较好的方法。由于接地端并联的电阻上有电流通过，因此会导致高电平阈值降低。接地端并阻补偿方式图示如图 10-25 所示。

（5）Parallel Res to VCC & GND（电源端与接地端同时并阻补偿）：将电源端并阻补偿与接地端并阻补偿相结合，适用于 TTL 总线系统，而对于 CMOS 总线系统一般不建议使用。电源端与接地端同时并阻补偿方式图示如图 10-26 所示。

由于电源端与接地端同时并阻补偿相当于在电源与地之间直接接入了一个电阻，通过的电流将比较大，因此对于两电阻的阻值应折中分配，以防电流过大。

（6）Parallel Cap to GND（接地端并容补偿）：在信号接收端对地并联一个电容可以降低信号噪声。接地端并容补偿方式是制作 PCB 最常用的方式，能够有效消除铜膜导线在走线拐弯处引起的波形畸变，最大的缺点是波形的上升沿或下降沿会变得太平坦，使得上升时间和下降时间增加。接地端并容补偿方式图示如图 10-27 所示。

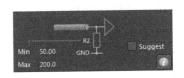  

图 10-25　接地端并阻补偿方式　　图 10-26　电源端与接地端同时　　图 10-27　接地端并容补偿方式图示
　　　　　　图示　　　　　　　　　　并阻补偿方式图示

（7）Res and Cap to GND（接地端并阻、并容补偿）：在接地端并联一个电容和一个电阻，与接地端并容补偿方式的效果基本一样，只不过在补偿网络中不再有直流电流通过。与接地端并阻补偿方式相比，该补偿方式能够使线路信号的边沿比较平坦。

在大多数情况下，当时间常数 RC 约为延迟时间的 4 倍时，这种补偿方式可以使传输线上的信号充分终止。接地端并阻、并容补偿方式图示如图 10-28 所示。

（8）Parallel Schottky Diode（并联肖特基二极管补偿）：在传输线补偿端的电源端和接地端并联肖特基二极管可以减小接收端信号的过冲值和下冲值。大多数标准逻辑集成电路的输入电路都采用这种补偿方式。并联肖特基二极管补偿方式图示如图 10-29 所示。

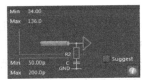 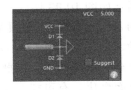

图 10-28　接地端并阻、并容补偿方式图示　　图 10-29　并联肖特基二极管补偿方式图示

5. Perform Sweep（执行扫描）复选框

若勾选 Perform Sweep（执行扫描）复选框，则在进行信号完整性分析时会按照用户设置的参数范围对整个系统的信号完整性进行扫描，类似于电路原理图仿真中的参数扫描方式。扫描步长可以在后面的文本框中进行设置，一般应勾选该复选框，扫描步长采用系统默认值即可。

6."Menu"（菜单）按钮

单击"Menu"（菜单）按钮，系统将弹出如图 10-30 所示的菜单。

图 10-30　菜单

（1）Select Net（选择网络）：若选择该命令，则系统会将选中的网络添加到右侧的网络栏内。

（2）Copy（复制）：用于复制所选中的网络，包括 Select（选择）和 All（所有）两个子命令，分别用于复制选中的网络和复制所有网络。

（3）Show/Hide Columns（显示/隐藏纵队）：用于在网络列表中显示或隐藏一些分析数据列。Show/Hide Columns（显示/隐藏纵队）命令子菜单如图 10-31 所示。

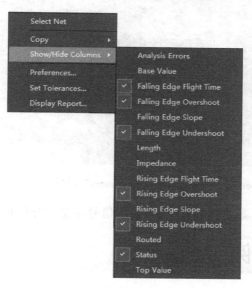

图 10-31　Show/Hide Columns（显示/隐藏纵队）命令子菜单

（4）Preferences（参数）：若选择该命令，用户可以在弹出的"Signal Integrity Preferences"（信号完整性参数选项）对话框中设置信号完整性分析的相关选项，如图 10-32 所示。在该对话框中包含若干选项卡，对应不同的设置内容。在进行信号完整性分析时，使用的主要是 Configuration（配置）选项卡，该选项卡用于设置信号完整性分析的时间和步长。

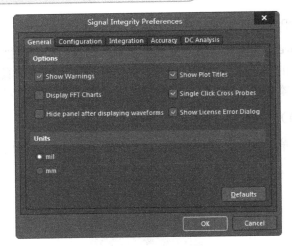

图 10-32 "Signal Integrity Preferences"（信号完整性参数选项）对话框

（5）Set Tolerances（设置公差）：选择该命令后，系统将弹出如图 10-33 所示的"Set Screening Analysis Tolerances"（设置扫描分析公差）对话框。公差（Tolerance）用于限定一个误差范围，规定了允许信号变形的最大值和最小值。将实际信号的误差值与公差值相比较就可以查看信号的误差是否合乎要求。对于显示状态为 Failed（失败）的信号，其失败的主要原因是信号超出了误差限定的范围。因此，在进行进一步分析之前，应先检查公差限定是否太过严格。

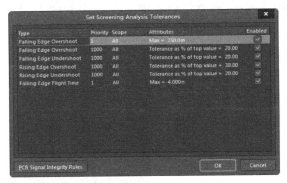

图 10-33 "Set Screening Analysis Tolerances"（设置扫描分析公差）对话框

（6）Display Report（显示报表）：用于显示信号完整性分析报表。

10.5 综合实例

随着 PCB 的日益复杂及高速元器件的大规模使用，对电路进行信号完整性分析变得越来越重要。本节将通过电路原理图及 PCB，详细介绍对电路进行信号完整性分析的步骤。

利用"X:\yuanwenjian\ch10\10.5\信号完整性分析应用设计"文件夹下的如图 10-34 所示的电路原理图和如图 10-35 所示的 PCB 图完成电路板的信号完整性分析。通过实例使读者熟悉和掌握 PCB 的信号完整性规则的设置、信号的选择及"Termination Advisor"（终端顾问）对话框的设置，最终完成信号波形输出。

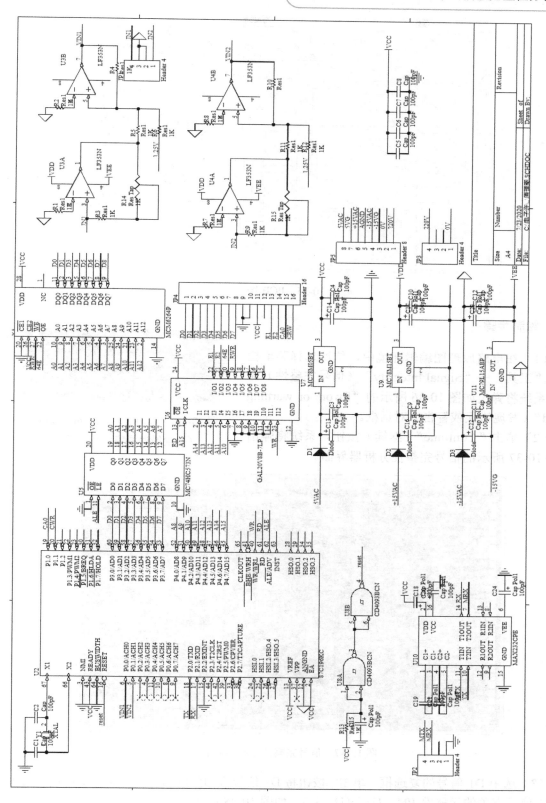

图10-34 电路原理图

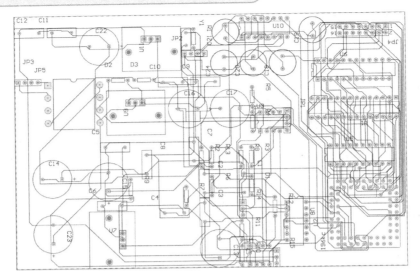

图 10-35　PCB 图

 绘制步骤

（1）在电路原理图编辑环境中，依次选择菜单栏中的"工具"→"Signal Integrity"（信号完整性）命令，系统将弹出如图 10-36 所示的"Errors or warning found"（发现错误或警告）对话框。

（2）单击"Continue"（继续）按钮，系统将弹出如图 10-37 所示的信号完整性分析器界面。

图 10-36　"Errors or warning found"（发现错误或警告）对话框

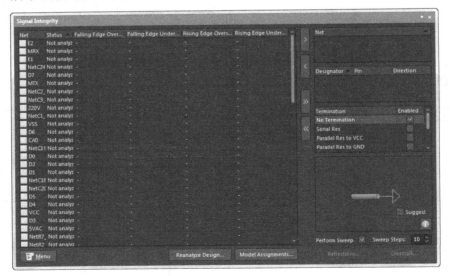

图 10-37　信号完整性分析器界面

（3）选中 D1 信号的复选框，单击 ▶ 按钮将 D1 信号添加到网络栏中，在标识符栏中显示与 D1 信号有关的元器件 JP4、U1、U2、U5，如图 10-38 所示。

（4）在 Termination（终端补偿）栏中，系统提供了 8 种信号终端补偿方式，相应的图示显示在下面的终端补偿图示栏中。选择 No Termination（无终端补偿）方式，然后单击"Reflections Waveforms"（显示波形）按钮，显示无终端补偿时的波形，如图 10-39 所示。

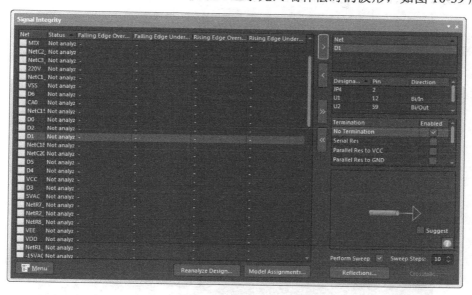

图 10-38 添加 D1 信号到网络栏

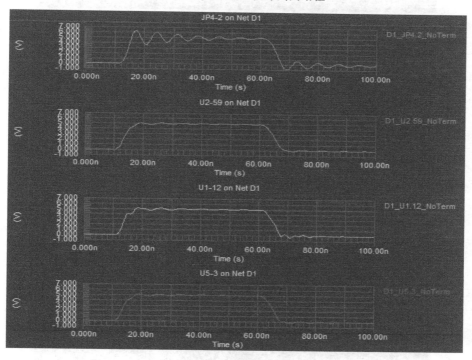

图 10-39 无终端补偿时的波形

（5）在 Termination（终端补偿）栏中选择 Serial Res（串阻补偿）方式，然后单击"Reflections Waveforms"（显示波形）按钮，显示串阻补偿时的波形，如图 10-40 所示。

（6）在 Termination（终端补偿）栏中选择 Parallel Res to GND（接地端并阻补偿）方式，然后单击"Reflections Waveforms"（显示波形）按钮，显示接地端并阻补偿时的波形，如图 10-41 所示。其余的补偿方式请读者自行练习。

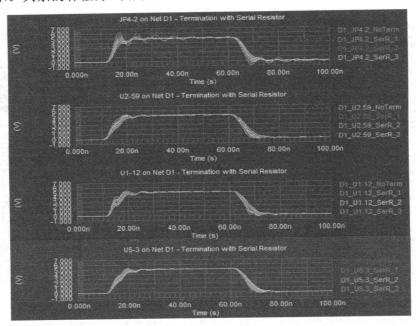

图 10-40　串阻补偿时的波形

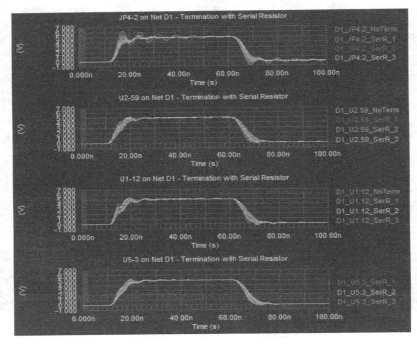

图 10-41　接地端并阻补偿时的波形

第 11 章

绘制元器件

11

本章详细介绍了各种绘图工具、原理图库文件编辑器、库元器件管理，并通过实例介绍如何创建原理图库文件及绘制库元器件的具体步骤。

通过本章的学习，读者应能够对绘图工具及原理图库文件编辑器的使用方法有一定了解，并能够完成简单电路原理图符号的绘制。

11.1　绘图工具介绍

绘图工具主要用于在进行电路原理图设计时绘制各种标注信息及各种图形。下面介绍几种原理图库绘制工具。

11.1.1　绘图工具

由于绘制的图形在电路原理图中只起到说明和修饰作用，不具有任何电气意义，所以系统在进行电气检查及网络报表转换时，这些图形不会对系统造成任何影响。

（1）依次选择菜单栏中的"放置"→"绘图工具"命令，弹出如图 11-1 所示的绘图工具菜单，选择菜单中不同的命令就可以绘制各种图形。

图 11-1　绘图工具菜单

（2）单击应用工具工具栏中的 （实用工具）按钮，弹出绘图工具栏，如图 11-2 所示。绘图工具栏中的各选项与绘图工具菜单中的命令具有对应关系。

- 用于绘制直线。
- 用于绘制多边形。
- 用于在电路原理图中添加文字说明。
- 用于在电路原理图中添加文本框。
- 用于绘制直角矩形。
- 用于绘制圆角矩形。
- 用于绘制椭圆或圆。
- 用于在电路原理图上粘贴图片。
- 用于在电路原理图上阵列粘贴。

图 11-2　绘图工具栏

11.1.2　绘制直线

在电路原理图中，绘制的直线在功能上完全不同于前面所讲的导线，因为它不具有电气连接意义，所以不会影响电路的电气结构。

1．启动绘制直线命令

启动绘制直线命令的方法主要有如下两种。

（1）依次选择菜单栏中的"放置"→"绘图工具"→"线"命令。

（2）单击应用工具工具栏中的 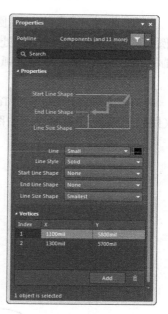（实用工具）按钮，在弹出的绘图工具栏中选择 ✏（放置线）选项。

2．绘制直线

在启动绘制直线命令后，光标变成十字形，系统处于绘制直线状态。在指定位置单击确定直线的起点，移动光标形成一条直线，在适当的位置再次单击确定直线的终点。若在绘制直线过程中需要转折，则在折点处单击确定直线转折的位置，每转折一次都要单击一次。在转折时，可以通过按 Shift 键+空格键来切换选择直线转折的模式。直线转折有 3 种模式，分别是直角、45°角和任意角。

在绘制完第一条直线后，系统仍处于绘制直线状态，将光标移动到新的直线的起点，按照上面的方法继续绘制其他直线。

右击或按 Esc 键可以退出绘制直线状态。

3．设置直线属性

在绘制直线状态下按 Tab 键，或者在完成直线的绘制后双击需要设置属性的直线，弹出 Polyline（折线）属性设置面板，如图 11-3 所示。

Line（线宽）：用于设置直线的线宽。有 Smallest（最小）、Small（小）、Medium（中等）和 Large（大）4 种线宽供用户选择。

■（颜色显示框）：用于设置直线的颜色。

Line Style（线种类）：用于设置直线的线型。有 Solid（实线）、Dashed（虚线）和 Dotted（点画线）3 种线型可供选择。

Start Line Shape（结束块外形）：用于设置直线起始端的线型。

End Line Shape（开始块外形）：用于设置直线终止端的线型。

Line Size Shape（线尺寸外形）：用于设置所有直线的线型。

Vertices（顶点）：用于设置直线各顶点的坐标值，用户可以通过设置每一个点中的 X、Y 值来改变各点的位置。

图 11-3　Polyline（折线）属性设置面板

11.1.3　绘制圆弧

在绘制圆弧时，不需要确定宽度和高度，只需要确定圆弧的圆心、半径、起始点、终止点就可以了。

绘制圆弧的步骤如下。

（1）启动绘制圆弧命令。

依次选择菜单栏中的"放置"→"绘图工具"→"弧"命令，或者在电路原理图的空白区域右击，弹出快捷菜单，依次选择"放置"→"绘图工具"→"弧"命令，启动绘制圆弧命令。

（2）绘制圆弧。

① 在启动了绘制圆弧命令后，光标变成十字形。将光标移动到指定位置。单击确定圆弧圆心，如图 11-4 所示。

② 此时，光标自动移动到圆弧上，移动光标可以改变圆弧的半径。单击确定圆弧半径，如图 11-5 所示。

③ 光标自动移动到圆弧的起始点，移动光标可以改变圆弧的起始点。单击确定圆弧起始点，如图 11-6 所示。

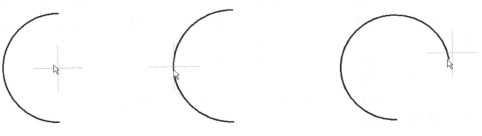

图 11-4　确定圆弧圆心　　　　图 11-5　确定圆弧半径　　　　图 11-6　确定圆弧起始点

④ 此时，光标移动到圆弧的另一端，单击确定圆弧的终止点，如图 11-7 所示。当一条圆弧绘制完成后，系统仍处于绘制圆弧状态，若需要继续绘制其他圆弧，则按上面的步骤绘制即可；若要退出绘制圆弧状态，则右击或按 Esc 键即可。

（3）设置圆弧属性。

在绘制圆弧状态下按 Tab 键，或者在圆弧绘制完成后双击需要设置属性的圆弧，弹出 Arc（圆弧）属性设置面板，如图 11-8 所示。

图 11-7　确定圆弧终止点　　　　图 11-8　Arc（圆弧）属性设置面板

Width（线宽）：用于设置弧线的线宽，有 Smallest、Small、Medium 和 Large 4 种线宽可供用户选择。

■ 用于设置圆弧颜色。

Radius（半径）：用于设置圆弧的半径。

Start Angle（起始角度）：用于设置圆弧的起始角度。

End Angle（终止角度）：用于设置圆弧的终止角度。

（X/Y）用于设置圆弧的位置。

11.1.4 绘制圆

圆是圆弧的一种特殊形式。

圆的绘制步骤如下。

（1）依次选择菜单栏中的"放置"→"绘图工具"→"圆圈"命令，这时光标变成十字形状，移动光标到需要放置圆的位置，单击确定圆的圆心，再次单击确定圆的半径，这样就完成了圆的绘制。

（2）此时系统仍处于绘制圆的状态，重复步骤（1）的操作即可绘制其他圆。

右击或按 Esc 键即可退出绘制圆的状态。

圆属性与圆弧属性的设置相同，这里不再赘述。

11.1.5 绘制矩形

Altium Designer 20 可以绘制的矩形分为直角矩形和圆角矩形，它们的绘制方法基本相同。

绘制直角矩形的步骤如下。

1. 启动绘制直角矩形命令

启动绘制直角矩形命令的方法有如下几种。

（1）依次选择菜单栏中的"放置"→"绘图工具"→"矩形"命令。

（2）在电路原理图的空白区域右击，弹出快捷菜单，依次选择"放置"→"绘图工具"→"矩形"命令。

（3）单击应用工具工具栏中的 ⬛ ▾（实用工具）按钮，在弹出的绘图工具栏中选择 ▢（矩形）选项。

2. 绘制直角矩形

在启动了绘制直角矩形命令后，光标变成十字形。将光标移动到指定位置，单击确定直角矩形左上角位置，如图 11-9 所示。此时，光标自动跳转至矩形的右下角，调整矩形至合适大小，再次单击确定直角矩形右下角位置，如图 11-10 所示。当一个直角矩形绘制完成后，系统仍处于绘制直角矩形状态，若需要继续绘制直角矩形，则按照上述方法绘制即可，否则右击或按 Esc 键退出绘制直角矩形状态。

图 11-9　确定直角矩形左上角位置　　　　图 11-10　确定直角矩形右下角位置

3．设置直角矩形属性

在绘制直角矩形状态下按 Tab 键，或者在直角矩形绘制完成后双击需要设置属性的直角矩形，弹出 Rectangle（矩形）属性设置，如图 11-11 所示。

Width（宽度）：用于设置直角矩形的宽。

Height（高度）：用于设置直角矩形的高。

Border（边界）：用于设置直角矩形的边框线宽。直角矩形的边框线宽有 Smallest、Small、Medium 和 Large 4 种。

用于设置直角矩形颜色。

Filled Color（填充颜色）：用于设置直角矩形的填充颜色。选中后面的颜色块，直角矩形将以该颜色填充直角矩形，此时单击直角矩形边框或填充部分都可以选中该直角矩形。

Transparent（透明的）：选中该复选框则直角矩形为透明的，内部无填充颜色。

（X/Y）用于设置直角矩形起点的位置坐标。

圆角矩形的绘制方法与直角矩形的绘制方法基本相同，这里不再赘述。圆角矩形的属性设置面板如图 11-12 所示，在该面板中，Corner X Radius（X 轴方向的圆角半径）用于设置圆角矩形转角的宽度（X 半径），Corner Y Radius（Y 轴方向的圆角半径）用于设置圆角矩形转角的高度（Y 半径）。

图 11-11　Rectangle（矩形）属性设置面板　　　图 11-12　圆角矩形的属性设置面板

11.1.6　绘制椭圆

Altium Designer 20 中用于绘制椭圆和圆的工具是一样的。当椭圆的长轴和短轴的长度相等时，椭圆就成了圆。因此，绘制椭圆与绘制圆在本质上是一样的。

1．启动绘制椭圆命令

启动绘制椭圆命令的方法有如下几种。

（1）依次选择菜单栏中的"放置"→"绘图工具"→"椭圆"命令。

（2）在电路原理图的空白区域右击，弹出快捷菜单，依次选择"放置"→"绘图工具"→"椭圆"命令。

（3）单击应用工具工具栏中的 按钮，在弹出的绘图工具栏中选择 选项。

2．绘制椭圆

（1）启动绘制椭圆命令后，光标变成十字形。将光标移动到指定位置，单击确定椭圆的圆心，如图 11-13 所示。

（2）光标自动移动到椭圆的右顶点，水平移动光标改变椭圆水平轴的长短，在合适位置单击确定水平轴的长度，如图 11-14 所示。

（3）此时光标移动到椭圆的上顶点处，垂直移动光标改变椭圆垂直轴的长短，在合适位置单击，完成一个椭圆的绘制，如图 11-15 所示。

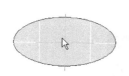

图 11-13　确定椭圆圆心

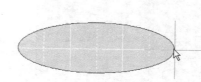

图 11-14　确定椭圆水平轴长度

图 11-15　绘制完成的椭圆

（4）此时系统仍处于绘制椭圆状态，可以继续绘制其他椭圆。若要退出绘制椭圆状态，右击或按 Esc 键。

3．设置椭圆属性

在绘制椭圆状态下按 Tab 键，或者当椭圆绘制完成后，双击需要设置属性的椭圆，弹出椭圆（Ellipse）属性设置面板，如图 11-16 所示。

椭圆属性设置面板用于设置椭圆的圆心坐标（位置 X、Y）、水平轴长度（X 半径）、垂直轴长度（Y 半径）、Border（边界）及 Filled Color（填充颜色）等。

当需要绘制一个圆时，直接绘制存在一定难度，用户可以先绘制一个椭圆，然后在其属性设置面板中设置，使水平轴长度（X 半径）等于垂直轴长度（Y 半径），这样就可以得到一个圆。

图 11-16　椭圆属性设置面板

11.2　原理图库文件编辑器

对于元器件库中没有的元器件，用户可以利用 Altium Designer 20 系统提供的原理图库文件编辑器来设计一个需要的元器件。下面介绍原理图库文件编辑器。

11.2.1 启动原理图库文件编辑器

通过新建一个原理图库文件，或者打开一个已有的原理图库文件，都可以启动原理图库文件编辑器并进入原理图库文件编辑环境。

1. 新建一个原理图库文件

依次选择菜单栏中的"文件"→"新的"→"库"→"原理图库"命令，系统会在 Projects（工程）面板中创建一个默认名称为 SchLib1.SchLib 的原理图库文件，同时启动原理图库文件编辑器，如图 11-17 所示。

图 11-17　启动原理图库文件编辑器

2. 保存并重新命名原理图库文件

依次选择菜单栏中的"文件"→"保存"命令，或者单击主工具栏中的 （保存）按钮，弹出保存文件对话框。在保存文件对话框中将对应原理图库文件重新命名为 MySchLib1.SchLib，并保存到指定位置。保存完成后返回原理图库文件编辑环境中。

11.2.2 原理图库文件编辑环境

原理图库文件编辑环境如图 11-18 所示，与电路原理图编辑环境相似，两者的操作方法也基本相同。原理图库文件编辑环境主要由菜单栏、工具栏、实用工具栏、编辑窗口及原理图库文件面板等部分构成。

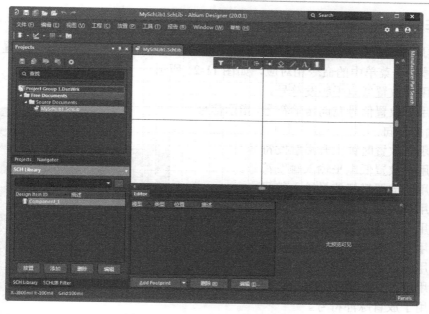

图 11-18　原理图库文件编辑环境

11.2.3　实用工具栏介绍

1. 原理图符号绘制工具栏

单击实用工具栏中的 按钮，弹出原理图符号绘制工具栏，如图 11-19 所示。

原理图符号绘制工具栏中的大部分按钮与"放置"菜单中的命令相对应，如图 11-20 所示。这些按钮大部分与前面介绍的绘图工具栏中的按钮功能相同，在此不再赘述，只对增加的几项进行简单介绍。

- ![]用于新建元器件原理图符号。
- ![]用于放置元器件的子部件。
- ![]用于放置元器件管脚。

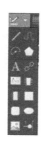

图 11-19　原理图符号绘制工具栏

图 11-20　"放置"菜单

2．IEEE 符号工具栏

单击实用工具栏中的■▾按钮，弹出 IEEE 符号工具栏，这些按钮与"放置"菜单下的 "IEEE 符号"子菜单中的命令相对应，如图 11-21 所示。

- ○ 用于放置低电平触发符号。
- ← 用于放置信号左向传输符号，指示信号 传输的方向。
- ▷ 用于放置时钟上升沿触发符号。
- ⊣ 用于放置低电平输入触发符号。
- ⊓ 用于放置模拟信号输入符号。
- ＊ 用于放置非逻辑连接符号。
- ⌐ 用于放置延迟输出符号。
- ⬦ 用于放置集电极开路输出符号。
- ▽ 用于放置高阻抗符号。
- ▷ 用于放置大电流符号。
- ⊓ 用于放置脉冲符号。
- ⊢⊣ 用于放置延迟符号。
-] 用于放置线组符号。
- } 用于放置二进制组符号。
-]▸ 用于放置低电平触发输出符号。
- π 用于放置 π 符号。
- ≥ 用于放置大于或等于号。
- ⬦ 用于放置具有上拉电阻的集电极开路 输出符号。
- ▽ 用于放置发射极开路输出符号。
- ▽ 用于放置具有下拉电阻的发射极开路 输出符号。
- ⧣ 用于放置数字信号输入符号。
- ▷ 用于放置反向器符号。
- ⊃ 用于放置或门符号。
- ◁▷ 用于放置双向信号流符号。
- □ 用于放置与门符号。
- ⊅ 用于放置异或门符号。
- ← 用于放置数据信号左移符号。
- ≤ 用于放置小于或等于号。
- Σ 用于放置 Σ（加法）符号。
- □ 用于放置带有施密特触发的输入符号。
- → 用于放置数据信号右移符号。
- ◇ 用于放置开路输出符号。
- ▷ 用于放置信号右向传输符号。
- ◁▷ 用于放置信号双向传输符号。

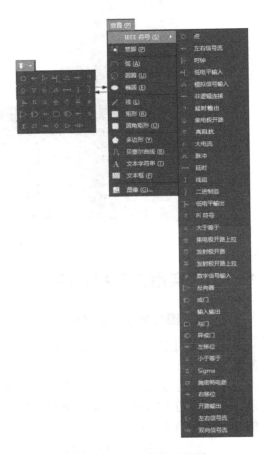

图 11-21　IEEE 符号工具栏

3. 模式工具栏

模式工具栏用于控制当前元器件的显示模式，如图 11-22 所示。

- 模式 ▾ 用于为当前元器件选择一种显示模式，系统默认为 Normal。
- ✚ 用于为当前元器件添加一种显示模式。
- ━ 用于删除元器件的当前显示模式。
- ⇦ 用于切换到前一种显示模式。
- ⇨ 用于切换到后一种显示模式。

图 11-22　模式工具栏

11.2.4 "工具"菜单的库元器件管理命令

在原理图库文件编辑环境中，系统为用户提供了一系列管理库元器件的命令。执行菜单命令"工具"，弹出库元器件管理命令菜单，如图 11-23 所示。

- 新器件：用于创建一个新的库元器件。
- Symbol Wizard：用于放置符号向导。
- 移除器件：用于删除当前元器件库中选中的元器件。
- 复制器件：用于将当前选中的元器件复制到指定的元器件库中。
- 移动器件：用于将当前选中的元器件移动到指定的元器件库中。
- 新部件：用于放置元器件的子部件。
- 移除部件：用于删除子部件。
- 模式：用于管理库元器件的显示模式，其功能与模式工具栏功能相同。
- 查找器件：用于查找元器件，其功能与"库"面板中的"查找"按钮功能相同。
- 参数管理器：用于进行参数管理。执行该命令后，弹出"参数编辑选项"对话框，如图 11-24 所示。

图 11-23　库元器件管理命令菜单

图 11-24　"参数编辑选项"对话框

"参数编辑选项"对话框中的"包含...的参数"选项区中有 7 个复选框，分别为元器件、网络（参数设置）、页面符、管脚、模型、端口、文件，主要用于设置所要显示的参数。单击 确定 按钮，系统会弹出当前原理图库文件的参数编辑器，如图 11-25 所示。

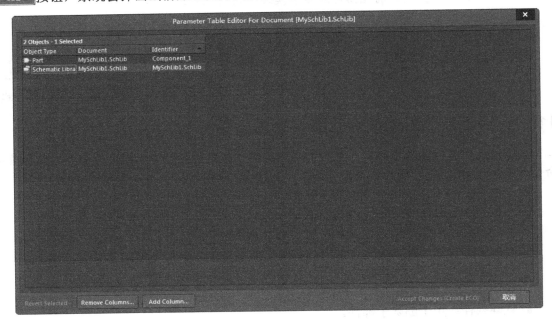

图 11-25　当前原理图库文件的参数编辑器

- 符号管理器：用于为当前选中的库元器件添加其他模型，包括 PCB 模型、信号完整性分析模型、仿真模型及 PCB 3D 模型等。执行该命令后，弹出如图 11-26 所示的"模型管理器"对话框。

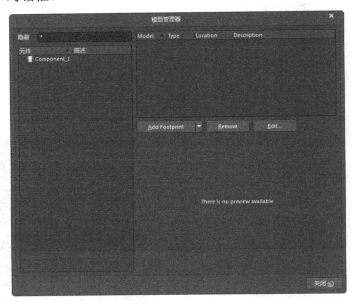

图 11-26　"模型管理器"对话框

- XSpice 模型向导：用于引导用户为选中的库元器件添加一个 XSpice 模型。

- 更新到原理图：用于将当前库文件在原理对象器件库文件编辑器中所做的修改更新到打开的电路原理图中。

11.2.5　原理图库文件面板介绍

原理图库文件面板，即 SCH Library（SCH 库）面板，是原理图库文件编辑环境中的专用面板，如图 11-27 所示。

SCH Library 面板主要用于对库元器件及库文件进行编辑管理。

SCH Library 面板列出了当前打开的原理对象器件库文件中的所有库元器件，包括原理图符号名称及相应的描述等，各按钮的功能如下。

- "放置"按钮：用于将选定的元器件放置到当前电路原理图中。
- "添加"按钮：用于在该库文件中添加一个元器件。
- "删除"按钮：用于删除选定的元器件。
- "编辑"按钮：用于编辑选定元器件的属性。

图 11-27　SCH Library 面板

11.2.6　新建一个原理图库文件

下面以 LG 半导体公司生产的 GMS97C2051 微控制芯片为例，绘制其原理图符号。

依次选择菜单栏中的"文件"→"新的"→"库"→"原理图库"命令，系统会在 Projects（工程）面板中创建一个默认名称为 SchLib1.SchLib 的原理图库文件的同时启动原理图库文件编辑器。依次选择菜单栏中的"文件"→"另存为"命令，保存新建的原理图库文件，并将其命名为 My GMS97C2051.SchLib，如图 11-28 所示。

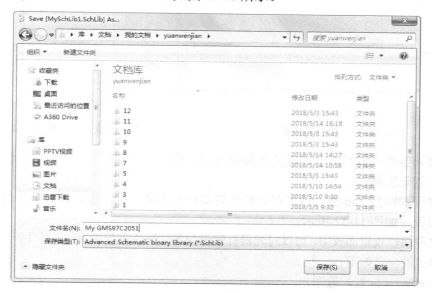

图 11-28　保存新建的原理图库文件

11.2.7　绘制库元器件

1．新建库元器件原理图符号

在创建了一个新的原理图库文件的同时，系统会自动为该库文件添加一个默认名称为 Component_1 的元器件原理图符号。新建一个库元器件原理图符号名称的方法有如下 2 种。

（1）单击实用工具栏中的  （实用工具）按钮，在弹出的原理图符号绘制工具栏中选择 （创建器件）选项，弹出"New Component"对话框，在此对话框中输入需要绘制的库元器件原理图符号名称 GMS97C2051，如图 11-29 所示。

图 11-29　"New Component"对话框

（2）在 SCH Library 面板中，单击原理图符号名称栏下面的"添加"按钮，同样可以弹出如图 11-29 所示的"New Component"对话框。

2．绘制库元器件原理图符号

（1）绘制矩形框。

单击实用工具栏中的 （实用工具）按钮，在弹出的原理图符号绘制工具栏中选择 （放置矩形）选项，光标变成十字形，在编辑窗口的第四象限内绘制一个矩形框，如图 11-30 所示。矩形框的大小由需要绘制的元器件的管脚数决定。

（2）放置元器件管脚。

单击原理图符号绘制工具栏中的 选项，或者依次选择菜单栏中的"放置"→"管脚"命令，此时光标变成十字形，同时附有一个管脚符号。移动光标到矩形的合适位置，单击完成一个管脚的放置，如图 11-31 所示。

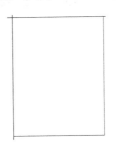

图 11-30　绘制矩形框

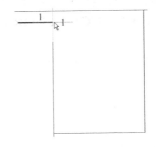

图 11-31　放置元器件的管脚

在放置元器件管脚时，要保证其具有电气属性的一端（带有"×"的一端）朝外。

（3）设置管脚属性。

在放置管脚时按 Tab 键，或者在放置完管脚后双击要设置属性的管脚，弹出元器件管脚属性设置面板，如图 11-32 所示。

在元器件属性设置面板中，可以对元器件管脚的各项属性进行设置。元器件管脚属性设置面板中各项属性的含义如下。

① Location（位置）选项组。

Rotation（旋转）：用于设置端口放置的角度，有 0 Degrees、90 Degrees、180 Degrees、

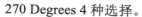

270 Degrees 4 种选择。

② Properties（属性）选项组。

Designator（指定管脚标号）文本框：用于设置库元器件管脚的编号，应该与实际的管脚编号相对应，这里输入 9。

Name（名称）文本框：用于设置库元器件管脚的名称。例如，将该管脚设定为第 9 管脚。C8051F320 的第 9 管脚是元器件的复位管脚，低电平有效，也是 C2 调试接口的时钟信号输入管脚。另外，在原理图 Preference（参数选择）对话框的 Graphical Editing（图形编辑）标签页中，已经勾选了 Single '\' Negation（简单\否定）复选框，因而这里输入名称为"RST/C2CK"，且右侧的 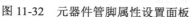（可见的）按钮已激活。

Electrical Type（电气类型）下拉列表：用于设置库元器件管脚的电气特性。有 Input（输入）、I/O（输入/输出）、Output（输出）、Open Collector（打开集流器）、Passive（中性的）、HiZ（高阻型）、Emitter（发射器）和 Power（激励）8 个选项。这里选择 Passive（中性的）选项，表示不设置电气特性，如图 11-33 所示。

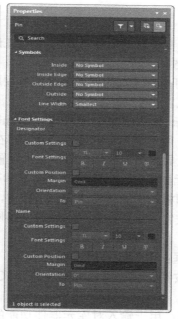

图 11-32　元器件管脚属性设置面板

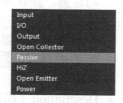

图 11-33　设置电气特性

Description（描述）文本框：用于填写库元器件管脚的特性描述。

Pin Package Length（管脚包长度）文本框：用于填写库元器件管脚封装长度。

Pin Length（管脚长度）文本框：用于填写库元器件管脚的长度。

③ Symbols（管脚符号）选项组。

该选项组用于根据管脚的功能及电气特性为该管脚设置不同的 IEEE 符号，作为读图时的参考。可放置在库元器件原理图符号的 Inside（内部）、Inside Edge（内部边沿）、Outside Edge（外部边沿）或 Outside（外部）等不同位置，没有任何电气意义。

④ Font Settings（字体设置）选项组。

该选项组用于对元器件的 Designator（指定管脚标号）和 Name（名称）的字体进行通用

设置与通用位置参数设置。

Parameters（参数）选项卡：用于设置库元器件的 VHDL 参数。

例如，要设置 GMS97C2051 的第 1 管脚属性，在 Name（名称）文本框中输入"RST"，在"标识"栏中输入 1，设置好属性的管脚如图 11-34 所示。

用同样的方法放置 GMS97C2051 的其他管脚，并设置相应的属性。放置完所有管脚后的 GMS97C2051 元器件原理图如图 11-35 所示。

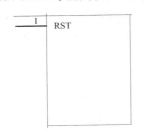

图 11-34　设置好属性的管脚　　图 11-35　放置完所有管脚后的 GMS97C2051 元器件原理图

3. 设置库元器件属性

绘制好库元器件符号以后，还要设置其属性。双击 SCH Library 面板的原理图符号名称栏中的库元器件名称"GMS97C2051"，弹出 Properties（属性）面板，如图 11-36 所示。

在 Properties（属性）面板中可以对绘制的库元器件的各项属性进行设置。

（1）Properties（属性）选项组。

● Design Item ID（设计项目标识）文本框：用于填写库元器件名称。

● Designator（符号）文本框：用于填写库元器件标号，即在将该元器件放置到电路原理图文件中时，系统最初默认显示的元器件标号，这里设置为"U？"，然后单击右侧的 ⊙（可用）按钮，在放置该元器件时，序号"U？"会显示在电路原理图上。单击 🔒（锁定管脚）按钮，所有的管脚将和库元器件成为一个整体，不能在电路原理图上单独移动管脚，建议用户单击该按钮，这样在绘制和编辑电路原理图时，可以减少不必要的麻烦。

● Comment（元器件）文本框：用于输入库元器件型号，这里输入"C8051F320"。然后单击右侧的 ⊙（可见）按钮，在放置该元器件时，"C8051F320"会显示在电路原理图上。

● Description（描述）文本框：用于输入对库元器件功能的相关描述。这里输入"USB MCU"。

● Type（类型）下拉列表：用于设置库元器件符号类型。这里采用系统默认设置 Standard（标准）。

（2）Links（元器件库线路）选项组。

该选项组用于输入库元器件在系统中的标识符，这里输入"C8051F320"。

（3）Footprint（封装）选项组。

单击"Add"（添加）按钮可以为该库元器件添加 PCB 封装模型。

（4）Models（模式）选项组。

单击"Add"（添加）按钮可以为该库元器件添加 PCB 封装模型之外的模型，如信号完整性模型、仿真模型、PCB 3D 模型等。

（5）Graphical（图形）选项组。

该选项组用于设置图形中线的颜色、填充颜色和管脚颜色。

（6）Pins（管脚）选项卡。

Pins（管脚）选项卡如图 11-37 所示，该选项卡主要用于对相应元器件所有管脚进行一次性编辑设置。

图 11-36　Properties（属性）面板

图 11-37　Pins（管脚）选项卡

（7）单击 （编辑）按钮，弹出"元器件管脚编辑器"对话框，在该对话框中可以对该元器件的所有管脚进行一次性编辑，如图 11-38 所示。

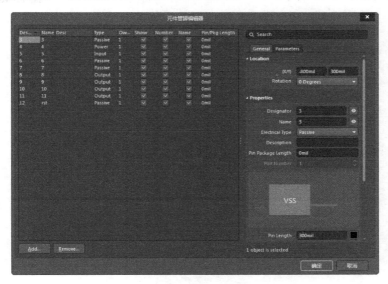

图 11-38　"元器件管脚编辑器"对话框

（8）设置完成后，按 Enter 键将完成属性设置的 GMS97C2051 库元器件原理图符号放置到电路原理图中，如图 11-39 所示。

保存绘制完成的 GMS97C2051 库元器件原理图符号。以后在绘制电路原理图时，若需要此库元器件，只需要打开该库元器件所在的库文件，就可以调用该库元器件。

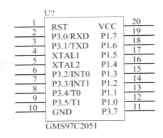

图 11-39　在电路原理图中放置的 GMS97C2051 库元器件原理图符号

11.3　库元器件管理

用户若要建立自己的原理图库文件，可以按照前面介绍的方法绘制库元器件原理图符号，还可以将其他库文件中的相似元器件复制到本地的库文件中并对其进行编辑修改，创建适合自己需要的库元器件原理图符号。

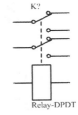

这里以复制集成库 Miscellaneous Devices.IntLib 中的库元器件 Relay-DPDT 为例进行介绍。Relay-DPDT 如图 11-40 所示。将 Relay-DPDT 复制到前面创建的 My GMS97C2051.SchLib 库文件中。复制库元器件的具体步骤如下。

（1）打开原理图库文件 My GMS97C2051.SchLib，依次选择菜单栏中的"文件"→"打开"命令，选中集成库文件 Miscellaneous Devices.IntLib，如图 11-41 所示。

图 11-40　Relay-DPDT

图 11-41　选中集成库文件 Miscellaneous Devices.IntLib

（2）单击 打开(O) 按钮，弹出如图 11-42 所示的"解压源文件或安装"对话框。

单击 解压源文件 (E) 按钮后，在 Projects（工程）面板中将显示 Miscellaneous Devices. LibPkg，如图 11-43 所示。

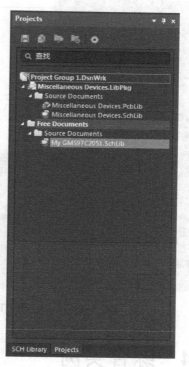

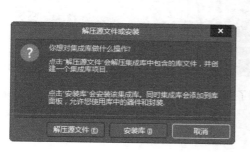

图 11-42 "解压源文件或安装"对话框　　　　图 11-43 打开原理图库文件

双击 Projects（工程）面板中的"Miscellaneous Devices.SchLib"，打开该库文件。

（3）打开 SCH Library 面板，在原理图符号名称栏中将显示 Miscellaneous Devices.IntLib 库文件中的所有库元器件。选中库元器件 Relay-DPDT 后，依次选择菜单栏中的"工具"→ "复制器件"命令，弹出"Destination Library"对话框，如图 11-44 所示。

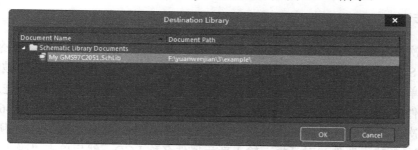

图 11-44 "Destination Library"对话框

（4）在"Destination Library"对话框中选中自己创建的库文件 My GMS97C2051.SchLib，单击"OK"按钮，关闭该对话框。然后打开库文件 My GMS97C2051.SchLib，在 SCH Library 面板中可以看到库元器件 Relay-DPDT 被复制到了该库文件中，如图 11-45 所示。

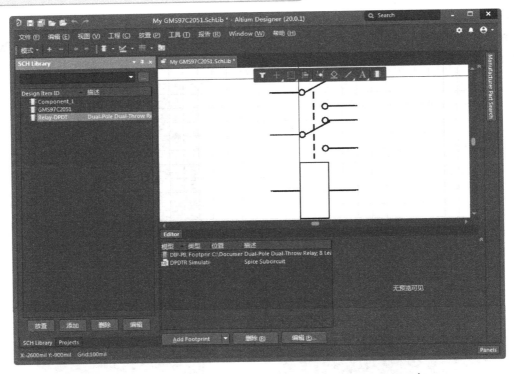

图 11-45　Relay-DPDT 被复制到了 My GMS97C2051.SchLib 中

11.4　综合实例

根据上面介绍的方法练习如何创建原理图库文件。

11.4.1　制作 LCD 元器件

本节通过绘制 LCD 显示屏接口的原理图符号帮助读者巩固前面所学知识。

绘制步骤

（1）依次选择菜单栏中的"文件"→"新的"→"库"→"原理图库"命令，创建一个新的名称为 Schlib1.SchLib 的原理图库文件，此时一张空白图纸在设计窗口中被打开，右击，弹出快捷菜单，选择"另存为"命令，将该原理图库文件命名为 LCD.SchLib。进入工作环境，原理对象器件库内已经存在一个自动命名为 Component_1 的元器件，如图 11-46 所示。

（2）依次选择菜单栏中的"工具"→"新器件"命令，打开如图 11-47 所示的"New Component"（新建元器件）对话框，输入新元器件名称 LCD，然后单击"确定"按钮。

（3）元器件库浏览器中多出了一个名称为 Component_1 的元器件。选中 Component_1 元器件，然后单击"删除"按钮将该元器件删除，多余元器件删除完成后的元器件库浏览器如图 11-48 所示。

（4）绘制元器件符号。首先，要明确绘制的元器件符号的管脚参数，如表 11-1 所示。

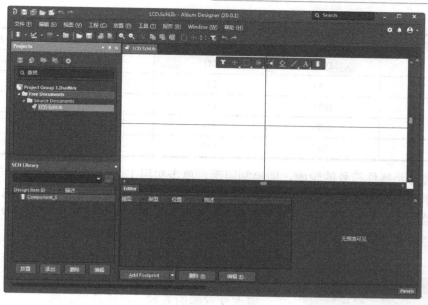

图 11-46 原理图库文件面板

图 11-47 "New Component"（新建元器件）对话框　图 11-48　多余元器件删除完成后的元器件库浏览器

表 11-1　元器件管脚参数

管脚号码	管脚名称	信号种类	管脚种类	其他
1	VSS	Passive	30mil	显示
2	VDD	Passive	30mil	显示
3	VO	Passive	30mil	显示
4	RS	Input	30mil	显示
5	R/W	Input	30mil	显示
6	EN	Input	30mil	显示
7	DB0	I/O	30mil	显示
8	DB1	I/O	30mil	显示
9	DB2	I/O	30mil	显示

续表

管脚号码	管脚名称	信号种类	管脚种类	其　他
10	DB3	I/O	30mil	显示
11	DB4	I/O	30mil	显示
12	DB5	I/O	30mil	显示
13	DB6	I/O	30mil	显示
14	DB7	I/O	30mil	显示

（5）确定元器件符号的轮廓，即绘制矩形。单击实用工具栏中的 按钮，在弹出的原理图符号绘制工具栏中选择 ![]（放置矩形）选项，进入绘制矩形状态，绘制矩形。

（6）绘制好矩形后，单击实用工具栏中的 ![]（实用工具）按钮，在弹出的原理图符号绘制工具栏中选择 ![]（绘制管脚）选项，绘制管脚，并打开如图 11-49 所示的 Pin（管脚）属性设置面板，按表 11-1 所列内容设置参数。

（7）光标上附着一个管脚的虚影，用户可以按空格键改变管脚的方向，单击绘制管脚。

（8）由于管脚号码会自动增量，第一次放置的管脚号码为 1，下一次放置的管脚号码会自动变为 2，所以最好按照顺序放置管脚。另外，如果管脚名称后面是数字，同样会自动增量。

（9）单击实用工具栏中的 ![]（实用工具）按钮，在弹出的原理图符号绘制工具栏中选择 ![]（放置文本字符串）选项，进入绘制文字状态，并打开如图 11-50 所示的 Text（文本）属性设置面板。在 Text（文本）文本框中输入 LCD，通过 Font（字体）下拉列表将字体大小设置为 20，并将字符串放置在原理图中的合适位置。

（10）设置元器件属性。

① 在 SCH Library（原理图库文件）面板的元器件列表中选择元器件，然后单击"编辑"按钮，弹出 Component 属性设置面板，在该面板的 Designator（标识符）文本框中输入预置的元器件序号前缀（这里输入 "U？"），在 Comment（注释）文本框中输入元器件名称 LCD，如图 11-51 所示。

图 11-49　Pin（管脚）属性设置面板

② 在 Pins（管脚）选项卡中单击 ![]（编辑）按钮，弹出"元器件管脚编辑器"对话框，如图 11-52 所示。

③ 单击"确定"按钮关闭"元器件管脚编辑器"对话框。

④ 在 Component 属性设置面板的 Footprint（封装）选项组下单击"Add（添加）"按钮，弹出"PCB 模型"对话框，如图 11-53 所示。

在"PCB 模型"对话框中单击"浏览"按钮，找到已经存在的模型（或简单的写入模型的名称，稍后在 PCB 库编辑器中创建这个模型），单击"确定"按钮弹出"浏览库"对话框，如图 11-54 所示。

图 11-50　Text（文本）属性设置面板　　　　图 11-51　Component（元器件）属性设置面板

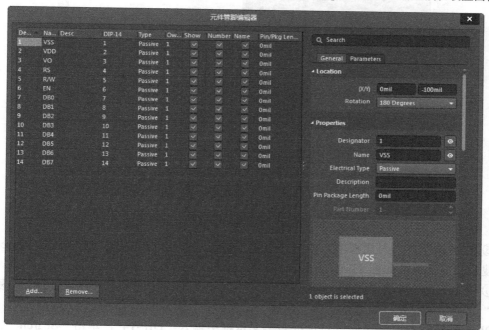

图 11-52　"元器件管脚编辑器"对话框

图 11-53 "PCB 模型"对话框（一）

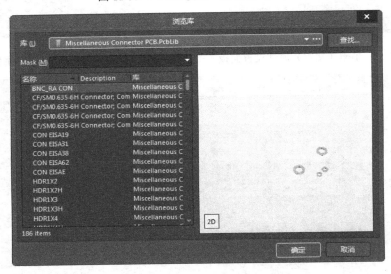

图 11-54 "浏览库"对话框（一）

⑤ 在"浏览库"对话框中，单击"查找"按钮，弹出"File-based Libraries Search"（库文件搜索）对话框，如图 11-55 所示。

⑥ 在"File-based Libraries Search"（库文件搜索）对话框中勾选"包括子目录"复选框，单击"路径"文本框右侧的 ▤（浏览文件）按钮，定位到\AD20\Library\Pcb 路径下，然后单击"OK"按钮。在"浏览库"对话框名字文本框中输入"DIP-14"，单击"Search"（查找）按钮，如图 11-56 所示。

⑦ 如果确定找到了文件，则单击"Stop"（停止）按钮停止搜索。找到封装文件后单击"确定"按钮，关闭"浏览库"对话框。回到"PCB 模型"对话框，如图 11-57 所示。

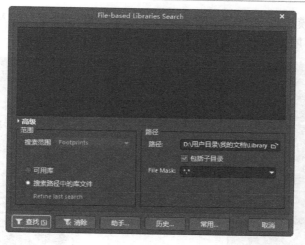

图 11-55 "File-based Libraries Search"（库文件搜索）对话框

图 11-56 "浏览库"对话框（二）

图 11-57 "PCB 模型"对话框（二）

⑧ 单击"PCB 模型"对话框中的"确定"按钮，向元器件中加入这个模型。模型的名称显示在 Component 属性设置面板的模型列表中，如图 11-58 所示。

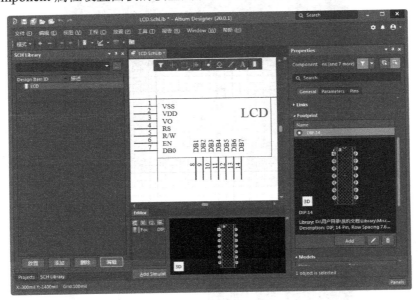

图 11-58　绘制完成的 LCD 元器件

11.4.2　制作串行接口元器件

在本例中，需要创建一个串行接口元器件的原理图符号。串行接口元器件共有 9 个插针，分为两行，一行有 4 个，另一行有 5 个，在元器件的原理图符号中，这些插针是用小圆圈来表示的。

（1）依次选择菜单栏中的"文件"→"新的"→"库"→"原理图库"命令。创建一个新的名称为 Schlib1.SchLib 的原理图库文件，此时一张空白图纸在设计窗口中被打开，右击，弹出快捷菜单，选择"另存为"命令，将该原理图库文件命名为 CHUANXINGJIEKOU.SchLib。进入工作环境，原理对象器件库内已经存在一个自动命名为 Component_1 的元器件，如图 11-59 所示。

（2）设置元器件属性。

在 SCH Library（原理图库文件）面板的元器件列表中选择元器件，然后单击"编辑"按钮，弹出 Component 属性设置面板，如图 11-60 所示。在 Component 属性设置面板的 Design Item ID（设计项目地址）文本框中输入新元器件名称 CHUANXINGJIEKOU，在 Designator（标识符）文本框中输入预置的元器件序号前缀（这里输入"U？"），在 Comment（注释）文本框中输入元器件注释 CHUANXINGJIEKOU，此时在元器件库浏览器中多出了一个元器件 CHUANXINGJIEKOU。

（3）绘制串行接口的插针。

① 依次选择菜单栏中的"放置"→"椭圆"命令，或者单击实用工具栏中的 （实用工具）按钮，在弹出的原理图符号绘制工具栏中选择 （放置椭圆）选项，这时光标变成十字形，并带有一个椭圆图形，在电路原理图中绘制一个圆。

② 双击绘制好的圆，打开 Ellipse（椭圆）属性设置面板，在该面板中设置边框颜色为

黑色，如图 11-61 所示。

③ 重复以上步骤，在图纸上绘制其他 8 个圆，最终结果如图 11-62 所示。

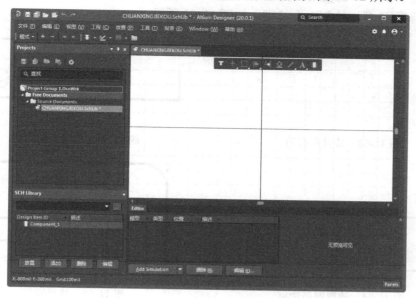

图 11-59 新建原理图库文件

图 11-60 Component 属性设置面板（一）

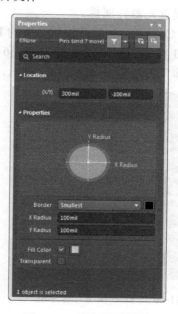

图 11-61 设置圆的属性

（4）绘制串行接口外框。

① 依次选择菜单栏中的"放置"→"线"命令，或者单击实用工具栏中的 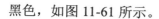（实用工具）按钮，在弹出的原理图符号绘制工具栏中选择 ╱ （放置线）选项，这时光标变成十字形。在电路原理图中绘制 4 条长短不等的直线作为边框，如图 11-63 所示。

② 依次选择菜单栏中的"放置"→"弧"命令，这时光标变成十字形。绘制两条弧线，

将上面绘制的直线和两侧的直线连接起来，如图 11-64 所示。

（5）放置管脚。单击实用工具栏中的 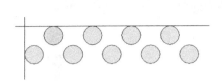（实用工具）按钮，在弹出的原理图符号绘制工具栏中选择 选项，绘制 9 个管脚，如图 11-65 所示。

图 11-62　放置所有圆

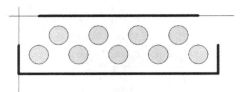

图 11-63　放置直线边框

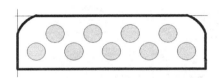

图 11-64　放置圆弧边框

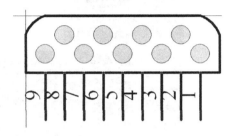

图 11-65　放置管脚

（6）设置元器件属性。

① 在 Component 属性设置面板的 Footprint（封装）选项组下单击"Add"（添加）按钮，弹出"PCB 模型"对话框，如图 11-66 所示。"PCB 模型"对话框中单击"浏览"按钮，弹出"浏览库"对话框，如图 11-67 所示。

图 11-66　"PCB 模型"对话框

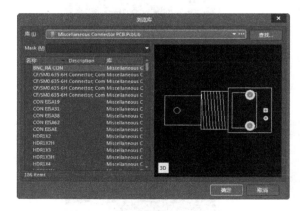

图 11-67　"浏览库"对话框

② 在"浏览库"对话框中，选择所需元器件封装 VTUBE-9，如图 11-68 所示。

③ 单击"确定"按钮，回到"PCB 模型"对话框，如图 11-69 所示。

单击"确定"按钮，退出"PCB 模型"对话框，返回 Component 属性设置面板，如图 11-70 所示。

④ 绘制完成的串行接口元器件如图 11-71 所示。

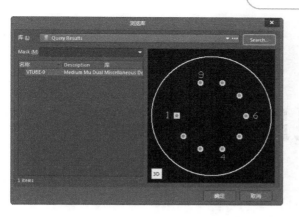

图 11-68　选择所需元器件封装 VTUBE-9

图 11-69　"PCB 模型"对话框（二）

图 11-70　Component 属性设置面板（二）

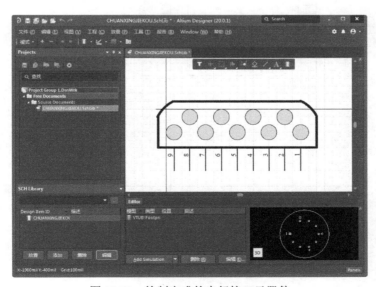

图 11-71　绘制完成的串行接口元器件

第 12 章

汉字显示屏电路设计实例

相对于分模块设计的简化方法，层次电路的设计方法更为精细。层次电路的设计既属于原理图设计，又与原理图设计平行，有其自主的设计分析方法。本章将详细介绍层次电路的电路板设计与一般电路的电路板设计的不同。

- 实例设计说明。
- 创建项目文件。
- 电路原理图的输入。
- 层次电路原理图间的切换。
- 元器件清单。
- 设计 PCB。

任务驱动与项目案例

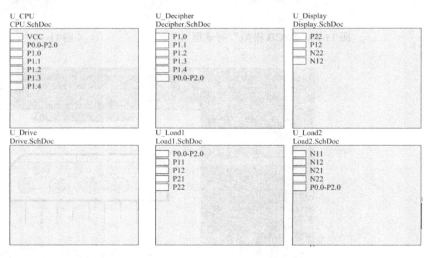

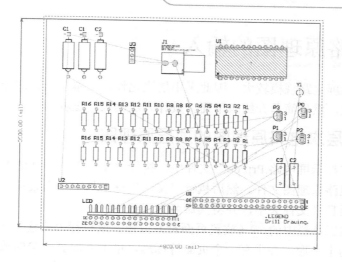

12.1 实例设计说明

　　本章采用的实例是汉字显示屏电路。汉字显示屏电路广泛应用于汽车报站器、广告屏等设备。汉字显示屏电路包括中央处理器电路、驱动电路、解码电路、电源电路、显示屏电路、负载电路 6 个电路模块。下面分别介绍各电路模块的原理及其组成结构。

12.2 创建项目文件

　　执行"文件"→"新的"→"项目"菜单命令，新建一个工程文件，依次选择菜单栏中的"文件"→"保存工程为"命令，在弹出的保存工程文件对话框中保存文件，将其命名为"汉字显示屏电路.PRJCB"，并选择文件保存路径，如图 12-1 所示。

　　完成设置后，单击 保存(S) 按钮，打开 Project（工程）面板，在该面板中出现了新建的工程文件，如图 12-2 所示。

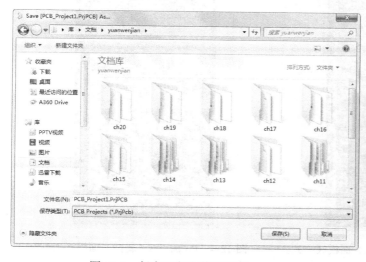

图 12-1　保存工程文件对话框

图 12-2　新建的工程文件

由于汉字显示屏电路规模较大，因此采用层次化设计。本节先详细介绍基于自上而下设计方法的设计过程，然后简单介绍自下而上设计方法的设计过程。

12.3.1 绘制层次电路原理图的顶层原理图

（1）在"汉字显示屏电路.PrjPcb"文件中，执行"文件"→"新的"→"原理图"菜单命令，新建一个电路原理图文件。然后执行"文件"→"另存为"菜单命令，将新建的电路原理图文件另存至目录文件夹中，并将其命名为 Top.SchDoc。

（2）单击布线工具栏中的 ![] （放置页面符）按钮，或执行"放置"→"页面符"菜单命令，此时光标变为十字形，并带有一个页面符标志，单击完成页面符的放置。双击需要设置属性的页面符或在绘制页面符状态下按 Tab 键，系统将弹出如图 12-3 所示的 Properties（属性）面板（一），在该面板中进行属性设置。双击电路原理图符号中的文字标注，系统将弹出如图 12-4 所示的 Properties（属性）面板（二），在该面板中进行文字标注。重复上述操作，完成其余 5 个电路原理图符号的绘制。完成属性和文字标注设置的层次电路原理图的顶层原理图如图 12-5 所示。

（3）单击布线工具栏中的 ![] （放置图纸入口）按钮或执行"放置"→"添加图纸入口"菜单命令，放置图纸入口。双击图纸入口或在放置图纸入口命令状态下按 Tab 键，系统将弹出如图 12-6 所示的 Properties（属性）面板（三），在该面板中可以进行方向属性的设置。完成端口放置后的层次电路原理图的顶层原理图如图 12-7 所示。

图 12-3　Properties（属性）面板（一）

图 12-4　Properties（属性）面板（二）

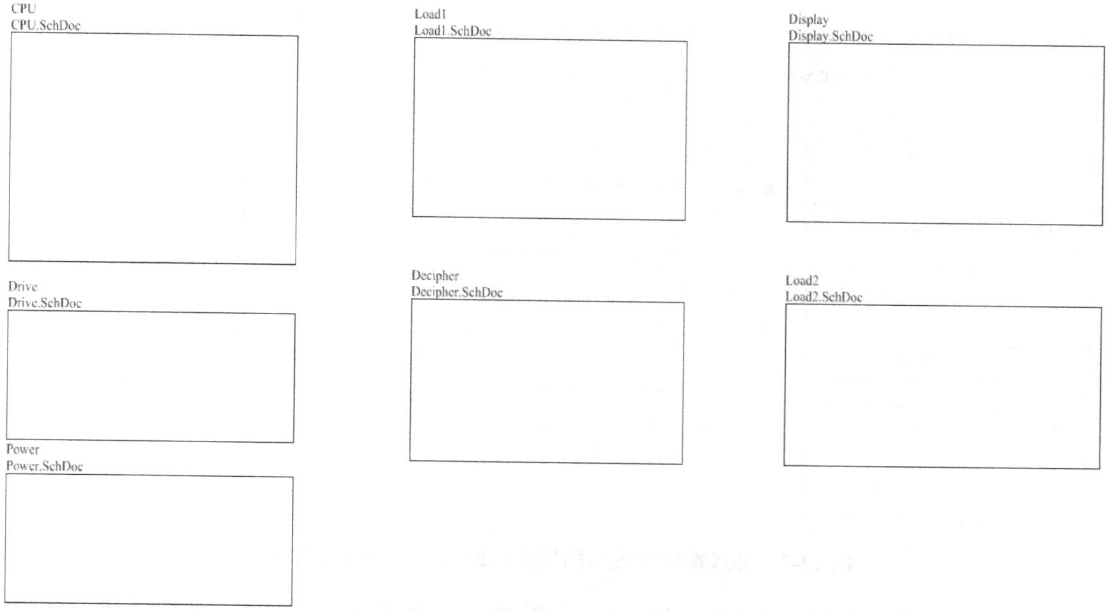
CPU
CPU.SchDoc
Load1
Load1.SchDoc
Display
Display.SchDoc
Drive
Drive.SchDoc
Decipher
Decipher.SchDoc
Load2
Load2.SchDoc
Power
Power.SchDoc

图 12-5 完成属性和文字标注设置的层次电路原理图的顶层原理图

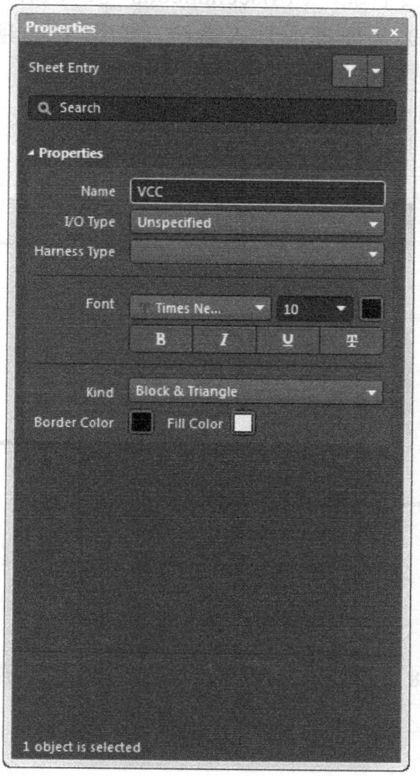
Properties
Sheet Entry
Search
Properties
Name
VCC
I/O Type
Unspecified
Harness Type
Font
Times Ne...
10
Kind
Block & Triangle
Border Color
Fill Color
1 object is selected

图 12-6 Properties（属性）面板（三）

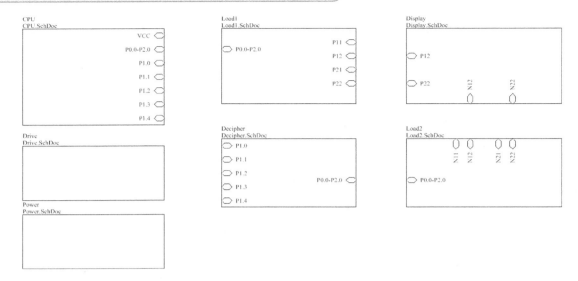

图 12-7　完成端口放置后的层次电路原理图的顶层原理图

（4）单击布线工具栏中的（放置线）按钮或（放置总线）按钮，放置导线，完成连线操作。（放置线）按钮用于放置导线，（放置总线）按钮用于放置总线。完成连线后的层次电路原理图的顶层原理图如图 12-8 所示。

为方便后期操作，插接件库（Miscellaneous Connectors.IntLib）与通用元器件库（Miscellaneous Devices.IntLib）需要提前装入系统，如图 12-9 所示。

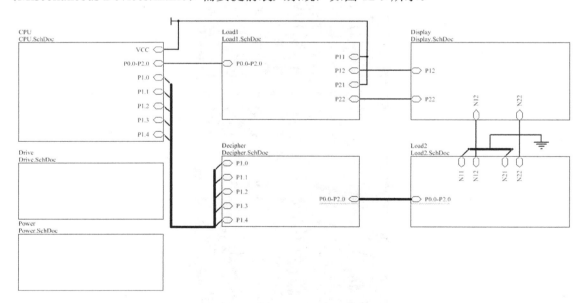

图 12-8　完成连线后的层次电路原理图的顶层原理图

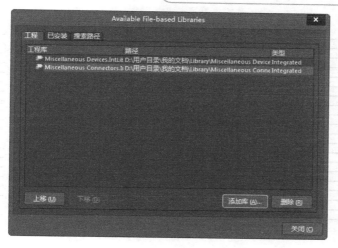

图 12-9　加载元器件库

12.3.2　绘制层次电路原理图的子原理图

下面逐个绘制电路模块的子原理图，并建立顶层原理图和子原理图之间的关系。

（1）设计 CPU 电路模块。

在顶层原理图工作界面中，执行"设计"→"从页面符创建图纸"菜单命令，此时光标变为十字形。将光标移至电路原理图符号"CPU"内部并单击，系统自动生成文件名称为CPU.SchDoc 的电路原理图文件，且电路原理图中已经布置好了与电路原理图符号相对应的 I/O 端口，如图 12-10 所示。

下面在生成的 CPU.SchDoc 电路原理图中进行子原理图的设计。

① 放置元器件。该电路模板用到的元器件有 89C51、XTAL 和一些阻容元器件。将通用元器件库 Miscellaneous Device.IntLib 中的阻容元器件放置到电路原理图中。

② 编辑 89C51 元器件。在插接件库 Miscellaneous Connectors.IntLib 中选择有 40 个管脚的 Header 20X2 元器件，如图 12-11 所示。编辑元器件的方法可参考之前章节的相关内容，这里不再赘述。编辑完成后的 89C51 元器件如图 12-12 所示。完成元器件放置后的 CPU 子原理图如图 12-13 所示。

③ 布局元器件。首先分别对元器件的属性进行设置，然后对元器件进行布局。单击布线工具栏中的 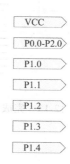（放置线）按钮，进行连线操作。完成连线后的 CPU 子原理图如图 12-14 所示。单击原理图标准工具栏中的 （保存当前文件）按钮保存 CPU 子原理图文件。

（2）设计负载电路 1 模块。

在顶层原理图工作界面中，执行"设计"→"从页面符创建图纸"菜单命令，此时光标变成十字形。将光标移至电路原理图符号"Load1"内部并单击，系统自动生成文件名称为Load1.SchDoc 的电路原理图文件，如图 12-15 所示。

图 12-10　系统自动生成的
CPU.SchDoc 电路原理图

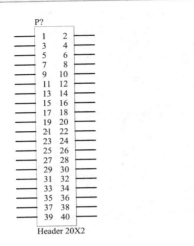

图 12-11　编辑前的 Header 20X2 元器件　　　图 12-12　编辑完成后的 89C51 元器件

图 12-13　完成元器件放置后的 CPU 子原理图　　　图 12-14　完成连线后的 CPU 子原理图

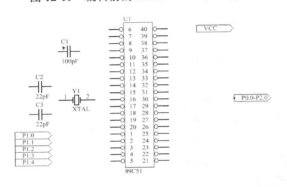

图 12-15　系统自动生成的 Load1.SchDoc 电路原理图

下面在生成的 Load1.SchDoc 电路原理图中绘制负载电路 1。

① 放置元器件。该电路模块用到的元器件有 2N5551 和一些阻容元器件。将通用元器件库 Miscellaneous Devices.IntLib 中的阻容元器件放置到电路原理图中，将 FSC Discrete BJT.IntLib 元器件库中的 2N5551 放置到电路原理图中，如图 12-16 所示。

② 设置各元器件属性，对其进行合理布局，并进行连线操作。完成连线后的负载电路 1 子原理图如图 12-17 所示。单击原理图标准工具栏中的 （保存当前文件）按钮保存负载电路 1 子原理图文件。

（3）设计显示屏电路模块。

在顶层原理图的工作界面中，执行"设计"→"从页面符创建图纸"菜单命令，此时光标变成十字形。将光标移至电路原理图符号"Display"内部并单击，系统自动生成文件名称为 Display.SchDoc 的电路原理图文件，如图 12-18 所示。

下面在生成的 Display.SchDoc 电路原理图中绘制显示屏电路。

① 编辑 LED256 元器件。选择插接件库 Miscellaneous Connectors.IntLib 中有 32 个管脚的 Header16X2 元器件进行编辑，编辑完成后的 LED256 元器件如图 12-19 所示。

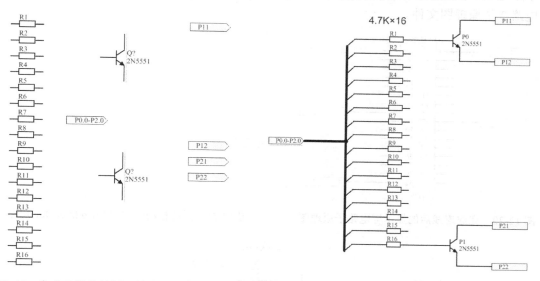

图 12-16 完成元器件放置后的负载电路 1 子原理图　　图 12-17 完成连线后的负载电路 1 子原理图

图 12-18 系统自动生成的 Display.SchDoc 电路原理图　　图 12-19 编辑完成后的 LED256 元器件

② 设置各元器件属性，对其进行合理布局，并进行连线操作。完成连线后的显示屏电路子原理图如图 12-20 所示。单击原理图标准工具栏中的🖫（保存当前文件）按钮保存显示屏电路子原理图文件。

（4）设计负载电路 2 模块。

在顶层原理图工作界面中，执行"设计"→"从页面符创建图纸"菜单命令，此时光标变成十字形。将光标移至电路原理图符号"Load2"内部并单击，系统自动生成文件名称为 Load2.SchDoc 的电路原理图文件，如图 12-21 所示。

下面在生成的 Load2.SchDoc 电路原理图中绘制负载电路 2。

① 放置元器件。负载电路 2 模块中用到的元器件有 2N5401 和一些阻容元器件。将通用元器件库 Miscellaneous Devices.IntLib 中的阻容元器件放置到电路原理图中，将 FSC Discrete

BJT.IntLib 元器件库中的 2N5401 放置到电路原理图中。

　　② 设置各元器件属性，对其进行合理布局，并进行连线操作。完成连线后的负载电路 2 子原理图如图 12-22 所示。单击原理图标准工具栏中的 （保存当前文件）按钮，保存负载电路 2 子原理图文件。

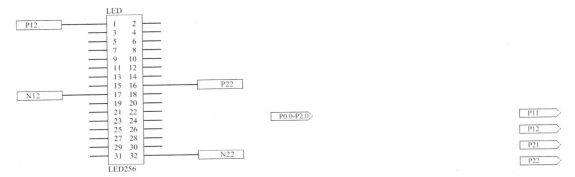

图 12-20　完成连线后的显示屏电路子原理图　　图 12-21　系统自动生成的 Load2.SchDoc 电路原理图

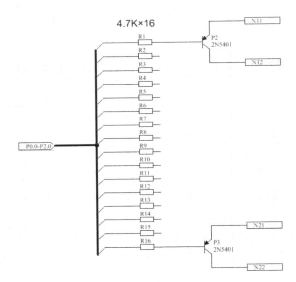

图 12-22　完成连线后的负载电路 2 子原理图

　　（5）设计解码电路模块。

　　在顶层原理图的工作界面中，执行"设计"→"从页面符创建图纸"菜单命令，此时光标变成十字形。将光标移至电路原理图符号"Decipher"内部并单击，系统自动生成文件名称为 Decipher.SchDoc 的电路原理图文件，如图 12-23 所示。

　　下面在生成的 Decipher.SchDoc 电路原理图中绘制解码电路。

　　① 放置元器件。将 FSC Logic Decoder Demux.IntLib 元器件库中的 DM74LS154N 放置到电路原理图中，如图 12-24 所示。

　　② 放置好元器件后，对元器件标识符进行设置，并对其进行合理布局。布局结束后，进行连线操作。完成连线后的解码电路子原理图如图 12-25 所示。单击原理图标准工具栏中的 ⊟（保存当前文件）按钮保存解码电路子原理图文件。

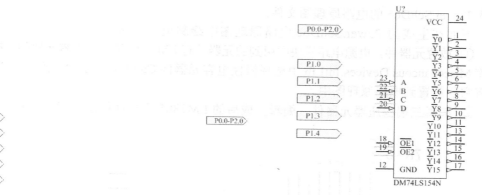

图 12-23　系统自动生成的 Decipher.SchDoc 电路原理图　　　图 12-24　放置 DM74LS154N 元器件

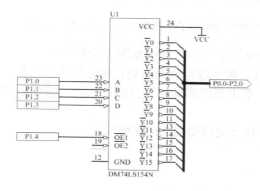

图 12-25　完成连线后的解码电路子原理图

（6）设计驱动电路模块。

在顶层原理图的工作界面中，执行"设计"→"从页面符创建图纸"菜单命令，此时光标变成十字形。将光标移至电路原理图符号"Drive"内部并单击，系统自动生成文件名称为 Drive.SchDoc 的电路原理图文件。

下面在生成的 Drive.SchDoc 电路原理图中绘制驱动电路。

① 放置元器件。在插接件库 Miscellaneous Connectors.IntLib 中将驱动电路模块中用到的元器件 Header 9 放置到电路原理图中。

② 执行"放置"→"文本字符串"菜单命令，或者单击绘图工具栏中的 ![A] （放置文本字符串）按钮，在元器件左侧标注"4.7K×8"。

③ 执行"放置"→"电源端口"菜单命令，或者单击布线工具栏中的 ![Vcc] 按钮，在管脚 9 处放置电源符号。

④ 执行"放置"→"网络标签"菜单命令，或者单击布线工具栏中的 ![Net] （放置网络标签）按钮，移动光标到需要放置网络标签的导线上，输入所需参数，完成连线后的驱动电路子原理图如图 12-26 所示。单击原理图标准工具栏中的 ![保存] （保存当前文件）按钮保存驱动电路子原理图文件。

（7）设计电源电路模块。

在顶层原理图的工作界面中，执行"设计"→"从页面符创建图纸"菜单命令，此时光标变成十字形。将光标移至电路原理图符号"Power"内部并单击，则系统自动生成文件名称为 Power.SchDoc 的电路原理图文件。

下面在生成的 Power.SchDoc 电路原理图中绘制电源电路。

① 放置元器件。电源电路模块中用到的元器件有 LM7805 和一些阻容元器件。在通用元器件库 Miscellaneous Devices.IntLib 中选择极性电容元器件 Cap Pol2、无线电罗盘元器件 RCA，并将它们放置到电路原理图中。

② 编辑三端稳压器元器件。编辑完成后的 LM7805 元器件如图 12-27 所示。

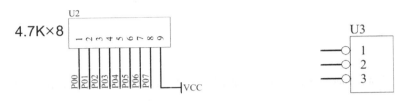

图 12-26 完成连线后的驱动电路子原理图　　　图 12-27 编辑完成后的 LM7805 元器件

完成元器件放置后的电源电路子原理图如图 12-28 所示。

③ 设置各元器件属性，对其进行合理布局，并进行连线操作。完成连线后的电源电路子原理图如图 12-29 所示。单击原理图标准工具栏中的 🔲（保存当前文件）按钮保存电源电路子原理图文件。

自上而下绘制完成的项目文件如图 12-30 所示。

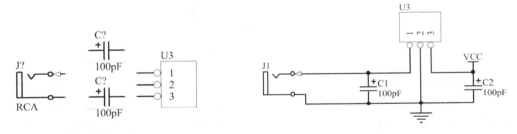

图 12-28 完成元器件放置后的电源电路子原理图　　　图 12-29 完成连线后的电源电路子原理图

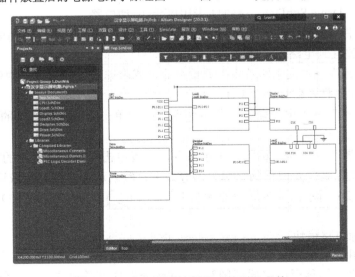

图 12-30 自上而下绘制完成的项目文件

12.3.3　自下而上设计层次电路原理图

由于自下而上的设计方法是利用子原理图产生顶层原理图的，因此首先需要绘制子原理图。

（1）新建项目文件。

在新建项目文件中，绘制好汉字显示屏电路中的各子原理图，并将各子原理图之间的连接 I/O 端口绘制出来。

（2）在新建项目中，新建一个名称为"汉字显示屏电路.SchDoc"的电路原理图文件。

（3）在"汉字显示屏电路.SchDoc"工作界面中，执行"设计"→"Create Sheet Symbol From Sheet"（原理图生成图纸符）命令，系统将弹出如图 12-31 所示的"Choose Document to Place"（选择放置文档）对话框。

（4）选中"Choose Document to Place"（选择放置文档）对话框中的任一子原理图，然后单击"OK"按钮，系统将在"汉字显示屏电路.SchDoc"电路原理图中生成该子原理图所对应的子原理图符号。执行上述操作后，在"汉字显示屏电路.SchDoc"电路原理图中生成随光标移动的子原理图符号，如图 12-32 所示。

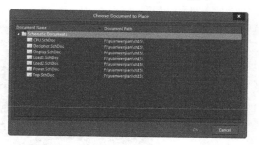
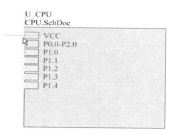

图 12-31　"Choose Document to Place"（选择放置文档）对话框　图 12-32　生成随光标移动的子原理图符号

（5）单击将子原理图符号放置在电路原理图中。采用同样的方法放置其他模块的子原理图符号。生成子原理图符号后的顶层原理图如图 12-33 所示。

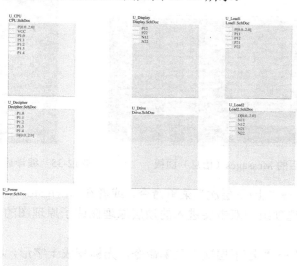

图 12-33　生成子原理图符号后的顶层原理图

（6）分别对各个子原理图符号和 I/O 端口进行属性修改和位置调整，然后将子原理图符号之间具有电气连接关系的端口用导线或总线连接起来，就可以得到如图 12-8 所示的层次电路原理图的顶层原理图。

12.4　层次电路原理图间的切换

层次电路原理图之间的切换主要有两种方式：一种是从顶层原理图的子原理图符号切换到对应的子原理图；另一种是从某一层原理图切换到它的上层原理图。

12.4.1　从顶层原理图切换到子原理图符号对应的子原理图

（1）在 Projects（工程）面板中右击"汉字显示屏电路.PrjPcb"，弹出快捷菜单，选择"Compile PCB Project 汉字显示屏电路"命令，执行编译操作。编译后的 Messages（信息）面板如图 12-34 所示。编译后的 Navigator（导航）面板如图 12-35 所示，在该面板中显示了各子原理图的信息和层次电路原理图的结构。

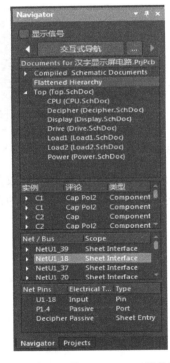

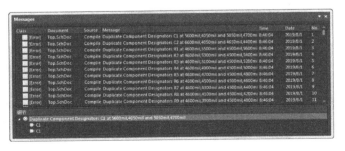

图 12-34　编译后的 Messages（信息）面板　　　　图 12-35　编译后的 Navigator（导航）面板

（2）执行"工具"→"上/下层次"菜单命令，或者在 Navigator（导航）面板的 Document for PCB（PCB 文档）选项组中双击要进入的顶层原理图或子原理图的文件名称，可以快速切换到对应的原理图。

（3）执行"工具"→"上/下层次"菜单命令，光标变成十字形，将光标移至顶层原理图中的子原理图符号上，单击就可以切换至编译后的层次电路原理图，如图 12-36 所示。

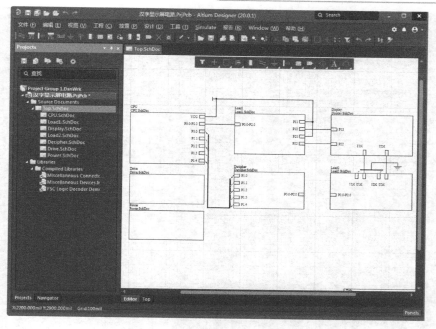

图 12-36　编译后的层次电路原理图

12.4.2　从子原理图切换到顶层原理图

　　编译完项目后，执行"工具"→"上/下层次"菜单命令，或者单击原理图标准工具栏中的 **⊪**（上/下层次）按钮，或者在 Navigator（导航）面板中选择相应的顶层原理图文件，执行从子原理图切换到顶层原理图的命令。之后执行"工具"→"上/下层次"菜单命令，光标变成十字形，移动光标到子原理图中任一 I/O 端口上并单击，系统自动完成切换。

12.5　元器件清单

　　对于电路原理图设计而言，网络报表是电路原理图的精髓，又是电路原理图和 PCB 连接的桥梁。

12.5.1　元器件清单报表

　　（1）在编译完成的项目中的任意一张电路原理图中，执行"报告"→"Bill of Material"（元器件清单）菜单命令，系统将弹出如图 12-37 所示的显示元器件清单报表对话框来显示元器件清单报表。

　　（2）单击 Export... 按钮，弹出"另存为"对话框，默认文件名称为"汉字显示屏电路.xls"，单击"保存"按钮，系统自动弹出如图 12-38 所示的元器件清单报表文件。

　　（3）关闭表格文件，返回显示元器件清单报表对话框，单击 OK 按钮，完成设置，退出显示元器件清单报表对话框。

　　由于显示的是整个工程文件的元器件清单报表，因此在任一原理图文件编辑环境下执行菜单命令的结果都是相同的。

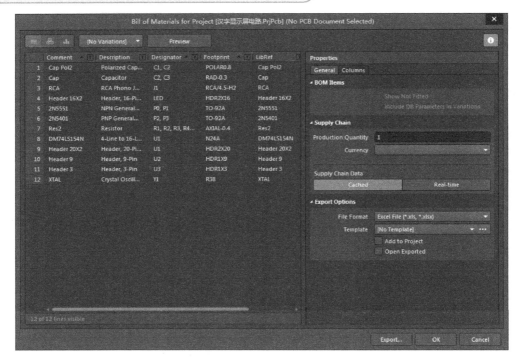

图 12-37　显示元器件清单报表对话框

图 12-38　由 Excel 生成的元器件清单报表文件

提示：上述步骤生成的是整个工程文件的元器件清单报表，也可以分别生成每张电路原理图的元器件清单报表。

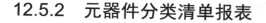

12.5.2　元器件分类清单报表

在编译完成的项目中的任意一张电路原理图中，执行"报告"→"Component Cross Reference"（分类生成电路元器件清单报表）命令，系统将弹出如图 12-39 所示的显示元器件分类清单报表对话框来显示元器件分类清单报表。在显示元器件分类清单报表对话框中，元器件的相关信息都是按子原理图分组显示的。

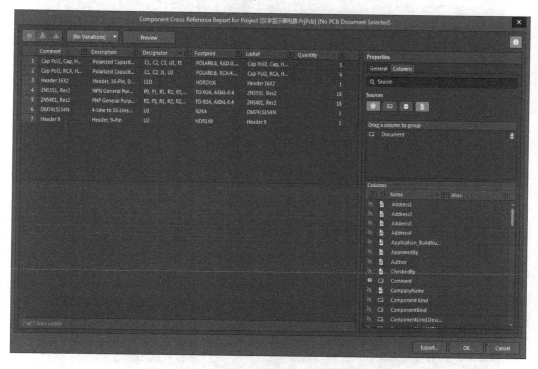

图 12-39　显示元器件分类清单报表对话核框

12.5.3　元器件网络报表

在"汉字显示屏电路.PrjPcb"项目中，有 8 个电路原理图文件，下面生成不同的电路原理图文件的网络报表。

执行"设计"→"文件的网络报表"→"Protel"菜单命令，系统弹出网络报表格式选择菜单。不同的电路原理图可以创建不同格式的网络报表。

将 CPU.SchDoc 电路原理图文件置为当前显示文件。系统自动生成当前电路原理图文件的网络报表文件，并将其存放在当前 Projects（项目）面板的 Generated 文件夹中。单击 Generated 文件夹前面的按钮，双击打开网络报表文件，生成的网络报表文件与电路原理图文件同名，如图 12-40 所示。

电路原理图对应的网络报表显示单个电路原理图的管脚信息等。

返回 CPU.SchDoc 原理图编辑环境，执行"设计"→"工程的网络报表"→"Protel"菜单命令，系统自动生成当前项目的网络报表文件，并将其存放在当前 Projects（项目）面板中的 Generated 文件夹中。生成的工程网络报表文件与打开的电路原理图文件同名，替换打开的单个电路原理图文件网络报表文件，如图 12-41 所示。

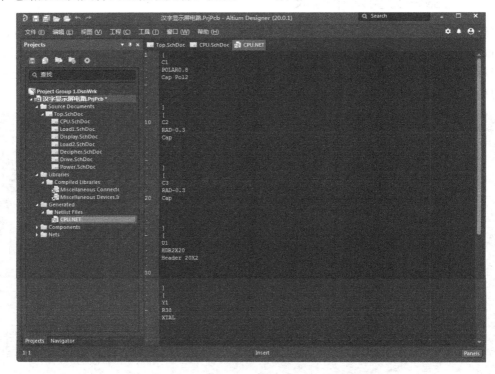

图 12-40　单个电路原理图文件的网络报表

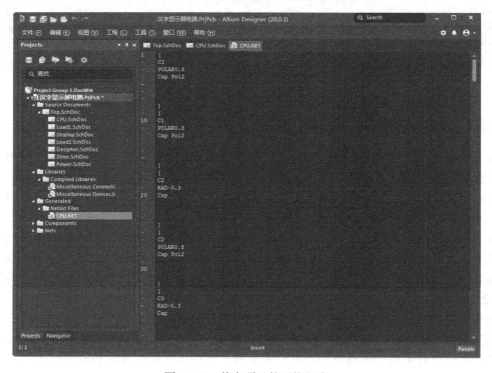

图 12-41　整个项目的网络报表

12.5.4 简单元器件清单报表

与前面设置的元器件报表不同，简单元器件清单报表不需要设置参数，文件在编译完成后直接生成电路原理图报表信息。

系统在 Projects（工程）面板中自动添加 Components 选项组、Nets（网络）选项组，显示工程文件中所有的元器件与网络，如图 12-42 所示。

图 12-42   简单元器件清单报表

12.6 设计 PCB

在一个项目中，无论是独立电路原理图，还是层次电路原理图，在设计 PCB 时，系统都会将所有电路原理图的数据转移到一块电路板中，所以必须删除没用到的电路原理图。

12.6.1 PCB 设计初步操作

在根据层次电路原理图设计电路板时，要从新建 PCB 文件开始。

（1）在 Projects（工程）面板中的任意位置右击，弹出快捷菜单，选择"添加已有文档到工程"命令，加载一个 PCB 文档"5000.PcbDoc"，得到如图 12-43 所示的 PCB 模型。

（2）单击 PCB 标准工具栏中的■（保存当前文件）按钮，指定要保存的文件名称为"汉字显示屏电路板.PCBDOC"，单击保存按钮。

（3）执行"设计"→"Import Changes From 汉字显示屏电路.PrjPcb"菜单命令，系统将弹出如图 12-44 所示的"工程变更指令"对话框。

（4）单击"执行变更"按钮，执行更改操作，然后单击"关闭"按钮关闭"工程变更指令"对话框。更新结果如图 12-45 所示。

图 12-43　PCB 模型

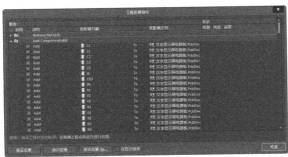

图 12-44　"工程变更指令"对话框

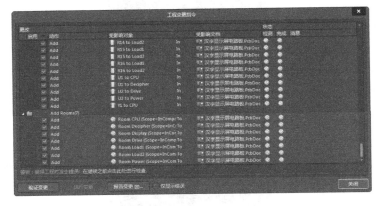

图 12-45　更新结果

（5）在图 12-46 中，包括 7 个零件放置区域（上面设计的 9 个模块电路），将光标分别指向这 7 个零件放置区域内的空白处，按住鼠标左键将其拖曳到板框之中（可以重叠）。再次将光标指向零件放置区域内的空白处并单击，区域四周出现 8 个控点，将光标指向右边的控点，按住鼠标左键移动光标即可改变区域大小，这里将区域扩大一些（尽量充满板框）。

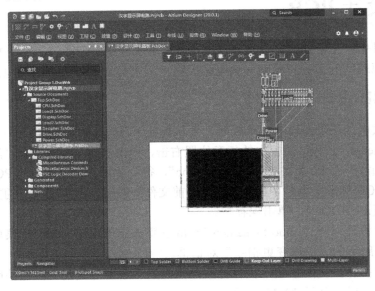

图 12-46　加载元器件到 PCB

（6）按住鼠标左键拖动零件到这 7 个零件放置区域内。将光标分别指向这 7 个零件放置区域，按 Delete 键，可以将零件删除。

（7）手动放置零件并对其进行排列，如图 12-47 所示。

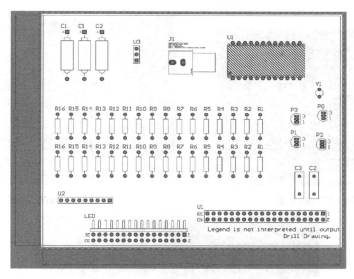

图 12-47　零件在零件放置区域内的排列

12.6.2　3D 效果图

（1）执行"视图"→"切换到 3 维模式"菜单命令，系统生成该 PCB 的 3D 效果图，如图 12-48 所示。

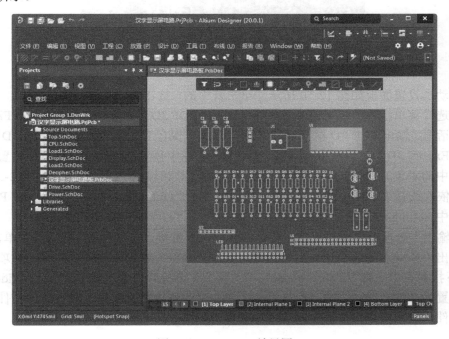

图 12-48　PCB 3D 效果图

（2）打开 PCB 3D Movie Editor（PCB 3D 动画编辑器）面板，单击 3D Movie（3D 动画）下拉按钮，弹出菜单，选择"New"（新建）命令，创建 PCB 文件的 3D 模型动画 PCB 3D Video，创建关键帧，如图 12-49 所示。

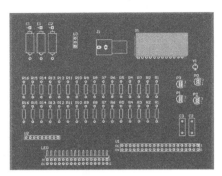

(a) 关键帧 1 位置

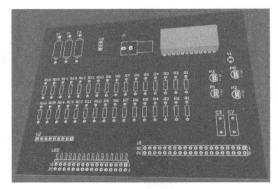

(b) 关键帧 2 位置

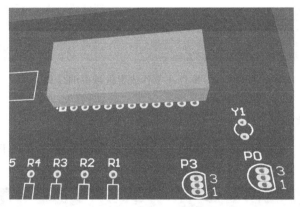

(c) 关键帧 3 位置

图 12-49　关键帧位置

（3）动画设置面板如图 12-50 所示，单击其中的 ▷ 按钮演示动画。

依次选择菜单栏中的"文件"→"导出"→"PDF 3D"命令，弹出"Export File"（输出文件）对话框，输出 PCB 3D 模型 PDF 文件，单击"保存"按钮，弹出"Export 3D"对话框。

在"Export 3D"对话框中还可以选择 PDF 文件中显示的视图、进行页面设置（如设置输出文件中的对象），如图 12-51 所示。单击 Export 按钮输出 PDF 文件，如图 12-52 所示。

（4）依次选择菜单栏中的"文件"→"新的"→"Output Job 文件"命令，在 Project（工程）面板中 Settings（设置）选项组中保存输出文件"汉字显示屏电路.OutJob"。

在"输出"选项组中加载视频文件，并创建位置链接，在"容器"选项组中单击"改变"选项，弹出"New Video Setting"对话框。单击"高级"选项，打开"高级"选项区域，在"类型"下拉列表中选择 Video(FFmpeg)，在"格式"下拉列表中选择 FLV(Flash Video)(*.flv)，将大小设置为 704×576，如图 12-53 所示。单击"生成内容"按钮，在设置的文件路径下生成视频文件，利用视频播放器打开该视频文件，如图 12-54 所示。

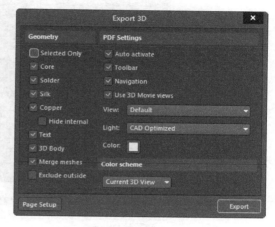

图 12-50 动画设置面板

图 12-51 "Export 3D"对话框

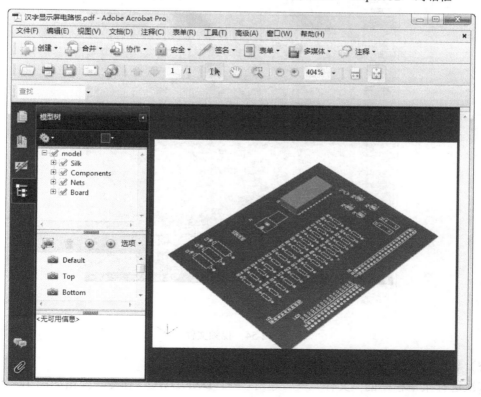

图 12-52 PDF 文件

图 12-53 "高级"设置

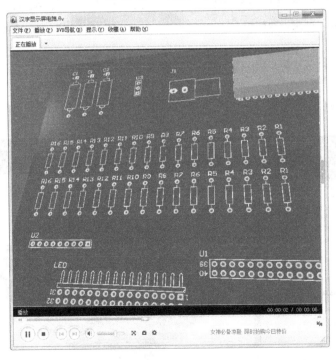

图 12-54 视频文件

（5）导出 DWG 文件。

依次选择菜单栏中的"文件"→"导出"→"DXF/DWG"命令，弹出如图 12-55 所示的"Export File"（输出文件）对话框，输出 PCB 3D 模型 DXF 文件，单击"保存"按钮，弹出

"输出到 AutoCAD"对话框。

在"输出到 AutoCAD"对话框中还可以选择 DXF 文件导出的 AutoCAD 版本、格式、单位、孔、元器件、线的输出格式，如图 12-56 所示。

单击"确定"按钮，关闭"输出到 AutoCAD"对话框，输出"*.DWG"格式的 AutoCAD 文件。

弹出"Information"对话框，单击"OK"按钮关闭该对话框，显示完成输出，在 AutoCAD 中打开输出文件"汉字显示屏电路.DWG"，如图 12-57 所示。

图 12-55 "Export File"（输出文件）对话框

图 12-56 "输出到 AutoCAD"对话框

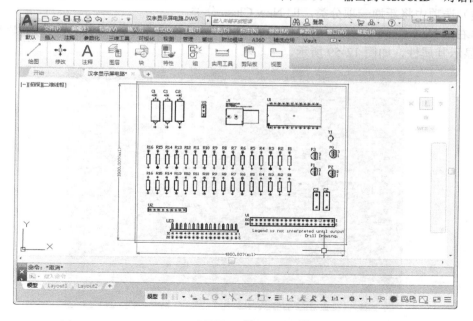

图 12-57 在 AutoCAD 中打开输出文件"汉字显示屏电路.DWG"

12.6.3　布线

在进行布线之前，必须进行相关设置。汉字显示屏电路采用双面板布线，由于程序默认设置为双面板布线，因此不需要设置布线板层。但是需要将整块 PCB 的走线宽度设置为 10mil，最宽线宽及自动布线线宽都采用 16mil。另外，电源线（VCC 与 GND）线宽采用 10mil，最宽线宽及自动布线线宽都采用 20mil。布线的操作步骤如下。

（1）执行"设计"→"类"菜单命令，系统将弹出如图 12-58 所示的"对象类浏览器"对话框。

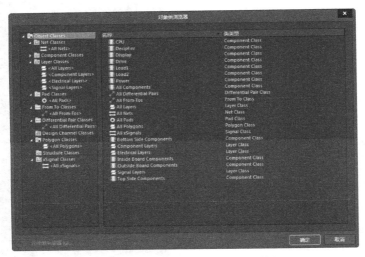

图 12-58　"对象类浏览器"对话框

（2）右击 Net Classes（网络类）选项，弹出快捷菜单，选择"添加类"命令，在 Net Classes（网络类）选项中将新增一项分类，即 New Class 分类。

（3）右击 New Class 分类，弹出快捷菜单，选择"重命名类"命令，将其名称改为"POWER"，右侧将显示其属性，如图 12-59 所示。

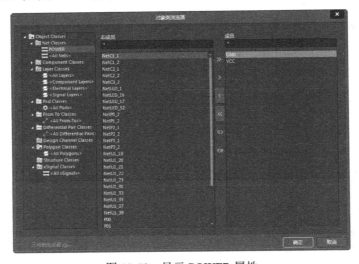

图 12-59　显示 POWER 属性

（4）在"非成员"列表框中选择 GND 选项，单击 按钮将它加到"成员"列表框中；在"非成员"列表框中选择 VCC 选项，单击 按钮将它加到"成员"列表框中，单击"确定"按钮关闭"对象类浏览器"对话框。

（5）执行"设计"→"规则"菜单命令，系统弹出的"PCB 规则及约束编辑器"对话框，如图 12-60 所示。执行"Routing"（路径）→"Width"（宽度）菜单命令，在右侧显示的界面中设置线宽规则，将"最大宽度"与"首选宽度"都设置为16mil。

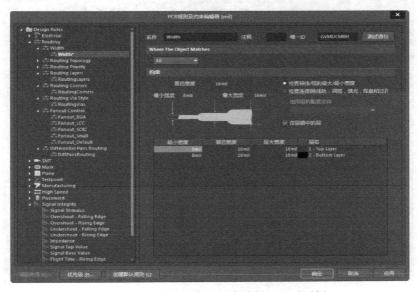

图 12-60 "PCB 规则及约束编辑器"对话框

（6）右击 Width（宽度）选项，弹出快捷菜单，选择"New Rules"（新规则）命令，产生 Width_1 选项，如图 12-61 所示。

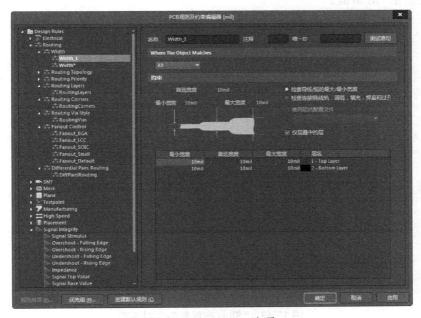

图 12-61 Width_1 选项

（7）在"名称"文本框中，将 Width_1 设计规则的名称改为"电源线线宽"，选中 Where The Object Matches 选项区域中的"Net Class"（网络类）选项，然后在字段中指定适用对象为 POWER。将"最大宽度"与"首选宽度"都设置为 20mil，如图 12-62 所示。单击"确定"按钮关闭"PCB 规则及约束编辑器"对话框。

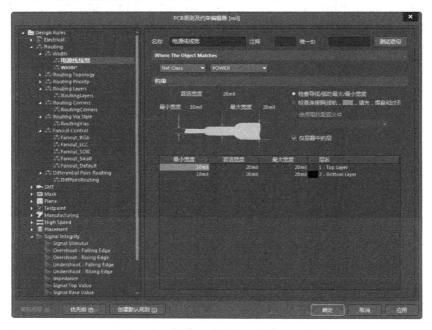

图 12-62　新增电源线线宽设计规则

（8）执行"布线"→"自动布线"→"全部"菜单命令，系统将弹出如图 12-63 所示的"Situs 布线策略"对话框。

图 12-63　"Situs 布线策略"对话框

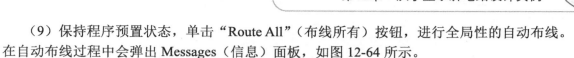

（9）保持程序预置状态，单击"Route All"（布线所有）按钮，进行全局性的自动布线。在自动布线过程中会弹出 Messages（信息）面板，如图 12-64 所示。

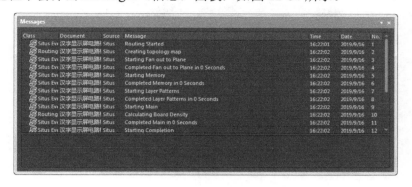

图 12-64　Messages（信息）面板

（10）只需要很短的时间就可以完成布线。布线完成后，关闭 Messages（信息）面板，单击 PCB 标准工具栏中的 （保存当前文件）按钮保存文件。